重庆市骨干高等职业院校建设项目规划教材
重庆水利电力职业技术学院课程改革系列教材

工 程 力 学

主　编　程小龙　邓　晓　肖云川
副主编　张　杰　陈　亮　王文鑫　贺林林
主　审　张绪进

黄 河 水 利 出 版 社
·郑州·

内 容 提 要

本书是重庆市骨干高等职业院校建设项目规划教材、重庆水利电力职业技术学院课程改革系列教材之一，由重庆市财政重点支持，根据高职高专教育工程力学课程标准及理实一体化教学要求编写完成。全书共分九章，内容包括：绪论、静力学基础知识、平面力系、材料力学基础知识、平面图形的几何性质、轴向拉伸和压缩、平面弯曲、组合变形和压杆稳定等。本书较为系统地介绍了静力学和材料力学最为核心的内容，较为全面地优化了力学理论体系，以求知识结构更加富有逻辑性和关联性。

本书可作为高职高专院校土木工程类专业的通用教材，也可作为对工程力学深度和难度要求不高且需要有一定了解的人员和工程技术人员的参考书。

图书在版编目(CIP)数据

工程力学/程小龙，邓晓，肖云川主编．—郑州：黄河水利出版社，2016.11

重庆市骨干高等职业院校建设项目规划教材

ISBN 978-7-5509-1588-6

Ⅰ.①工… Ⅱ.①程… ②邓… ③肖… Ⅲ.①工程力学-高等职业教育-教材 Ⅳ.①TB12

中国版本图书馆 CIP 数据核字(2016)第 302845 号

组稿编辑：王路平　电话：0371-66022212　E-mail：hhslwlp@163.com

出 版 社：黄河水利出版社　网址：www.yrcp.com

地址：河南省郑州市顺河路黄委会综合楼 14 层　邮政编码：450003

发行单位：黄河水利出版社

发行部电话：0371-66026940、66020550、66028024、66022620(传真)

E-mail：hhslcbs@126.com

承印单位：河南承创印务有限公司

开本：787 mm×1 092 mm　1/16

印张：11.5

字数：270 千字　印数：1—2 000

版次：2016 年 11 月第 1 版　印次：2016 年 11 月第 1 次印刷

定价：28.00 元

前 言

按照“重庆市骨干高等职业院校建设项目”规划要求，水利水电建筑工程专业是该项目的重点建设专业之一，由重庆市财政支持、重庆水利电力职业技术学院负责组织实施。按照子项目建设方案和任务书，通过广泛深入的行业、市场调研，与行业、企业专家共同研讨，不断创新基于工作能力培养的“三轮递进，两线融通”的人才培养模式，以水利水电建设一线的主要技术岗位核心能力为主线，兼顾学生职业迁徙和可持续发展需要，构建了基于工作岗位能力分析的教学做一体化课程体系，优化课程内容，进行精品资源共享课程与优质核心课程的建设。经过三年的探索和实践，已形成初步建设成果。为了固化骨干建设成果，进一步将其应用到教学之中，最终实现让学生受益，经学院审核，决定正式出版系列课程改革教材，包括优质核心课程和精品资源共享课程等。

工程力学属于重庆水利电力职业技术学院水利水电建筑工程专业的优质核心课程，也是重庆水利电力职业技术学院土木类专业必修的技术基础核心课程。该课程具有很强的理论性和实用性，在工程生产实践中和技术发展中发挥着很重要的作用。

为了适应我国当前高职高专教育发展形势以及对教学改革和教材建设的需要，全书紧扣应用型人才培养的目标和要求，充分体现以学生为主体的教育理念。本书按照突出针对性和应用性的原则编写，注重理论联系实际，并重组系列课程教材结构，力求反映高职高专课程和教学内容体系改革方向。该教材不仅注重力学基础理论知识的应用和实践技能的培养，而且有利于学生综合素质的形成和科学思维方式与创新能力的培养。

本书由重庆水利电力职业技术学院的程小龙、邓晓和肖云川担任主编，由重庆水利电力职业技术学院张杰、西南水运工程科学研究所陈亮、重庆水利电力职业技术学院王文鑫和重庆交通大学贺林林担任副主编。本书由重庆交通大学张绪进教授担任主审，提出了许多精辟而中肯的意见和建议，对于提高书稿质量起到了重要作用，在此表示衷心的感谢。

由于编写水平有限，书中错误和不妥之处在所难免，恳请读者批评指正。

编 者

2016 年 8 月

前言

目 录

项目 1 绪 论

工程力学是运用力学原理研究有关物质宏观运动规律及其应用于工程实践的科学，是解决工程技术中力学问题的重要学科。本章主要介绍工程力学的学科性质、主要任务、研究对象、研究内容、研究方法以及荷载形式等内容。

任务 1 工程力学的学科性质

力学原是物理学的一个重要分支。随着社会生产力和工程技术的不断提高，力学研究的结论逐渐得到了广泛的应用，并从物理学中分离出来，形成一门相对独立的科学。工程力学是力学和工程学相结合的产物，与数学在发展中始终相互推动和促进，是一门理论性较强且与工程技术联系极为紧密的技术基础学科。工程力学所阐明的规律具有普遍性，不仅是许多工程技术的理论基础，而且在广泛的应用过程中不断得到发展。无论是历史悠久的土木、建筑、水利、机械和船舶工程等，还是现代的航空航天、生物医学工程等，都有工程力学的研究领域，且占据着极为重要的地位。

任务 2 工程力学的主要任务

在广泛的工程领域中有很多建筑和机械，它们在正常使用过程中都受到各种外力的作用，其中承受并传递外力而起骨架作用的部分称为结构。组成结构的单个部分称为构件，例如建筑中楼板、主次梁、柱以及基础，桥梁中的梁和桥墩，这些构件在发挥用途时都要受到来自相邻构件和其他物体的外力作用，这些力在力学领域中称为荷载。

工程力学主要是研究工程结构或构件在外力作用下的承载力问题。承载力是指构件承受外力的能力。构件的承载力主要表现在强度、刚度和稳定性三个方面。强度是指结构或构件抵抗破坏的能力，在正常的工作条件下结构或构件不能发生突然断裂或因塑性变形过大而失效；刚度是指结构或构件抵抗变形的能力，在力的作用下结构或构件不能产生过大的弹性变形而失效；稳定性是指结构或构件保持原有平衡状态的能力，在力的作用下结构或构件不能因几何形状的变化而失效。这里的失效指的是结构或构件丧失设计所规定的承载能力的现象。

综上所述，工程力学的任务就是根据力学原理研究各种结构或构件在外力或其他外界因素作用下的内力和变形问题，以及结构和构件的强度、刚度和稳定性问题。

任务3　工程力学的研究对象

力学的研究对象是具有一定几何形状或体积的宏观物体。工程力学研究的对象通常是工程领域中的结构或构件，当把这样静止的固态物体归于研究中，其几何形状或体积可以忽略时就可以简化为线。例如，工程建筑物中的柱、梁、单宽楼板，工程桥梁中的桥身和桥墩，工业厂房中的刚架和桁架，像这类杆系结构或构件都可以简化为线作为研究对象。

在自然界中，任何物体在力的作用下都会发生变形。一般情况下，工程实际中物体的变形通常都非常微小，也就是说物体的变形量远远小于自身原始尺寸的变形，这样的现象称为小变形。物体的变形对平衡问题的研究影响较小，可以忽略不计，这样的物体称为刚体；物体的变形相对过大对平衡问题的研究影响较大，变形不可忽略，这样的变形体称为变形固体。无论变形固体在受力后变形情况如何，只要能够保持自身的稳定状态，联合作用于固体上的荷载必然满足平衡条件。所以，刚体的平衡规律是研究变形体平衡问题的必要基础，也可以说平衡条件是力学研究的核心和基础。

变形固体在外力的作用下会产生两种变形：一种是指当外力消除后变形也随着消失的变形，称为弹性变形。另一种是外力卸除后变形不能全部消失，所残留的变形称为塑性变形。一般情况下，物体受力后既有弹性变形又有塑性变形。对于工程实际中常用的材料，当外力不超过一定范围时，可认为只产生弹性变形，这样的变形固体称为理想弹性体或完全弹性体。本书主要讨论材料在弹性范围内的力学特性，并对变形固体做以下基本假设：

(1)连续均匀假设：变形固体的整个体积内连续不断地充满着物质，物体的内部毫无空隙，并且物体各部分材料的力学性质完全相同，称为连续均匀。理想状态与实际材料在力学性质上存在差异，但由于组成物体的各个部分之间的距离与物体本身尺寸相比极其微小，则在研究结构和构件的受力及变形时可以忽略。

(2)各向同性假设：变形固体在所有方向上具有相同的物体性质和力学性能，称为各向同性。若变形固体在所有方向上具有不同的物体性质和力学性能，则称为各向异性。工程实际中结构或构件的属性主要根据组成的材料而定。例如，塑性材料低碳钢，虽然单个晶体呈各向异性，但组成物体后从宏观上表现为各向同性。脆性材料混凝土，只要是能够保证浇筑质量较高，都可以认为是各向同性的材料。但是有些工程材料就是典型的各向异性，比如木材在各方向受力时，通常情况是平行于木质纤维的方向上较为薄弱，垂直于纤维的方向上则受力较好。如同劈柴，顺着纤维方向竖向劈砍较为轻松，横向就较为困难。

(3)小变形假设：变形固体在外力的作用下，其变形与自身的原始尺寸相比通常很小，可以忽略不计，称为小变形。在研究物体的平衡问题时，可按照变形前的尺寸和形状进行分析，而不考虑受力变形时物体尺寸和形状变化的影响，这样在计算时就更为简便和快捷。

在实际工程中，不同的构件具有不同的几何形状。根据构件的空间几何特性，大致可分为杆、板、壳、体四大类。杆是指空间一个方向的尺度远大于其他两个方向的尺度的物体，是工程力学的主要研究对象，如图1-1(a)、(b)所示。板是指空间一个方向的尺度远大于其他两个方向的尺度的物体，如图1-1(c)所示。壳是指空间一个方向的尺度远小于其他两个方向的尺度，且至少有一个方向的曲率不为零的物体，如图1-1(d)所示。体是指空间三个方向具有相同量级尺度的物体，如图1-1(e)、(f)所示。所以，工程力学的研究对象指的是具有连续均匀、各向同性和小变形这些性质的构件。

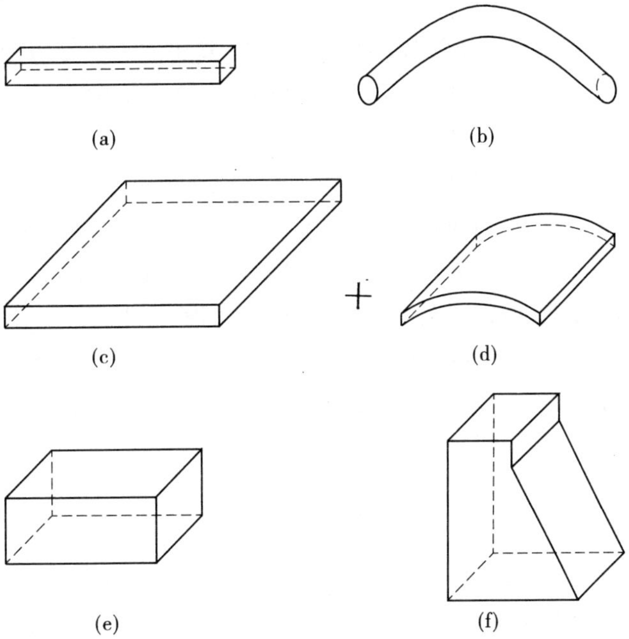

图1-1

任务4 工程力学的研究内容

根据工程类专业规划的要求，大学课程中涉及的力学内容有理论力学、材料力学、结构力学、弹性力学、塑性力学等学科。本书主要涉及的力学内容有理论力学的静力学部分和材料力学，总称为工程力学。

静力学部分研究的对象是刚体，主要介绍静力学中力、静力学基本公理、力的投影、力矩、力偶、约束和约束反力、受力分析和受力图以及结构的计算简图等基础知识，平面力系中的汇交力系、力偶系以及任意力系的平衡规律及其应用，重点研究平面内物体或物体系统的平衡规律及其应用。物体的平衡一般是指物体相对于地球保持静止或匀速运动的状态，但对于工程力学中的平衡问题，通常是研究构件在力系作用下的静止平衡的问题。静力学不仅是材料力学的基础，而且还是结构力学的基础。

材料力学部分研究的对象是变形固体。重点研究物体在各种外力作用下产生的内力、应力、变形、应变的规律，不仅可以为结构和构件在提高强度、刚度、稳定性方面提出合理的理论依据和计算方法，而且还能够检验结构使用的安全可靠性。

任务5 工程力学的研究方法

现代工程力学的研究方法有理论解析方法、实验研究方法及数值计算方法三大类。

1.5.1 理论解析方法

工程力学中的理论解析方法是本书的主要内容，其研究方法是通过实验观察对结构或构件假设建模，然后进行理论分析，最后实践验证。这也是自然科学研究问题的一般方法。

工程力学研究的物体，大多是工程结构或构件，这些结构和构件的形状、大小、组成各异。在分析研究时，首先是根据问题的性质，借助于试验与观察，抓住主要矛盾，略去次要因素，合理简化抽象为便于计算的力学模型，然后以平衡规律为基础，采用数学方法对其进行分析计算和逻辑推理，形成一整套具有可操作性和针对性的方法，最后通过工程实践和科学试验对方法或结论进行验证，进而形成严密而完备的理论体系。这种解决工程力学问题的方法称为理论解析方法，该方法是整个工程力学方法的基础。

1.5.2 试验研究方法

在工程力学的研究中，试验占据着相当重要的地位。试验不仅提供了理论分析所需要的资料和简化计算中假设的依据，而且也是验证理论体系正确性的主要手段。实验还可用于解决现有理论尚不能解决的困难问题，而成为独立解决复杂工程问题的有力工具。这种方法是借助于加载设备及测量仪器，直接通过对构件或结构加载、激振与测量，获得关于实际工程结构或试验模型的较真实的力学分析结果。这种解决工程力学问题的方法称为试验研究方法。

1.5.3 数值计算方法

随着电子计算机技术的迅速发展，计算机分析方法在工程力学领域中已得到日益广泛的应用，并促进着工程力学研究方法的更新。现已产生了以有限元技术为核心的力学计算方法，并发展了一批功能强大的有限元计算软件，例如 NASTRAN、ANSYS、ABAQUS 等通用软件，已能解决工程界所提出的各种极其复杂的工程力学问题。有限元软件的开发和普及，不仅可以实现精确的模拟和计算复杂的平面和空间的工程结构，而且还致力于方便快捷地实现结构设计的优化。但需指出的是，考虑到数值计算方法的安全性和可靠性，需要与理论解析方法、实验研究方法结合起来、联合使用、互相推动，该方法才能得到更好地推广应用和发展。

任务6 工程力学的荷载形式

在工程实际中,工程结构所受荷载形式多种多样,且非常复杂。例如,施加于结构的风力、水压力和土压力等外部环境所导致的荷载。除此以外,还有其他内部因素可以使结构产生内力或变形,如温度变化、基础沉降、材料胀缩等。从广义上来说,这些内部因素也可以称为荷载。

对结构进行计算之前,须先确定结构所受的荷载。荷载的确定是结构设计中极为重要的环节。荷载若估计过大,则设计的结构会过于笨重,造成不必要的浪费;荷载若估计过小,则设计的结构将不够安全。所以,确定荷载需要周密的考虑和谨慎的态度。

荷载可以根据不同特征进行分类:

(1)根据荷载作用时间的长短,可以分为恒载和活载两类。恒载是长期作用在结构上大小和方向不变的荷载,如结构的自重或土压力。活载是在建筑物施工和使用期间可能存在的可变荷载,如楼板荷载、屋面荷载、吊车荷载、雪载和风载等。在对工程力学计算时,恒载和大部分活载在结构上作用的位置可以认为是固定的,这种荷载称为固定荷载。有些荷载如吊车梁上的吊车荷载、公路桥梁上的汽车荷载,在结构上的位置是移动的,这种荷载称为移动荷载。

(2)根据荷载作用的性质,可以分为静力荷载和动力荷载两类。静力荷载的数量、方向和位置不随时间变化或变化缓慢,不使结构产生显著的加速度,因而惯性力的影响可以忽略。动力荷载是随时间变化或在短暂时段内突然作用或消失的荷载,使结构产生显著的加速度,因而惯性力的影响不能忽略。结构的自重和其他恒载是静力荷载。动力机械运转时产生的荷载或冲击波的压力是动力荷载的典型状态。车辆荷载、风载和地震荷载通常在设计中简化为静力荷载,但在特殊情况下要按照动力荷载考虑。

(3)根据荷载作用的范围,可以分为集中荷载和分布荷载。荷载作用在结构上的面积与结构作用面的尺寸相比很小时,可以忽略作用面的面积,将荷载看成是集中地作用在一点,称为集中荷载,如次梁对主梁的压力、主梁对柱子的压力、柱子对基础的压力、桥梁对桥墩的压力等。荷载作用在结构上的面积与结构作用面的尺寸相比,作用面的面积不可忽略时,称为分布荷载,如静水压力、土压力、基础对地基的压力等。按照荷载分布在物体内外的相对位置,又可将分布荷载分为体荷载、面荷载、线荷载三种。分布于物体体积内的荷载称为体荷载,单位是 N/m^3 或 kN/m^3 等,例如自重就是典型的体荷载;分布于结构表面的荷载称为面荷载,单位是 N/m^2 或 kN/m^2 等,例如挡水建筑物承受的静水压力,楼板上的人群荷载;将体荷载和面荷载简化为沿杆件轴线方向分布的荷载称为线荷载,单位是 N/m 或 kN/m 等,例如传递给梁的楼板荷载可以简化为沿梁轴向方向上的线荷载,作用在水坝表面上的静水压力可以简化为单宽上的线荷载。由于体荷载和面荷载的计算实属复杂,在本书里面涉及的分布荷载形式主要是线荷载。按照荷载分布的均匀性,又可将分布荷载分为均布荷载和非均布荷载。在线性分布荷载中,作用在物体上的荷载沿物体轴线或单宽呈线性均匀分布，该荷载称为均布荷载或矩形分布荷载，如图1-2(a)所示；作用在物体上的荷载沿物体轴线或单宽呈线性非均匀分布，该荷载称为非均布荷载，非均布荷载的类型主要有三角形分布荷载，如图1-2(b)所示。

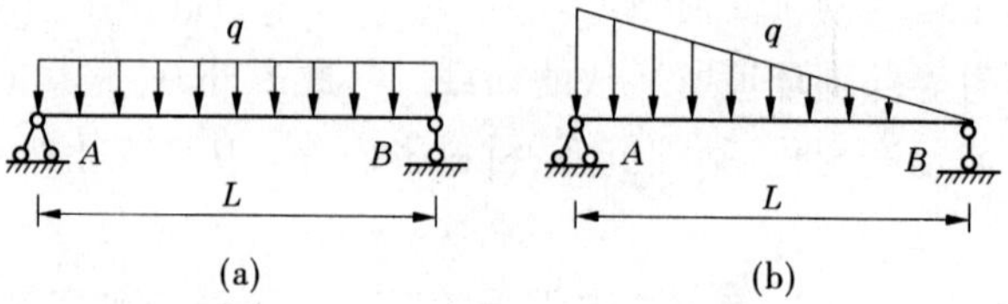

图1-2

项目2 静力学基础知识

静力学是理论力学的一个分支,研究处于静止状态的质点、物体和物体系统在受外力作用时的平衡规律。本章主要介绍静力学中的基本知识,包括力的基本概念、静力学基本公理、力的投影定理、力矩和力偶、约束和约束反力、物体的受力分析、结构计算简图等相关基础知识。

任务1 静力学基本概念

2.1.1 力的概念

力是物体间的相互机械作用。力是力学中最基本的概念之一,是人们在长期的日常生活和生产劳动中,通过大量的感知再进行科学归纳、抽象概括逐渐形成并建立的理念。

力的相互作用方式是多种多样的。两物体相互接触时,可以产生相互间的拉、压等作用力,例如人和门在开关时的拉力和压力等;两物体没有接触时,也有可能产生相互间的吸引力和排斥力,例如重力和磁力。在本书中,并不深究力的来源和性质,只注重研究其作用效果。

力作用在物体上会产生两种效果:一是使物体的运动状态发生改变,称为运动效应或外效应,也可以说力的作用改变了物体速度的大小和方向;二是使物体的形状尺寸发生改变,称为变形效应或内效应,也可以说力的作用改变了物体本身的形状和大小。实际上,工程结构的变形是组成结构的实体内各部分运动状态发生变化的结果,其变形量很小很难观察,需要用仪器测定。

2.1.2 力的三要素

力作用于物体的方式不同,其效果也不同。实践证明,力对物体的作用效果取决于三个要素:力的大小、方向和作用点。力的大小常用的度量单位是 N 或 kN。力的方向包含两层含义:方向和指向。例如,物体所受重力,方向是铅垂方向,其指向是向下朝向地心。力的作用点是指力在物体上作用的位置。

力是矢量,它既有大小又有方向,且服从矢量运算的平行四边形法则。一个集中力,在平面上可以用一条带有箭头的线段表示,线段的起点或终点表示力的作用点,线段的长度按一定比例表示力的大小,线段的箭头表示力的方向,如图 2-1 所示。图中线段 AB 的

起点 A 表示力的作用点；线段的长度表示力的大小，其力的大小为 F；线段与水平线的夹角 α 表示方向。

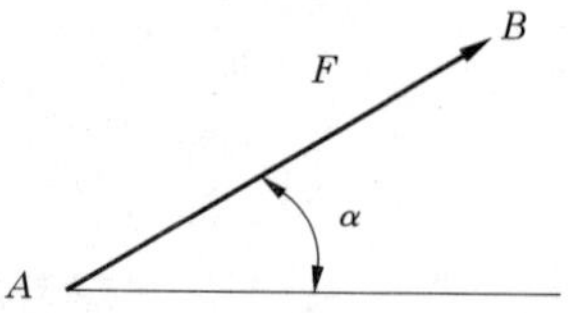

图 2-1

一般来说，力的作用点是力的作用位置的抽象和简化。实际上力的作用位置不是一个点，而是一定的范围。但是，当力的作用范围较小时，对所取研究对象的平衡问题影响不大，可近似看作是一个点，这种力称为集中力；当力的作用范围过大，对所取研究对象的平衡问题影响较大时，可近似看作是一个面，这种力称为分布力。

2.1.3　力系的概念

力系是指作用于同一研究对象上的多个力的总称。力系有各种不同的类型，力系简化的结果和平衡规律也不相同。根据力系中各力作用线在空间的分布情况，将力系分为平面力系和空间力系两大类。按照力系中各力的作用线相交和平行的情况，力系又可分为汇交力系、平行力系和任意力系。若平面力系中各力作用线汇交于一点，则称为平面汇交力系；平面力系中各力作用线相互平行，则称为平面平行力系；平面力系中各力作用线既不平行，又不全汇交于一点，则称为平面任意力系。对于空间力系进一步的分类可依此类推。由于平面力系可视为空间力系的特殊情况，平面汇交力系和平面平行力系又可视为平面任意力系的特殊情况，所以平面任意力系是平面力系中最复杂和最普遍的形式，也是静力学中最主要的研究对象。

若作用于物体上的一个力系用另一个力系来代替，而不改变物体的运动效应，则称这两个力系互为等效力系。注意，这里的"等效"指的是物体的运动效应。一个力系可以用一个简单的力来代替，称为力系的合成；一个力可以用一个复杂的力系来代替，称为力的分解。因此，作用在物体上的力系很复杂，需要对力系进行简化，研究其平衡规律，才能有效合理地解决问题。

2.1.4　平衡的概念

所谓平衡，是指物体相对于惯性参考系保持静止或做匀速直线运动。在工程问题中，平衡通常是指物体相对于地球静止，就是视地球为惯性参考系，将物体固连在地球上，这时作用于物体上的力系称为静止平衡力系。实际上，物体的平衡总是暂时的、相对的，绝对的平衡是不存在的。研究物体的平衡问题，就是研究物体在各种力系作用下的平衡条件，并应用这些平衡条件解决工程技术问题。为了便于寻求各种力系对于物体作用的总效应和力系的平衡条件，需要将力系进行简化，使其变换为另一个与其作用效应相同的简单力系，这种等效简化力系的方法称为力系的简化。所以，在静力学中主要研究三个问题：物体的受力分析、力系的简化、力系的平衡条件及其应用。

任务 2　静力学基本公理

公理是人们在生活和生产活动中长期积累起来的经验总结，然后经过实践反复检验，最终证明是符合客观实际的普遍规律。静力学公理是对力的基本性质的概括和总结，是静力学全部理论的基础，是解决力系的平衡问题和物体的受力分析的关键。

2.2.1 作用力与反作用力公理

两物体之间相互作用的一对力，称为作用力和反作用力，它们总是大小相等、方向相反、沿同一直线，分别作用在这两个物体上。

这个公理概括了物体相互作用的关系，也就是说两个物体相互作用必定同时产生作用力和反作用力，分别等效作用于两个物体，而且是同时存在也会同时消失。无论是静止的还是运动的物体，该公理都普遍适用。如图2-2所示，自重为$\boldsymbol{G}_1$的物体Ⅰ放在自重为$\boldsymbol{G}_2$的物体Ⅱ的上面，物体Ⅱ放在大地的上面。由此可见，物体Ⅰ对物体Ⅱ会产生压力作用$\boldsymbol{G}_1$，物体Ⅱ会对物体Ⅰ产生反作用力$\boldsymbol{G}_1'$，物体Ⅱ会对大地产生压力作用$\boldsymbol{G}_1+\boldsymbol{G}_2$，大地会对物体Ⅱ产生反作用$\boldsymbol{G}'_1+\boldsymbol{G}'_2$。

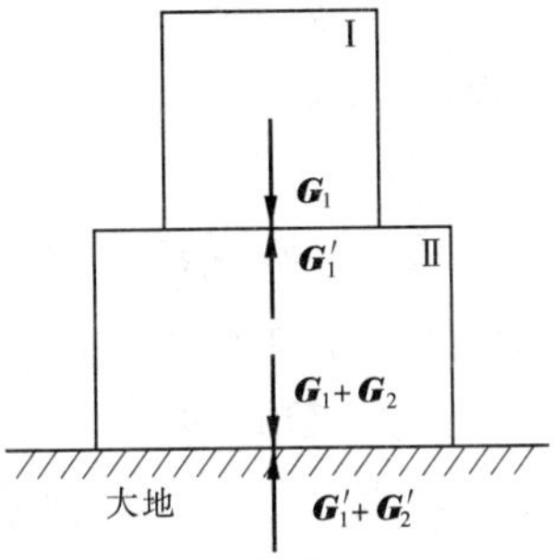

图2-2

2.2.2 二力平衡公理

作用于刚体上的两个力，要使刚体处于平衡的必要和充分条件是这两个力大小相等、方向相反且作用在同一直线上，如图2-3所示。

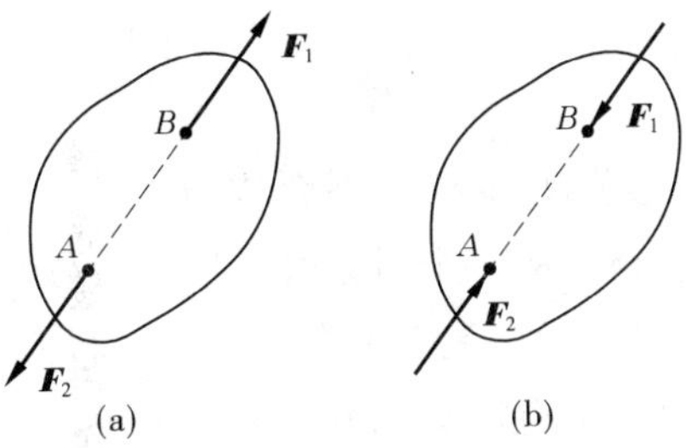

图2-3

工程中经常会见遇到只在两个力作用下处于平衡的构件，这类构件称为二力构件或二力杆。如图2-4(a)所示，若不计杆*AB*和*AC*的重量，当支架*A*点悬挂重物平衡时，杆*AB*和*AC*只有端部受力，如图2-4(b)和(c)所示，每根杆符合二力平衡公理。由此可见，二力杆的受力特点就是作用于结构中一个杆件两端的力必沿这两个力作用点的连线。

这个公理概括了作用于刚体上的最简单的力系平衡时，所必须满足的条件。但对于

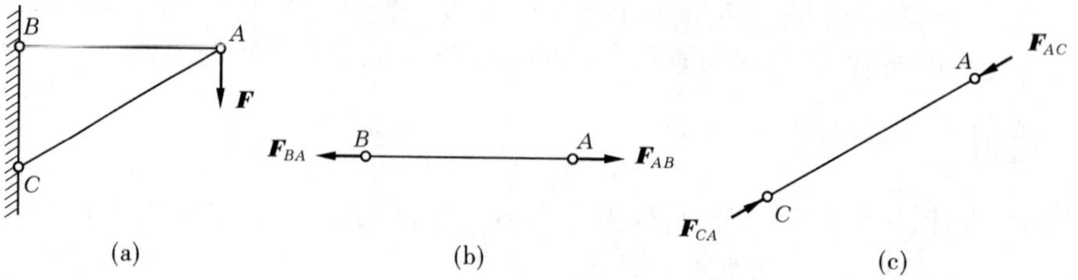

图 2-4

变形体而言,该公理就不是充分条件。例如,在拔河比赛中用的柔软绳索,当它受到两个等值、反向、共线的拉力作用时可以保持平衡,但它受到两个等值反向共线的压力作用时,绳索不能保持平衡。所以,二力平衡公理只适用于刚体。

2.2.3 力的平行四边形公理

作用于物体上同一点的两个力可以合成一个力,合力也作用于该点,其大小和方向由以这两个力为边构成的平行四边形的对角线来确定,这就是力的平行四边形法则。如图 2-5(a)所示,图中各力关系可表示为:

$$\boldsymbol{F} = \boldsymbol{F}_1 + \boldsymbol{F}_2$$

为了方便起见,在用矢量加法求合力时,可以不画出完整的平行四边形。如图 2-5(b)所示,从 A 点作一个与力 $\boldsymbol{F}_1$ 大小相等、方向相同的矢量 AB,过 B 点作一个与力 $\boldsymbol{F}_2$ 大小相等、方向相同的矢量 BC,连接 A 和 C 两点,则矢量 AC 即表示力 $\boldsymbol{F}_1$、$\boldsymbol{F}_2$ 的合力 $\boldsymbol{F}$。这种求合力的方法,称为力的三角形法则。

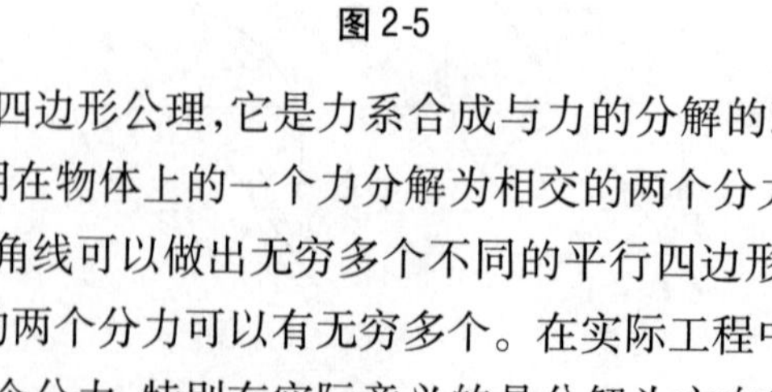

图 2-5

这个公理又称平行四边形公理,它是力系合成与力的分解的理论基础。利用平行四边形法则,也可以把作用在物体上的一个力分解为相交的两个分力,分力与合力作用于同一点。由于用同一条对角线可以做出无穷多个不同的平行四边形,所以如不附加其他条件,一个力分解为相交的两个分力可以有无穷多个。在实际工程中,通常遇到的是把一个力分解为方向已知的两个分力,特别有实际意义的是分解为方向已知且互相垂直的两个分力,这种分解称为力的正交分解,所得的两个分力称为正交分力。

2.2.4 加减平衡力系公理

在作用于刚体上的任意力系上,加上或减去任意平衡力系,并不会改变原力系对刚体的作用效应,这就是加减平衡力系公理。

这个公理对于研究力系的简化很重要，它只适合于刚体，而不适合变形体。对于变形体，虽然不改变整体物体的运动状态，但会影响物体的变形。

推论：力的可传性原理。

作用于刚体上某点的力可以沿着它的作用线移动到刚体上的任意位置，并不改变该力对刚体的作用效果。

证明：如图2-6(a)所示，在刚体上 A 点的作用力 $\boldsymbol{F}$，根据加减平衡力系公理，可在力的作用线上任一点 B 处施加两个相互平衡的力 $\boldsymbol{F}_1$ 和 $\boldsymbol{F}_2$，如图2-6(b)所示，使 $\boldsymbol{F}=\boldsymbol{F}_1=-\boldsymbol{F}_2$，不改变刚体的运动效应。力 $\boldsymbol{F}$ 和 $\boldsymbol{F}_2$ 满足二力平衡条件组成平衡力系，根据加减平衡力系公理，又可以把这两个力减去，这样刚体上就只有 $\boldsymbol{F}_1$ 作用。这就相当于把原来的作用在 A 点的力 $\boldsymbol{F}$ 沿着力的作用方向移动到 B 点，如图2-6(c)所示。

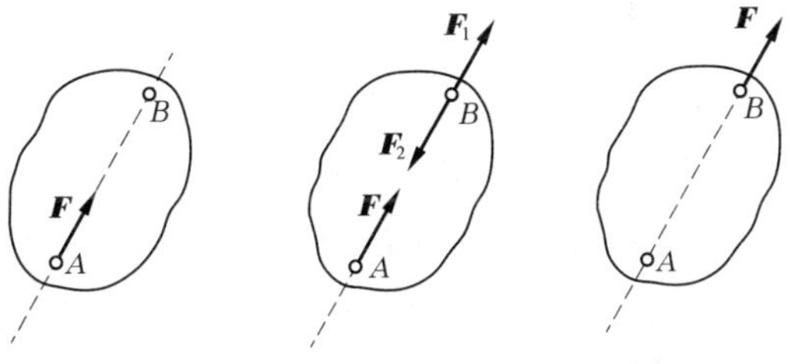

图2-6

由力的可传性可知，对于刚体来说，力的作用效应与力的作用点在其作用线上的位置无关。因此，作用于刚体上的力的三要素是力的大小、方向和作用线，作用于刚体上的力矢量可以沿着其作用线移动。虽然可传性不改变力对物体的外效应，但是改变力对物体的内效应。所以，力的可传性只适用于刚体而不适用于变形体。

任务3 力的投影与合力投影定理

2.3.1 力的投影

力的投影适用于平面直角坐标系，也可适用于空间坐标系，但在空间坐标系中计算投影时，也通常需转化为平面坐标系再进行投影，本节重点介绍平面直角坐标系的投影。

设在平面直角坐标系 xoy 内，力 $\boldsymbol{F}$ 作用于 A 点，如图2-7所示。从力 $\boldsymbol{F}$ 的两端 A 和 B 分别向 x、y 轴作垂线，得到线段 ab 和 $a'b'$，其中 ab 为力 $\boldsymbol{F}$ 在 x 轴上的投影，以 X 表示；$a'b'$ 为力 $\boldsymbol{F}$ 在 y 轴上的投影，以 Y 表示，并且规定，当力的始端到末端投影的方向与坐标轴的正向相同时，投影为正；反之为负。图2-7(a)中的 X、Y 均为正值，图2-7(b)中的 X、Y 均为负值。所以，力在坐标轴上的投影是代数量。

力的投影的大小可以用三角函数关系计算，设力 $\boldsymbol{F}$ 与 x 轴的正向夹角为 α，对于图2-7(a)的情况为：

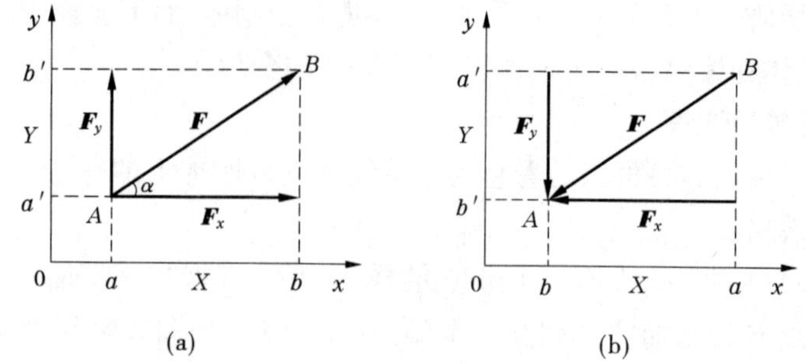

图 2-7

$$\begin{cases} X = F\cos\alpha \\ Y = F\sin\alpha \end{cases}$$

对于图 2-7(b)的情况为：

$$\begin{cases} X = -F\cos\alpha \\ Y = -F\sin\alpha \end{cases}$$

若将力 $\boldsymbol{F}$ 沿 x、y 坐标轴分解，所得分力 $\boldsymbol{F}_x$、$\boldsymbol{F}_y$，其值与力 $\boldsymbol{F}$ 在同轴的投影值 X、Y 相等，但必须注意：力的投影与力的分力是两个不同的概念。力的投影是代数量，而分力是矢量，不仅有大小又有方向。只有在直角坐标系中，投影的绝对值等于分力的大小，而在非直角坐标系中，力的投影的绝对值一般并不等于力沿坐标轴分力的大小。

【例 2-1】 如图 2-8 所示，在平面直角坐标系中，已知 $F_1 = 10$ kN、$F_2 = 15$ kN，试求两力在 x 和 y 坐标轴上的投影。

解：由题意可知：

F_1 在 x 轴和 y 轴的投影值分别为：$X_1 = F_1\cos30° = 8.66$ kN；$Y_1 = F_1\sin30° = 5.00$ kN。

F_2 在 x 轴和 y 轴的投影值分别为：$X_2 = -F_2\cos45° = -10.61$ kN；$Y_2 = F_2\sin45° = 10.61$ kN。

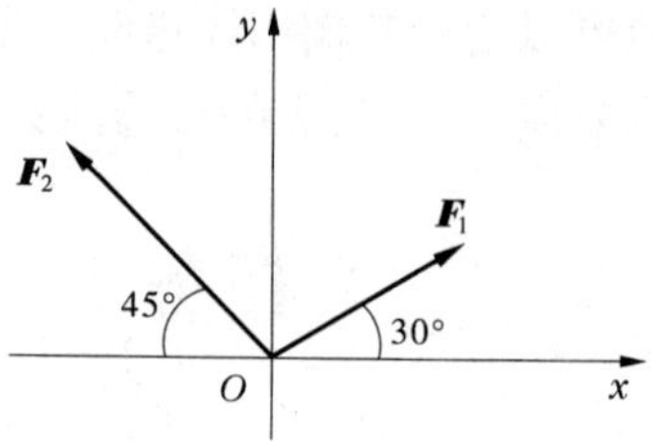

图 2-8

2.3.2 合力投影定理

合力投影定理建立了合力的投影与分力的投影之间的关系。如图 2-9 所示，平面汇交力系中由 $\boldsymbol{F}_1$、$\boldsymbol{F}_2$、$\boldsymbol{F}_3$、$\boldsymbol{F}_4$ 组成力的多边形，$\boldsymbol{F}$ 为合力。

将力多边形中各力矢投影到 x 轴和 y 轴上，由图可见：

$$ae = ab + bc + cd + de$$

$$a'e' = a'b' + b'c' + c'd' + d'e'$$

即合力在任一轴上的投影等于各分力在同一轴上投影的代数和，该结论可以推广到任意多个力的情形，称为合力投影定理。合力 F 用数学表达式可表示为：

$$X = X_1 + X_2 + \cdots + X_n = \sum_{i=1}^{n} X_i$$

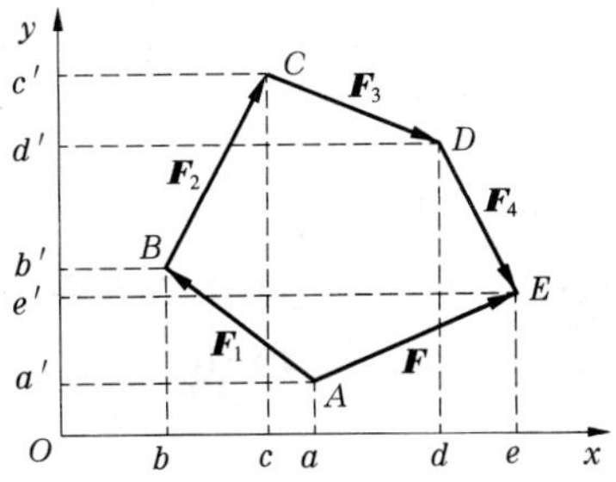

图 2-9

$$Y = Y_1 + Y_2 + \cdots + Y_n = \sum_{i=1}^{n} Y_i$$

该定理是汇交力系合成的理论基础。

【例 2-2】　如图 2-10(a)所示，固定在墙上的吊环上受到同一平面内的三根绳索的拉力，各力汇交于 O 点。试求吊环所受的合力及方向。

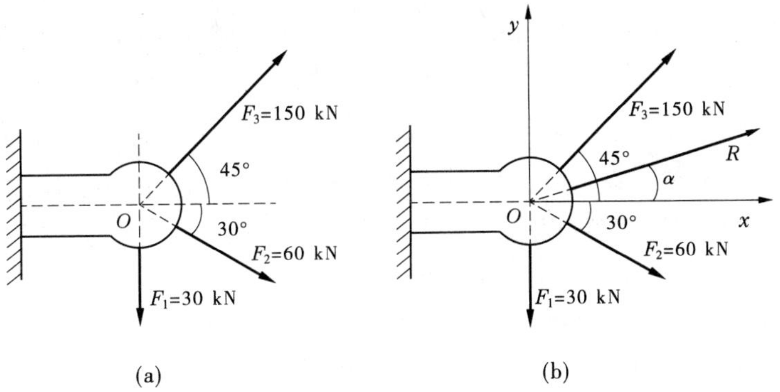

图 2-10

解：由题意可知：

(1)以汇交点 O 点为原点，水平向右为 x 轴，垂直向上为 y 轴建立坐标系，如图 2-10(b)所示。

(2)计算各力在 x 轴和 y 轴的投影代数和。

$$R_x = \sum X = F_2\cos30^\circ + F_3\cos45^\circ = 158 \text{ kN}$$

$$R_y = \sum Y = -F_1 - F_2\sin30^\circ + F_3\sin45^\circ = 46.1 \text{ kN}$$

(3)计算合力及其方向

$$R = \sqrt{R_x^2 + R_y^2} = \sqrt{158^2 + 46.1^2} = 164.6(\text{kN})$$

$$\tan\alpha = \frac{|R_y|}{|R_x|} = \frac{46.1}{158} = 0.292$$

$$\alpha = \arctan0.292 = 16.27^\circ$$

因为 R_x 和 R_y 都是正值，故合力和方向都在第一象限，合力的作用点在坐标原点。

任务4　力矩与合力矩定理

力作用于物体上,其作用效应有两种情况:一是力的作用线通过物体的质心,将使物体在力的方向上移动,二是力的作用线不通过物体的质心,物体将在力的作用下,既发生移动又发生转动。本节将研究力对刚体的转动作用,由此引入力对点之矩的概念。

2.4.1　力对点之矩

力对点之矩是衡量力使物体绕某点转动效应的物理量,是力学中最基本的概念之一。在实际生活中,用扳手拧螺母就是一个典型的力矩效应,如图2-11所示。

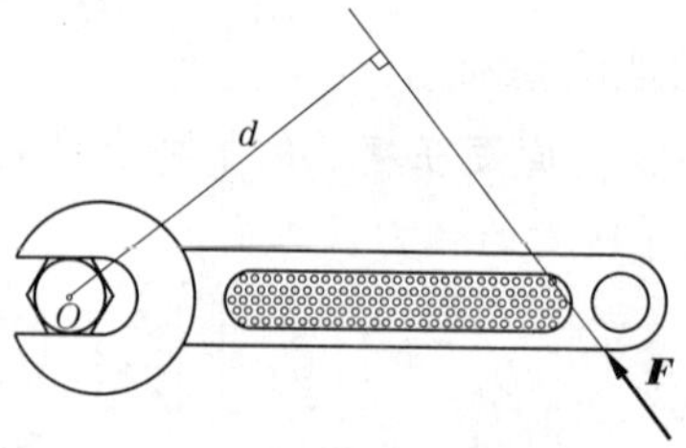

图2-11

由图2-11可知,力使螺母绕 O 点转动的效应取决于两个因素:作用力 $\boldsymbol{F}$ 的大小和力的作用线到 O 点的距离。O 点称为矩心,矩心 O 到力 $\boldsymbol{F}$ 作用线的垂直距离 d 称为力臂。力使螺母绕 O 点转动的效应可以用一个代数量 $M_O(\boldsymbol{F})$ 表示,表达式:

$$M_O(\boldsymbol{F}) = \pm Fd$$

这就是平面问题中的力对点之矩。力矩的大小等于力的大小与力臂的乘积,力矩的度量单位是N·m或kN·m,其正负号规定是:力使刚体绕矩心逆时针方向转动时,力矩为正;反之,力矩为负。

在空间问题中,力使物体绕一点的转动效应不仅取决于力矩的大小和转向,还取决于力矩作用面(力的作用方向与矩心共有的平面)。所以,力矩的三要素是:力矩的大小、转向和力矩作用平面。若作用力 $\boldsymbol{F}$ 沿着作用线方向任意移动,矩心到作用方向的距离不会发生变化,那么力臂不变则力矩也不会变。

2.4.2　合力矩定理

在计算力矩时,有时直接按力乘以力臂计算比较困难。这时,如果将力作适当分解,计算各力分力的力矩则很方便。利用合力矩定理,可以建立合力对某点的矩与其分力对同一点矩之间的关系。

推论:平面力系的合力对平面内任意一点的力矩,等于其所有分力对同一点力矩的代数和。

证明:已知两正交分力 $\boldsymbol{F}_1$、$\boldsymbol{F}_2$ 作用于 A 点,其合力为 $\boldsymbol{R}$,如图2-12所示。在力系平面内任取一点 O 为矩心,以 O 点为坐标原点,建立直角坐标系 xOy,并使两正交分力 $\boldsymbol{F}_1$ 和 $\boldsymbol{F}_2$ 分别平行于 y 轴和 x 轴。

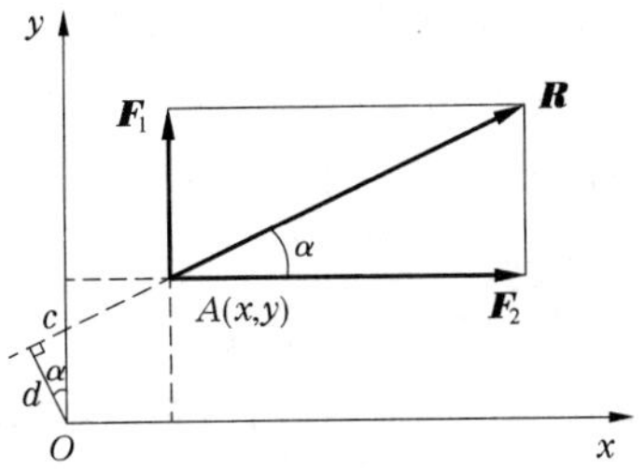

图 2-12

设 A 点坐标为 (x,y)，合力 $\boldsymbol{R}$ 与 x 轴的夹角为 α。根据力对点之矩的定义可得：

$$M_O(\boldsymbol{F}_1) = F_1 x$$
$$M_O(\boldsymbol{F}_2) = -F_2 y$$
$$M_O(\boldsymbol{R}) = -Rd$$

由几何原理可得：

$$d = Oc\cos\alpha = (y - x\tan\alpha)\cos\alpha$$

由此可推出：

$$\begin{aligned} M_O(\boldsymbol{R}) &= -R(y - x\tan\alpha)\cos\alpha \\ &= -F_2(y - x\tan\alpha) \\ &= -F_2 y + F_1 x \\ &= M_O(\boldsymbol{F}_1) + M_O(\boldsymbol{F}_2) \end{aligned}$$

应当指出，虽然这个定理是由两个共点的正交力组成的简单力系推导出来的，但是它对所有的平面力系都成立。合力矩定理概括了合力和其分力对同一点力矩的关系。当力臂不易求得时，可利用合力矩定理求一个力对某点的力矩。具体方法是：将该力看成合力，求出正交分解后的两个分力，然后求出每个分力对同一点的力矩，代数和即为所求的力矩。

【例 2-3】　如图 2-13(a)所示的刚架，试求力 $F = 10$ kN 对 A 点的力矩。

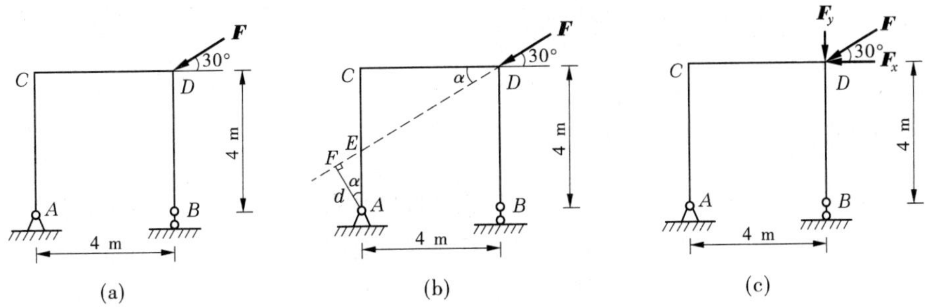

图 2-13

解：由题意可知，力对点之矩可以用两种方法求解。

(1) 根据力矩的定义计算。

计算力的作用方向到 A 点的垂直距离 d（见图 2-13(b)所示）：

因为 $AE = CA - CE = CA - CD\tan\alpha = 4 - 4\times\tan30° = 4 - 2.309 = 1.691(\text{m})$

$$d = AE\cos30° = 1.691\times0.866 = 1.464(\text{m})$$

所以 $$M_A(\boldsymbol{F}) = F\times d = 10\times1.464 = 14.64(\text{kN}\cdot\text{m})$$

(2)根据合力矩定理计算。

计算力 $\boldsymbol{F}$ 在 x 和 y 轴上的投影(见图 2-13(c)):

因为 $F_x = F\cos30° = 10\times0.866 = 8.66(\text{kN})$;$F_y = F\sin30° = 10\times0.5 = 5.0(\text{kN})$

所以 $M_A(\boldsymbol{F}) = M_A(\boldsymbol{F}_x) + M_A(\boldsymbol{F}_y) = F_x\times CA - F_y\times CD = 8.66\times4 - 5.0\times4 = 14.64$ $(\text{kN}\cdot\text{m})$

由此可见,合力对点之矩等于各分力对点之矩的代数和。

任务5 力偶与力偶矩

2.5.1 力偶的概念

在生产和生活中,常对物体施加等值、反向、不共线的两个平行力,如图 2-14 所示。这样的两个力对物体不会产生移动效应,只产生转动效应。因此,力偶不是平衡力系。

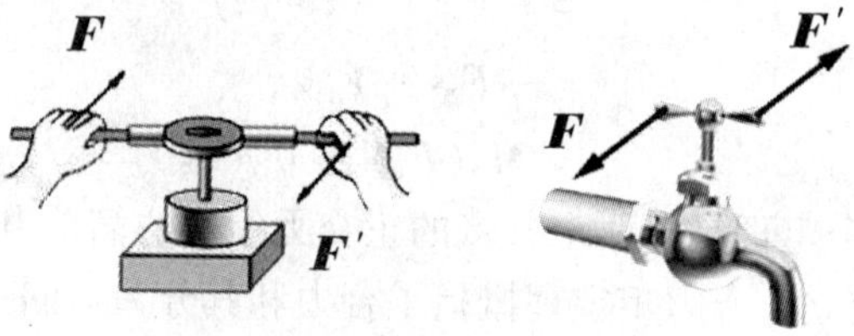

图 2-14

由大小相等、方向相反、作用线平行且不共线的两个力所组成的力系称为力偶,记作$(\boldsymbol{F},\boldsymbol{F}')$。如图 2-15所示,力偶中两个力所在的平面称为力偶的作用平面,两个力作用线之间的垂直距离称为力偶臂,用 d 表示。

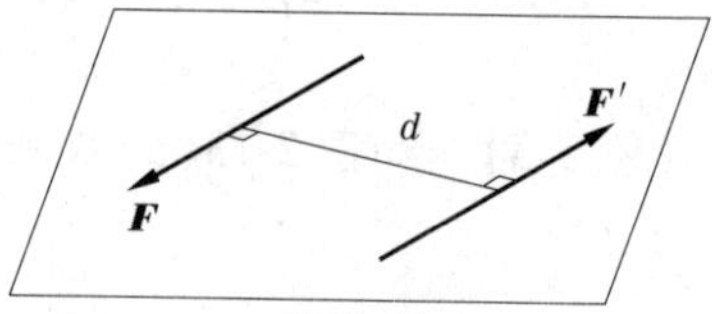

图 2-15

2.5.2 力偶矩的概念

实践证明,平面力偶对物体的效应取决于力偶的力 $\boldsymbol{F}$ 的大小和力偶臂 d 的长度,同时力偶对物体的转向与力矩类似,也有顺时针与逆时针之分,转向不同,效应也不同。因此,可以用力偶的力 $\boldsymbol{F}$ 与力偶臂 d 的乘积,再以适当的正负号来度量力偶对物体的转动效应。因此,把力 $\boldsymbol{F}$ 与力偶臂 d 的乘积称为力偶矩,力偶矩是一个代数量,表达式为:

$$m = \pm Fd$$

这里的正负号表示力偶的转向。正负号规定为:力偶使物体产生逆时针方向转动,力偶矩为正,反之为负。力偶矩的单位与力矩的单位相同,单位为 N · m 或 kN · m。

在平面问题中,力偶对物体的转动效应取决于力的大小和力偶臂的长度,而与矩心无关。所以，力偶矩不用标出矩心，这是力偶矩与力矩的重要区别之一。所以，力偶的三要素是力偶矩的大小、力偶的转向、力偶的作用平面。

2.5.3　力偶的性质

力偶是两个具有特殊关系的力组合而成，具有与单个力不同的性质，现说明如下：

(1)力偶在任一轴上的投影都等于零。由于构成力偶的两个力大小相等、方向相反，作用线平行，故它们在任一轴的投影代数和等于零。因此，力偶对物体只有转动效应，没有移动效应，所以力偶不能和一个力等效，也不能和一个力平衡，力偶只能和力偶等效或平衡。

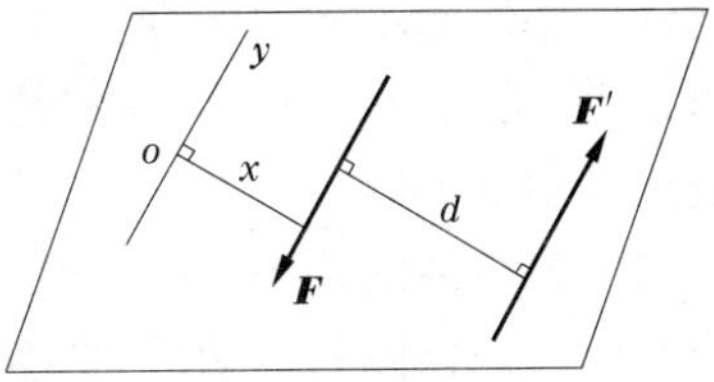

图 2-16

(2)力偶对平面内任一点之矩恒等于其力偶矩，与矩心位置无关，是一个自由矢量。

证明： 如图 2-16 所示，平面内的力偶对坐标轴 y 轴上 o 点的力矩等于力偶中两个力对 o 点的矩的代数和，即：

$$M_o(\boldsymbol{F},\boldsymbol{F}') = M_o(\boldsymbol{F}) + M_o(\boldsymbol{F}') = -Fx + F(x+d) = Fd = m$$

这个性质表明，力偶使物体绕其作用平面内任意一点的转动效应都是相同的。

(3)只要保持力偶矩的大小和力偶的转向不变，力偶可在作用面内任意转移，也可以任意改变力偶中的大小和力偶臂的长短，而不改变力偶对物体的转动效应。

2.5.4　力偶的等效定理

作用在同一平面内的两个力偶，如果它们的力偶矩大小相等，转向相同，则两力偶等效，该性质也称为力偶的等效定理。根据此定理也可以得出，力偶矩相同的两个力偶可以互相替换，而不会改变对物体的转动效应。

由力偶的等效条件可推出以下两个结论：

推论 1： 只要不改变力偶矩的大小和力偶的转向，力偶的位置可以在它的作用平面内任意移动或转动，而不改变它对刚体的作用效果。

推论 2： 只要不改变力偶矩的大小和力偶的转向，可以同时改变力偶中力的大小和力偶臂的长短，而不改变力偶对刚体的作用效果。

在平面问题中，力偶对刚体的转动效应完全取决于力偶矩，只有力偶矩是力偶作用效果的唯一量度，在力偶作用面内力偶的表示方法主要有三种，如图 2-17 所示，其中 m 通常只表示力偶矩的值。

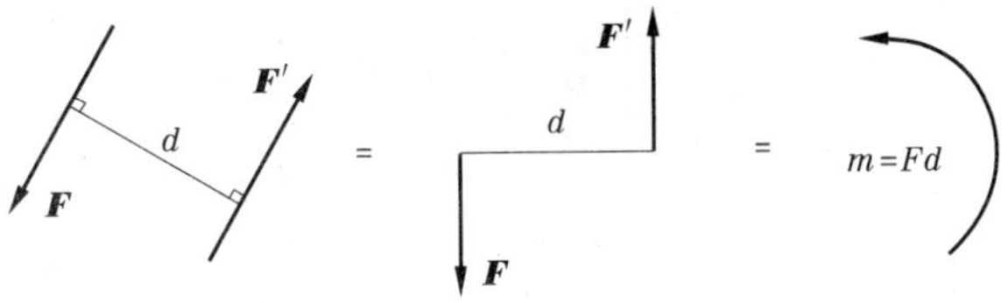

图 2-17

任务6 约束和约束反力

在空间沿任何方向的运动都不受限制的物体称为自由体,例如飞行的飞机、自流的水体等。在日常生活和劳动中,物体通常总是以各种形式与周围的物体互相联系并受到周围物体的限制而不能做任意运动,这种物体称为非自由体。如:火车受铁轨的限制只能沿轨道运动;桥梁受桥墩和梁端的约束而在一定的高度上保持稳定;悬挂的重物受到吊绳的限制而不会落下等。

对非自由体的某些位移起限制作用的物体称为约束物或约束装置,简称约束。由于约束可以限制物体的运动,当物体向着约束所能限制的方向运动或有运动趋势时,约束就必然对物体施加力的作用,从而阻碍其运动状态的改变,这种阻碍物体运动施加的力称为约束反力或简称反力。约束反力的方向总是与被约束物体的运动或运动趋势的方向相反,其作用点在约束和被约束物体的接触点处。研究受力物体时,使受力物体运动或具有运动趋势的力称为主动力,例如物体自重、水压力、土压力等。主动力在工程中称为荷载。而约束反力是在主动力作用下产生的一种被动力,随着主动力的变化而变化。通常主动力是可以已知的,约束反力是未知的。在静力学中,如果约束反力和物体承受的已知主动力构成平衡力系,则可通过平衡条件来求解未知约束反力的大小。

实际工程中有多种约束形式,约束类型不同,其约束反力也不相同。为了真实地反映约束装置对被约束物的作用效应,确定约束反力的数量,需深入分析约束装置的性质。下面介绍工程中常见的几种典型的理想约束实例以及对应的约束反力的特点和表示方法。

2.6.1 柔体约束

绳索、皮带、链条等物体称为柔体。这类约束在工程中习惯称为柔体约束,它只能阻止物体沿其中心线伸长方向的运动,而不能阻止其他方向的运动。因此,柔体的约束反力沿着柔体中心线,指向受力物体外部,由此可知,柔体约束只能产生拉力方向上的约束反力。如图2-18所示,自重为 $\boldsymbol{G}$ 的被约束物体小球,在柔体约束绳索的约束反力作用下,与自重形成一对平衡力系,使得小球静止悬在空中。

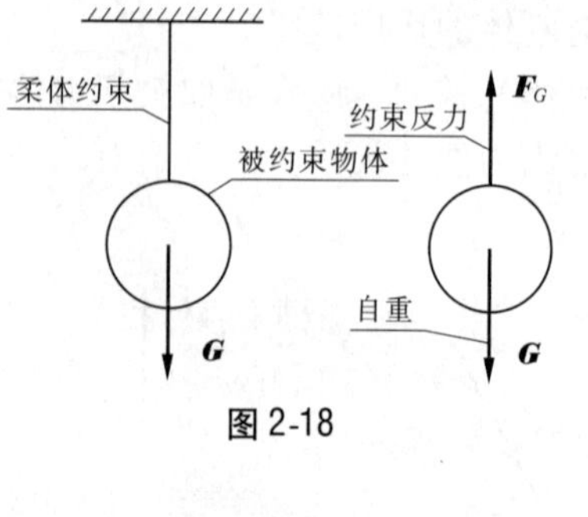

图2-18

2.6.2 光滑接触面约束

当物体之间相互接触,产生的摩擦力可以忽略不计时,就可以认为相互支撑面就是光滑接触面约束。无论支撑面的形状如何，物体与支撑面接触的点可以沿其支撑面自由滑动，也可以向着脱离支撑面的任何方向运动，但不能做沿其支撑面的公法线而指向支撑面的运动。因此，光滑约束反力通过接触点沿接触面在该点的公法线指向受力物体。由此可知，光滑接触面约束只能产生与压力相反方向的约束反力。如图 2-19 所示，自重为 **G** 的被约束物体小球，在光滑接触面的约束反力作用下，与自重形成一对平衡力系，使得小球静止在接触面上。

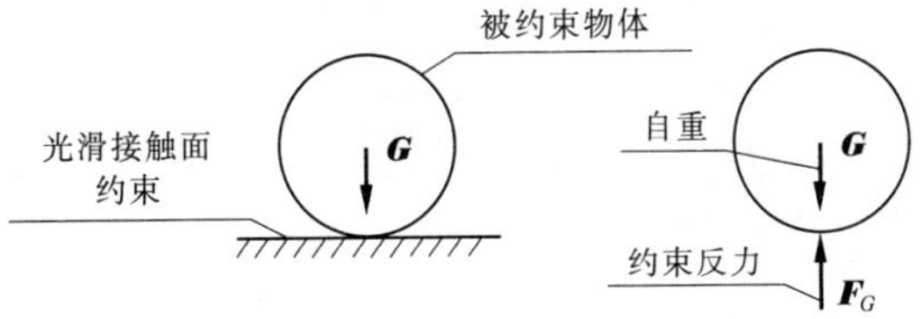

图 2-19

2.6.3　光滑铰链约束

在机械中，经常用圆柱形销钉将两个带孔零件连接在一起，如图 2-20(a)、图 2-20(b)所示。这种铰链只能限制物体间的相对径向移动，不能限制物体绕圆柱销轴线的转动和平行于圆柱销轴线的移动，这种支座的简图如图 2-20(c)所示。为了说明零件之间通过销钉相互的约束问题，在这里取销钉左边为对象。由于圆柱销与圆柱孔是光滑曲面接触，则约束反力应在沿接触线的一点到圆柱销中心的连线上，垂直于轴线，如图 2-20(d)所示。因为接触线的位置不能预先确定，因而约束反力的方向也不能预先确定。通常把它分解为两个相互垂直的约束反力，作用在圆心上，如图 2-20(e)所示。

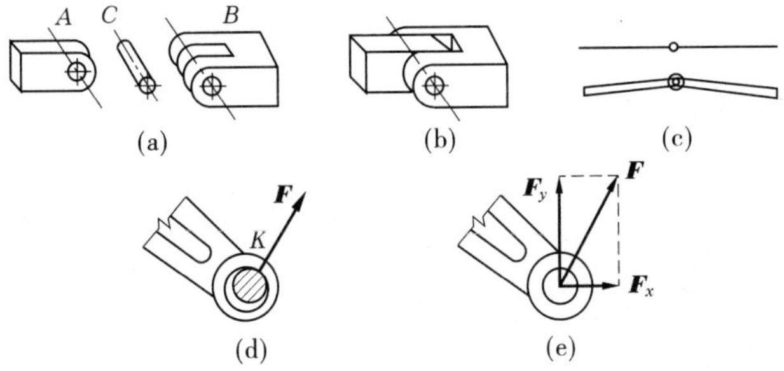

图 2-20

2.6.4　固定铰支座

将构成铰链的一个构件固定在基础上，另一个构件可以绕销钉转动，这种约束称为固定铰支座，如图 2-21(a)所示。这种约束装置是一种常用的圆柱铰链连接，它由一个固定底座和一个构件用销钉连接而成，简称铰支座。在工程实践中，铰支座将限制构件移动，而允许构件与支座连接处产生微小转动。这种支座可以简化为三种不同形式但约束性质相同的支座，如图 2-21(b)所示。铰支座对构件的作用在垂直于圆柱销轴线的平面内，通过圆柱销的中心，方向不能确定，通常用相互垂直的两个约束反力表示，如图 2-21(c)所示。

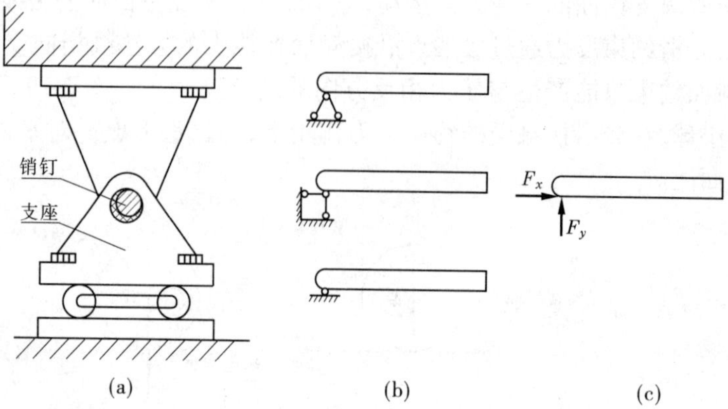

图 2-21

2.6.5 可动铰支座

在固定铰支座下面加几个滚柱支承于平面上，但支座的连接使它不能离开支承面，这样的支座称为可动铰支座，如图 2-22(a)所示。在工程实践中，可将这种约束简化为单链支座，如图 2-22(b)所示。由于这种约束只限制所支承的构件在支承面法线方向的位移，而不限制构件沿支承面方向的位移和绕铰链销钉的转动。因此，在桥梁、屋架等工程结构中经常采用可动铰支座。当温度变化引起桥梁、屋架在跨度方向有伸缩时，则允许可动铰支座沿支承面方向移动。可动铰支座对构件的作用通常用垂直于支承面并沿着链杆轴线指向被约束物体的约束反力来表示，如图 2-22(c)所示。

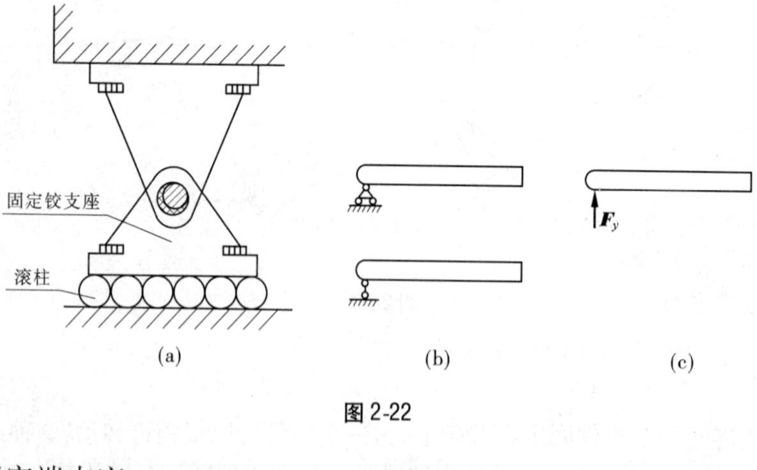

图 2-22

2.6.6 固定端支座

支座把构件和支撑物完全连接为一个整体，构件在固定端处既不能沿任何方向移动，也不能转动，这种支座称为固定端支座。在房屋建筑中，嵌入墙体的挑梁，嵌入端就是典型的固定端支座，如图 2-23(a)所示。在工程实践中，将这种约束效应简化为构件通过刚结点与约束连接，如图 2-23(b)所示。固定铰支座对构件的作用通常用两个相互的约束反力和绕支座点的一个转角约束力偶来表示，如图 2-23(c)所示。

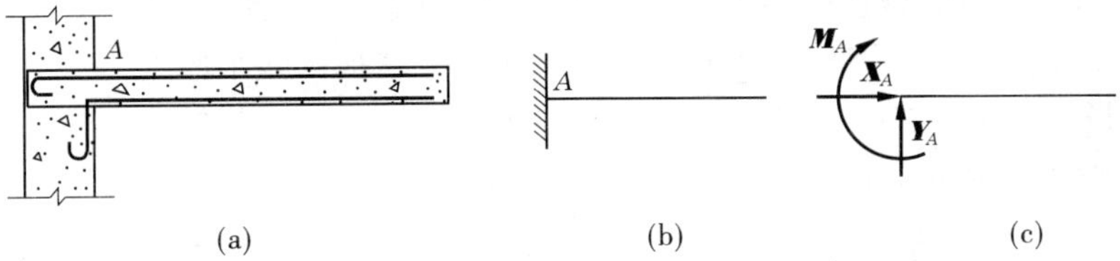

图 2-23

2.6.7　定向支座

支座允许构件杆端沿一定方向自由移动，而沿其他方向不能移动，也不能转动，这种支座称为定向支座。如办公桌子内的抽屉，抽屉两边安装了两个轨道，该轨道只允许抽屉进行水平推拉，不能上下移动和转动，如图 2-24(a)所示。在工程实践中，将这种约束效应简化为构件通过两根平行的单链支座与约束连接，如图 2-24(b)所示。可动铰支座对构件的作用通常用一个沿着单链杆指向物体的约束反力和绕支座点的一个转角约束力偶来表示，如图 2-24(c)所示。

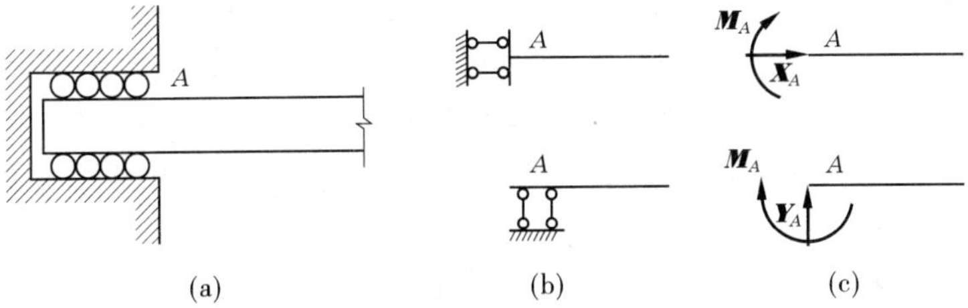

图 2-24

工程中的约束形式是多种多样的，除了以上介绍的几种典型约束外，还有其他形式的约束。在实际问题中需要对约束的构造及其性质进行分析，分清主次，略去次要因素，将其简化为理想约束。

任务 7　受力分析和受力图

无论是研究物体的平衡还是物体的运动，都必须分析物体的受力情况，分析物体受哪些力的作用，其大小、方向和作用位置如何，这种分析过程称为物体的受力分析。

在实际工程中，物体基本上是以一定方式同周围物体相互连接。为了研究和分析物体的受力情况，必须解除该物体的全部约束，把它从其他物体中分离出来。从宏观角度上判断物体受力状态，为了反映解除以后荷载和约束对分离后物体的作用效应和约束效果，保持原有的受力情况，需要在分离物体上的受力处施加上全部的主动力及其方向，在解除约束处施加上相应的约束反力及其方向，这种表示物体的受力情况的图形称为受力图。因此，物体的受力图要包括全部主动力和约束反力的方位、指向、作用点。

绘制受力图的基本思路：首先确定受力对象，解除约束装置，将对象分离出来；然后进行受力状态分析，画出主动力和约束反力，即可得到对象的受力图。

对物体进行受力分析,画物体的受力图,是进行力学计算的一个重要环节,正确地画出受力图是力学计算取得正确结果的前提和关键。所以,不仅要正确地反映物体的受力情况,还应有利于后续的力学计算,这是画受力图需要掌握的两个原则。

【例 2-4】 如图 2-25(a)所示,自重为 $\boldsymbol{F}_G$ 的小车在钢缆绳的牵引下静止在光滑的斜坡上。若不计车轮与斜面间摩擦,试画小车的受力图。

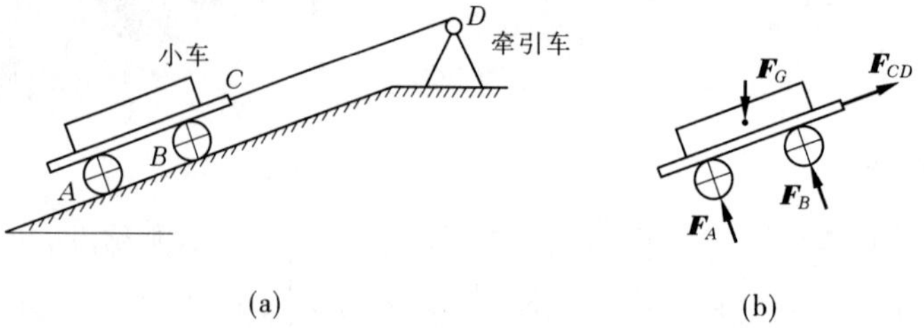

图 2-25

解:由题意可知:

(1)分析小车的受力情况。小车在重心作用有铅垂向下的重力;小车与牵引车之间为柔体约束,约束力是作用在 C 处的拉力,作用线沿钢缆绳中心线;车轮 A 和车轮 B 与斜面为光滑接触面约束,约束力都通过接触点垂直于斜面并指向小车。

(2)作小车受力图。在小车重心画铅垂向下的重力 $\boldsymbol{F}_G$。在 C 处去掉钢缆绳,用作用于 C 处沿钢缆绳中心线的拉力 $\boldsymbol{F}_{CD}$代替钢缆绳的作用。将斜坡去掉,分别在车轮 A 和车轮 B 与斜面接触点处,画垂直于斜面并指向轮子的支承力 $\boldsymbol{F}_A$ 和 $\boldsymbol{F}_B$ 代替斜面约束。小车受力图如图 2-25(b)所示。

【例 2-5】 如图 2-26(a)所示,已知简支梁的自重为 $\boldsymbol{F}_G$,在梁上作用有斜向为 α 的主动力 $\boldsymbol{F}$,试画简支梁 AB 的受力图。

解:由题意可知。

(1)分析梁 AB 的受力情况。梁 AB 在重心 C 处作用有铅垂向下的重力 $\boldsymbol{F}_G$;在 D 处作用有斜向为 α 的主动力 $\boldsymbol{F}$。梁 B 端为可动铰支座,所以约束力作用在铰中心,作用线为铅直方向,指向可假设向上。梁 A 端为固定铰支座,约束力作用点在铰中心,但作用线方位未知,所以可用两正交分力表示,指向暂可假定。

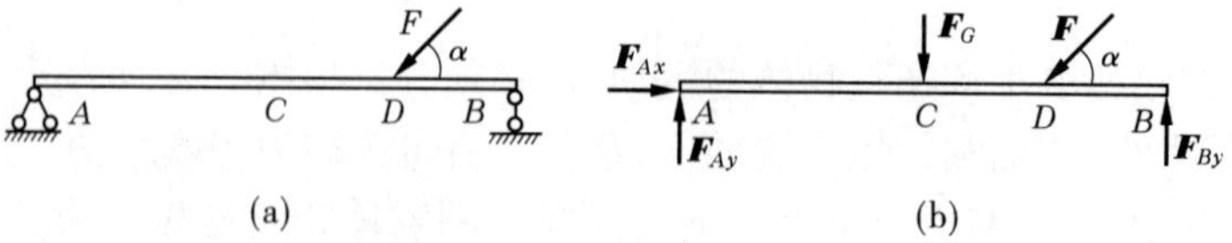

图 2-26

(2)作梁 AB 的受力图。在梁重心 C 处画铅直向下的重力 $\boldsymbol{F}_G$;在 D 处画与梁 AB 轴线夹角 α,指向左下角的主动力 $\boldsymbol{F}$。在 B 端去掉可动铰支座的地方,画过铰中心 B 且方向铅直向上的约束力 $\boldsymbol{F}_{By}$。在 A 端取掉固定铰支座的地方,画过铰中心 A 的两个正交分力 $\boldsymbol{F}_{Ax}$、$\boldsymbol{F}_{Ay}$。其受力图如图 2-26(b)所示。

【例 2-6】 如图 2-27(a)所示,杆件 A 端为固定铰支座,B 端靠在光滑接触墙面上,试画杆件 AB 的受力图。

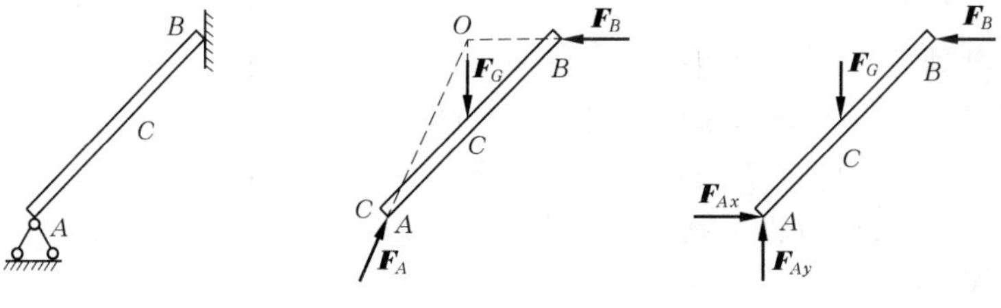

(a)　(b)　(c)

图 2-27

解:由题意可知。

(1)分析 AB 杆的受力情况。杆件在重心 C 处作用有铅垂向下的重力 $\boldsymbol{F}_G$;杆件 B 点为光滑接触面约束,其约束力是通过 B 点垂直于墙面并指向杆件;在 A 点为固定铰支座,支座对杆作用一个过铰中心的约束力;因杆上共作用三个力,杆处于平衡状态,三力必定汇交于一点,并在汇交点处相互作用抵消。由于 B 支座约束力和重力 $\boldsymbol{F}_G$ 的作用方向已知,那么 A 支座约束力的作用线过另外两个力的作用线交点,力指向暂可假定。

(2)作 AB 杆的受力图。在杆件重心 C 处画铅直向下的重力 $\boldsymbol{F}_G$;在 AB 杆的 B 点去掉光滑的墙壁,用 $\boldsymbol{F}_B$ 代替墙面通过 B 点对杆件的作用效应。$\boldsymbol{F}_B$ 与重力 $\boldsymbol{F}_G$ 作用线交于 O 点,在 A 点去掉固定铰支座,用作用于 A 点、作用线过 O 点的力 $\boldsymbol{F}_A$ 代替,受力图如图 2-27(b)所示。杆 A 端的固定铰支座的约束力可用两个正交分力 $\boldsymbol{F}_{Ax}$、$\boldsymbol{F}_{Ay}$ 表示,其受力图如图 2-27(c)所示。

【例 2-7】　如图 2-28(a)所示,支架由 AB 和 CD 两杆铰接而成,在 AB 杆上作用有斜向为 α 的载荷 $\boldsymbol{F}$,设各杆自重不计,试分别画出 AB 杆、CD 杆以及整个支架的受力图。

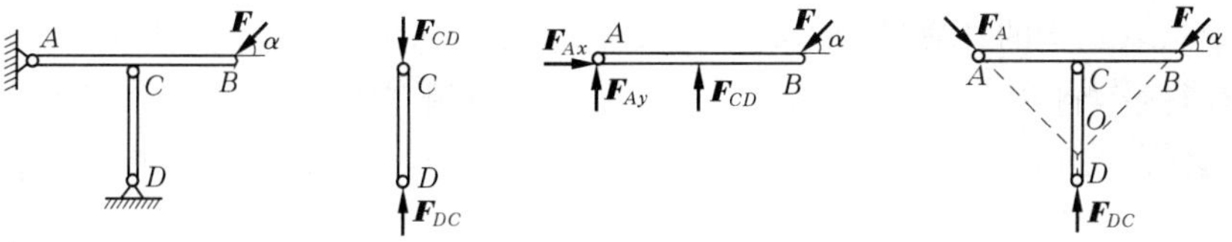

(a)　(b)　(c)　(d)

图 2-28

解:由题意可知。

(1)分析 CD 杆的受力情况。由于 CD 杆自重不计且无主动力,则在 C、D 两铰链处分别受 $\boldsymbol{F}_{CD}$ 和 $\boldsymbol{F}_{DC}$ 两力作用,根据二力平衡条件 $\boldsymbol{F}_{CD}=\boldsymbol{F}_{DC}$,如图 2-28(b)所示。因此,在 CD 杆的 C 点和 D 点所受的两个力为大小相等、方向相反且作用线通过 CD 杆的中轴线,像这种受力情况的杆件称为二力杆。

(2)分析 AB 杆的受力情况。AB 杆在斜向主动力 $\boldsymbol{F}$ 作用下,有绕铰链 A 顺时针转动的趋势,但是 CD 杆通过 C 点会约束 AB 杆的转动,约束反力 $\boldsymbol{F}_{CD}$ 垂直指向 AB 杆;杆 A 端的固定铰支座的约束力可用两个正交分力 $\boldsymbol{F}_{Ax}$、$\boldsymbol{F}_{Ay}$ 表示,如图 2-28(c)所示。

(3)分析整个支架的受力情况,需要综合考虑受力状态。整个支架在承受荷载 $\boldsymbol{F}$ 作用时平衡,那么 A 支座的约束反力与 D 支座的约束反力的合力,应该与荷载 $\boldsymbol{F}$ 相互抵消,符合作用力与反作用力公理。主动力 $\boldsymbol{F}$ 与竖直向上的约束反力 $\boldsymbol{F}_{DC}$ 交于 O 点,将 A 支座的两个正交分力合成为 $\boldsymbol{F}_A$,其作用线通过 O 点。如图 2-28(d)所示。

通过上述例题,画受力图时须注意以下几点:

(1)明确研究对象,研究对象可以是一个物体,也可以是几个物体组成的系统。

(2)画分离体的受力图,在分离体的简图上要画出全部主动力和约束力,明确力的数量和方向。根据需要,可以将结构整体分离,也可以将结构中的构件单独分离。分清研究对象和施力物体,从而正确地反映研究对象的受力情况。

(3)熟练掌握典型理想约束的性质及其反力的表达方法。在画约束反力时,一定要严格根据约束的性质来画,而绝对不要只凭主观臆测。

(4)受力图上要标明各力的名称、方向和作用点,不要任意改变力的作用位置和形式。

(5)一般情况下,不要将力分解或合成。如果需要分解或合成,分力与合力不要同时画在同一受力图上,以免重复。力在分解时,通常要正交分解,以便计算。

(6)深刻理解静力学基本公理,有助于宏观分析物体受力情况,准确绘制受力图。

任务 8　结构计算简图

实际结构是很复杂的,无法按照结构的真实情况进行力学计算。因此,在对结构进行力学分析时,首先将实际结构进行抽象和简化,然后选用一个合理并能够反映结构主要工作特性的模型来代替真实结构,这样的简化模型称为结构计算简图。结构计算简图略去了真实结构的许多次要因素,是真实结构的简化,便于分析和计算;结构计算简图保留了真实结构的主要性能和特点,是真实结构的代表,能够给出满足精度需要的分析结果。

合理地选取结构的计算简图是结构计算过程中必须首先解决的问题,占有相当重要的地位,它直接影响着计算工作量的大小,以及关系简图与实际结构之间的等效性和相似性。因此,计算简图的选用需要较深厚的力学基础和丰富的工程实践经验,并且需要实践的检验。

2.8.1　结构的简化

按照空间特点,结构可以分为平面结构和空间结构。一般的工程结构都是空间结构,例如房屋建筑是由许多纵向梁柱和横向梁柱组成的,工程中常将其简化成由若干个纵向梁柱组成的纵向平面结构和由若干个横向梁柱组成的横向平面结构。简化后的荷载与梁、柱各轴线位于同一平面内,即略去了纵、横向的联系作用,把原来的空间结构简化为若干个平面结构来分析。同时,在平面简化过程中,用梁、柱的轴线来代替实体杆件,忽略截面形状和尺寸的影响,以各杆轴线所形成的几何轮廓代替原结构。这种从空间到平面,从实体到杆件轴线的几何轮廓的简化称为结构体系的简化。例如,图 2-29(a)所示的钢筋混凝土空间刚架,在图示荷载作用下,就可以简化成为如图 2-29(b)、(c)所示的两个方向的平面刚架来计算。

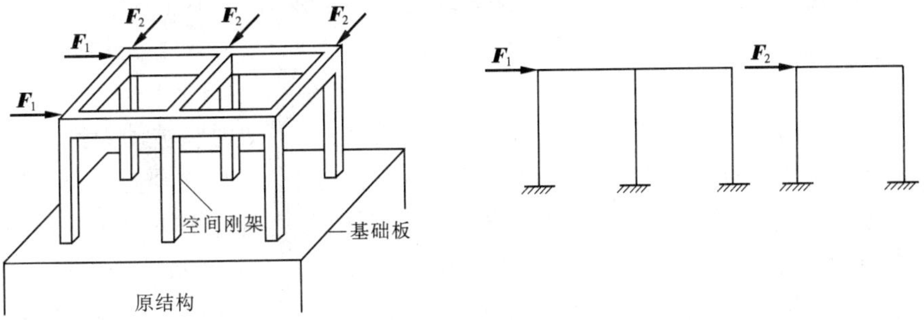

(a) (b) (c)

图 2-29

2.8.2 结点的简化

在杆件结构中,杆件的相互连接的区域称为结点。根据连接处的构造和结构的受力特点,可将其简化为铰结点、刚结点和组合结点三种,如图 2-30 所示。

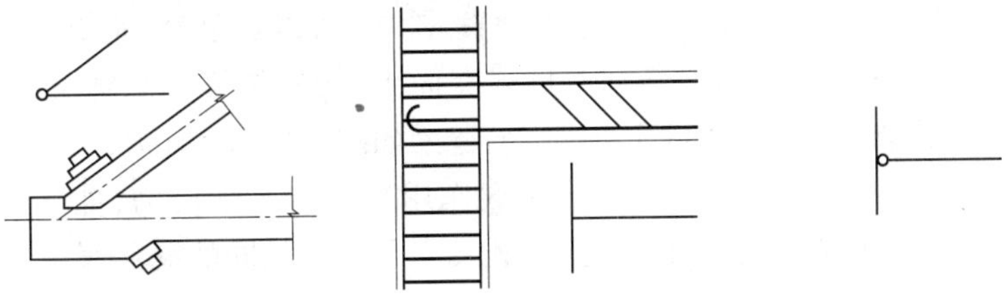

(a) (b) (c)

图 2-30

(1)铰结点的特征是汇交于结点的各杆件都可绕结点自由转动,但不能相对移动。如图 2-30(a)所示,木屋架结点上的杆件并不能任意自由移动,但由于连结不可能十分严密牢固,杆件可作微小的转动,所以在结构计算中假定为铰结点。

(2)刚结点的特征是汇交于结点的各杆件不能发生相对转动和移动。如图 2-30(b)所示,建筑物中的横梁和边柱浇筑在一起,两部分不能发生任何方向上的相对位移。所以在结构计算中假定为刚结点。

(3)组合结点是由上述两种不同的结点组合而成的结点,这种结点的一部分具有铰结点的特点,而另一部分具有刚结点的性质。如图 2-30(c)所示。

2.8.3 支座的简化

结构构件与基础间的连接装置就是支座。支座的实际构造是多种多样的,对于结构的约束作用,常简化为固定铰支座、可动铰支座和固定端支座三种基本形式。其中,固定铰支座的几何特征是结构可以绕铰链中心自由转动,但是不能水平和垂直移动;可动铰支座的几何特征是结构可绕铰链中心自由转动,并可沿支撑面水平移动,但不能竖向移动。

固定端支座的几何特征是结构与支座连接处既不能发生转动，又不能发生移动。

2.8.4 荷载的简化

在结构上作用的主动力产生的支座反力称为被动力，主动力和被动力都是结构的外力。结构所承受的荷载可分为体积力和面积力两类。物体内每一个质点上都作用的力称体积力，结构的自重或惯性力就是典型的体积力。面积力是通过物体表面接触而传递的作用力，如土压力、水压力及车辆的轮压力等均属于面积力。在杆系结构的计算中，因杆件是用其轴线来代表的，所以不论体积力和面积力都简化成作用在杆轴线上的荷载。根据其作用的具体情况，主动力可简化为集中力和分布力。真正的集中力是不存在的，因为任何力都必须分布在一定的面积上或一定的体积内。但是，如果力分布的面积或体积很小，为简化计算，可以把它作为集中力来处理。

2.8.5 平面杆系结构的类型

平面杆系结构是本书的研究对象，其分类实际上是计算简图的分类，常见的平面杆系结构有以下几种类型。

(1)梁。梁是一种受弯构件，轴线通常为直线。梁可以是单跨，如图 2-31(a)所示，也可以是多跨，如图 2-31(b)所示。其基本形式有简支梁、外伸梁和悬臂梁三种，简支梁如图 2-31(c)所示，外伸梁如图 2-31(d)所示，悬臂梁如图 2-31(e)所示，

(2)拱。拱的轴线为曲线，且在竖向荷载作用下产生水平反力，如图 2-31(f)所示。这种水平反力将使拱内弯矩小于其跨度、荷载及支承情况相同的梁的弯矩。

(3)刚架。刚架是由梁、柱通过结点连接起来的结构，如图 2-31(g)所示。结点多数为刚结点和铰接点。

(4)桁架。桁架是由若干杆件通过铰结点连接起来的结构，支承常为固定铰支座或可动铰支座，各杆轴线为直线，如图 2-31(h)所示。当荷载只作用于桁架结点上时，各杆都属于二力杆。

(5)组合结构。组合结构中部分是链杆，部分是梁或刚架，如图 2-31(i)所示。

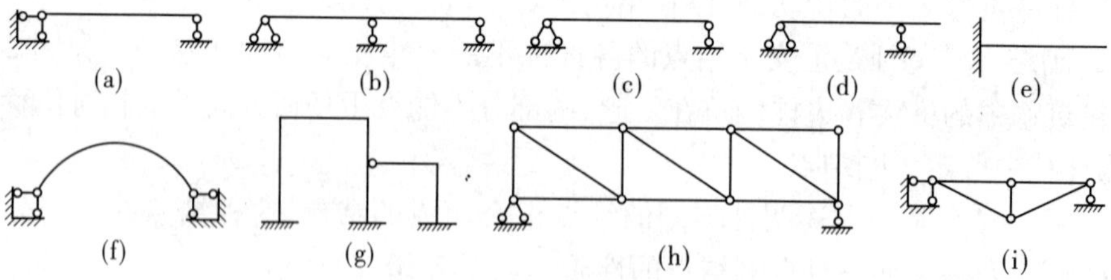

图 2-31

思考题

2-1 在力学分析中，平衡的实际意义是什么？

2-2 简述作用力和反作用力公理与二力平衡公理的区别。

2-3 举例证明合力对点之矩等于所有分力对点之矩的代数和。

2-4 根据力矩的定义,提出增大力矩的措施是什么?

2-5 简述力的三要素和力偶的三要素的区别。

2-6 何谓力矩? 何谓力偶矩? 两者有何区别?

2-7 如何证明力偶对平面内任一点之矩恒等于其力偶矩,且与矩心位置无关?

2-8 举例说明工程中常用的约束形式。

2-9 简述结构计算简图的简化原理。

2-10 什么是二力构件? 分析二力构件受力时与构件的形状有无关系?

2-11 如思考题2-11图所示,杆的自重不计,试指出构件中哪些是二力构件?

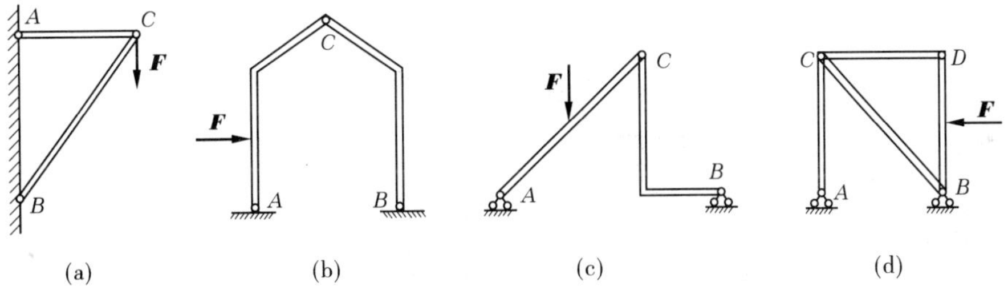

思考题2-11图

2-12 简述固定铰支座、可动铰支座、固定端支座和定向铰支座约束反力的个数和方向?

2-13 简述固定端支座中的转角约束与力偶有何联系和区别。

2-14 根据约束装置的特点绘制物体受力图的步骤是什么?

2-15 简述结构简化的原则。简化的方面有哪些?

习 题

2-1 如习题2-1图所示,试分别计算各力在 x 轴和 y 轴上的投影。

2-2 如习题2-2图所示,试计算两力的合力及其方向。

2-3 如习题2-3图所示,试计算图中力对 A 点的力矩。

2-4 如习题2-4图所示,试计算力偶对物体某平面的力偶矩。

2-5 如习题2-5图所示,所有的接触面都是光滑的,没有标出重力的物体不计自重。分析各物体所受的约束类型及约束反力,试绘制物体的受力图。

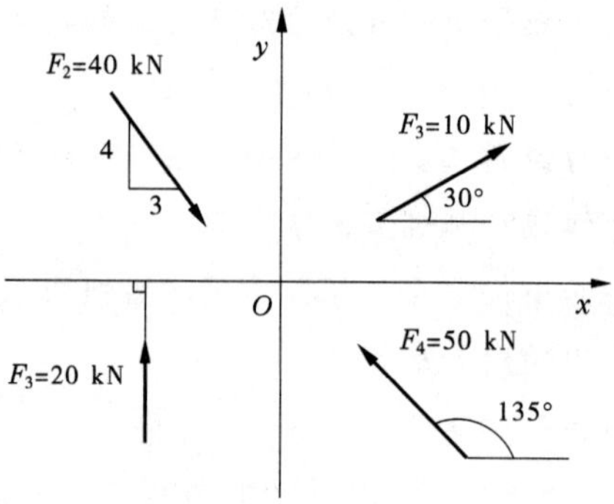

习题 2-1 图

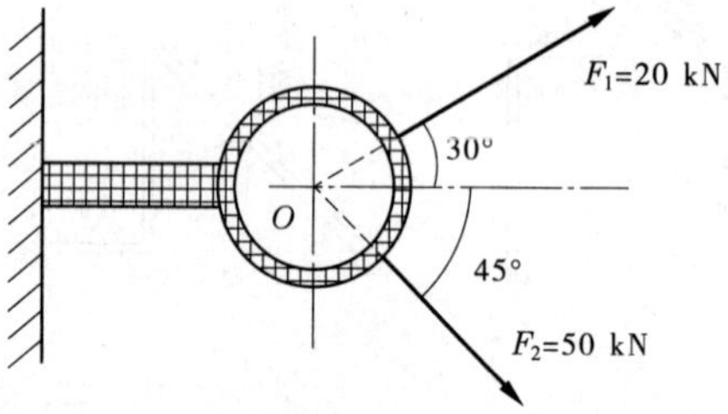

习题 2-2 图

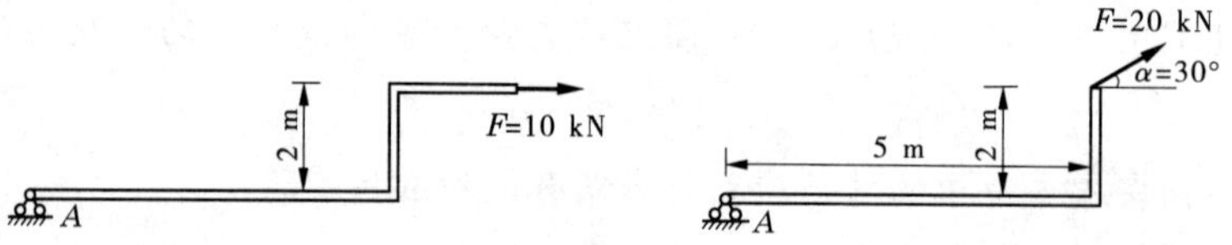

(a) (b)

习题 2-3 图

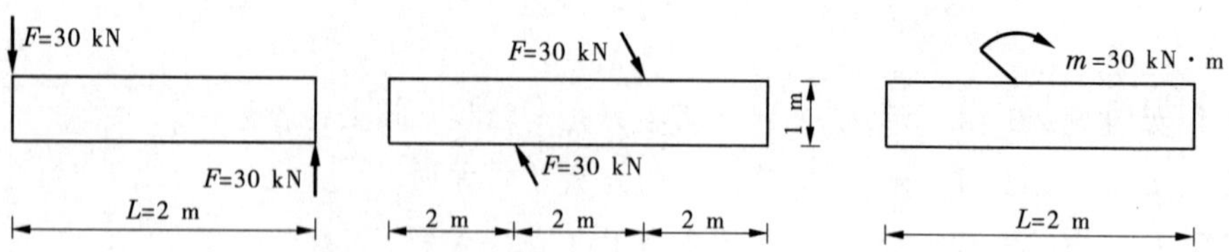

(a) (b) (c)

习题 2-4 图

2-6 如习题 2-6 图所示，所有的接触面都是光滑的，没有标出重力的物体不计自重。分析各物体系统所受的约束类型及约束反力，试绘制物体系统中各物体的受力图，以及物体系统整体的受力图。

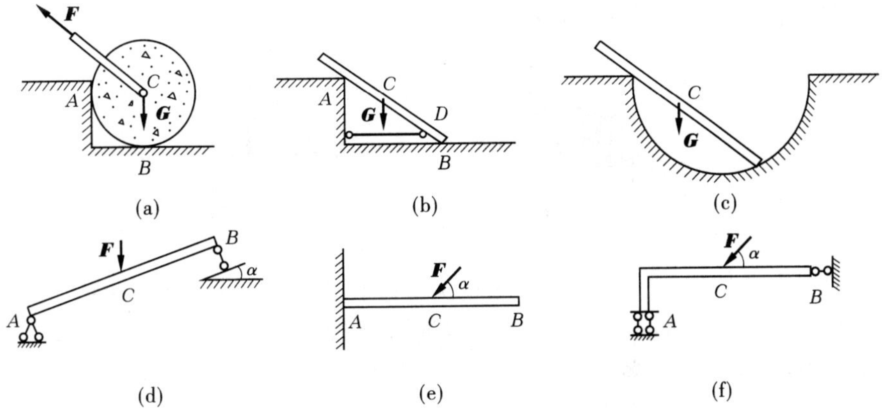
F
A
C
G
B
(a)
A
C
G
D
B
(b)
C
G
(c)
F
B
α
C
A
(d)
F
α
A
C
B
(e)
F
α
C
B
A
(f)

习题 2-5 图

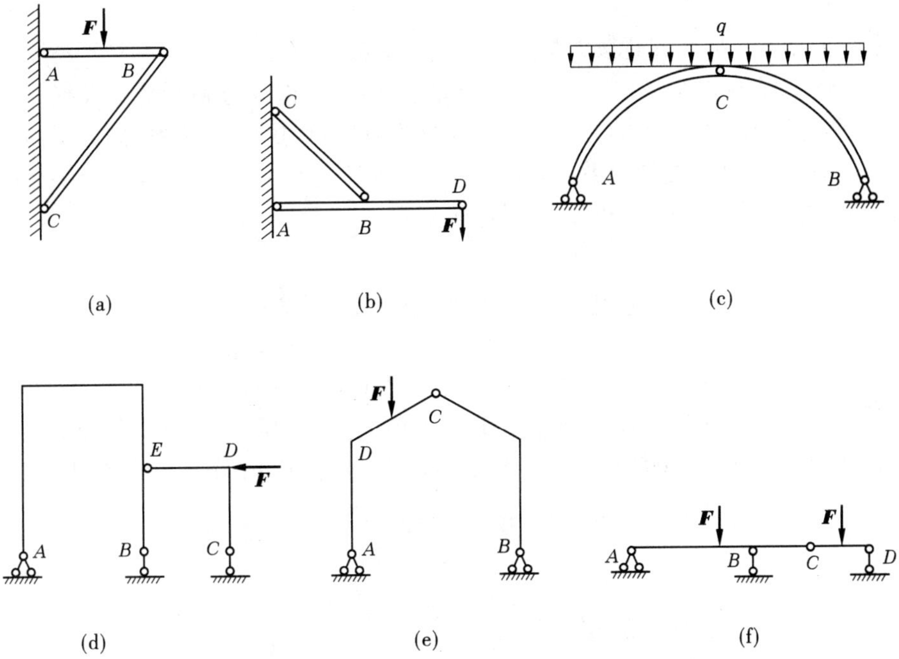
F
A
B
C
(a)
C
D
A
B
F
(b)
q
C
A
B
(c)
E
D
F
A
B
C
(d)
F
C
D
A
B
(e)
F
F
A
B
C
D
(f)

习题 2-6 图

项目3　平面力系

在工程实践中，作用在结构和构件上的力是多种多样的，为了研究方便，需将力系进行分类。按照各力作用线的分布情况进行分类，若力系中各力的作用线都在同一平面内，则称为平面力系，若力系中各力作用线不在同一平面内，则称为空间力系。在平面力系中，按照各力的作用线是否交于同一点或相互平行，又分为平面汇交力系、平面平行力系和平面任意力系。若平面内都是有力偶所组成的力系，则称该力系为平面力偶系。

实际问题中物体的受力情况归属于空间力系更为真实，但空间力系涉及的内容比起平面力系较为复杂。那么究竟按哪种力系计算要根据研究问题的特点和计算精度的要求具体确定。在工程实体结构受力中虽属空间力系，但其结构本身和所受荷载有一个共同的对称面，此时作用在结构上的力系就可以简化为对称面内的平面力系，因此平面力系是工程应用中最常见、最方便的力系。本章主要介绍平面力系的合成、简化以及平衡条件的建立和应用，这些内容是研究静定结构平衡的基础。

任务1　平面汇交力系

平面汇交力系是指各力的作用线在同一平面内且汇交于同一点的力系，是力系中最简单的一种。在工程中有很多实例。例如，吊钩通过两根绳索 AC、BC 将重物起吊，如图3-1(a)所示，吊钩的作用力 $\boldsymbol{F}$ 与两根绳索的作用力 $\boldsymbol{F}_A$、$\boldsymbol{F}_B$ 相交于一点 C，且都在同一平面内，构成了一个平面汇交力系，如图3-1(b)所示。

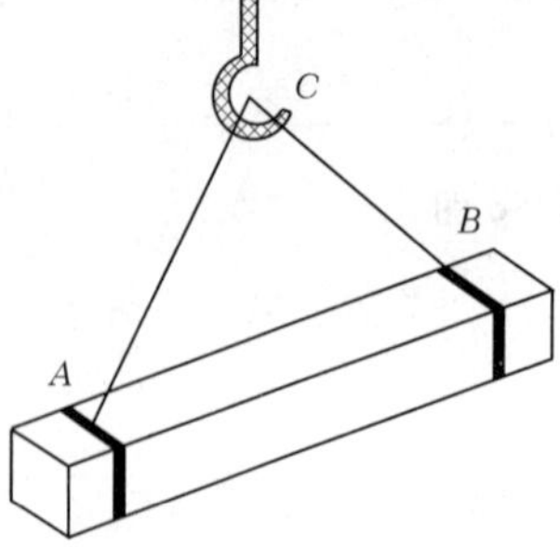

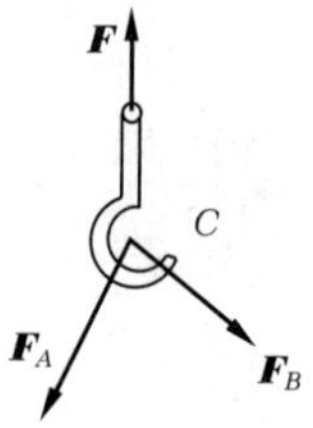

图3-1

3.1.1　几何法计算平面汇交力系

由 $\boldsymbol{F}_1$、$\boldsymbol{F}_2$、$\boldsymbol{F}_3$ 和 $\boldsymbol{F}_4$ 组成的平面汇交力系，作用于物体的 A 点，如图 3-2(a)所示。可根据力的平行四边形公理，连续应用力的三角形法则，将该力系合成为一个合力 $\boldsymbol{F}_R$，其作用点在汇交点 A，如图 3-2(b)所示，用矢量式表示为：

$$F_R = F_1 + F_2 + F_3 + F_4$$

即平面汇交力系可以简化为一个合力，合力等于各力的矢量和，合力的作用线通过各力的汇交点。实际作图时，图中虚线所示的 $\boldsymbol{F}_{R1}$ 和 $\boldsymbol{F}_{R2}$ 不必画出，只需按一定比例依次作矢量 AB、BC、CD 和 DE 分别代表力 $\boldsymbol{F}_1$、$\boldsymbol{F}_2$、$\boldsymbol{F}_3$ 和 $\boldsymbol{F}_4$，从力 $\boldsymbol{F}_1$ 的起点 A 指向力 $\boldsymbol{F}_4$ 的终点的矢量 AE 就代表合力 $\boldsymbol{F}_R$，所得的多边形 $ABCDE$ 称为力的多边形。这种求平面汇交力系的合成的方法称为几何法。几何法作图时，力多边形中各力的次序可以不同，但是合力的大小和方向不变，如图 3-2(c)所示。

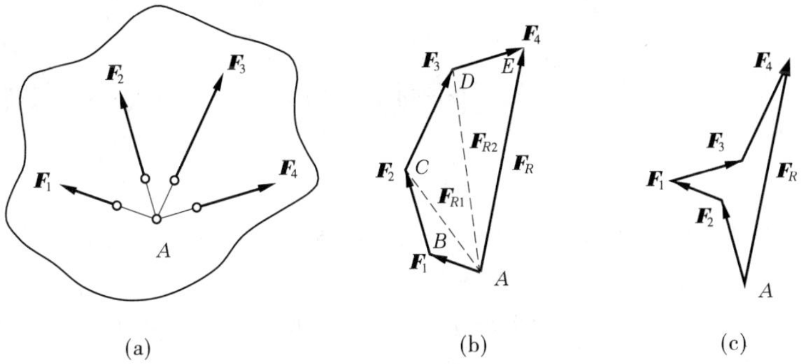

图 3-2

按照平面汇交力系合成的几何法可以得到一个力的多边形，如果力系平衡，那么得到的将是闭合的多边形，也就是说各力矢量首尾相接。所以，平面汇交力系平衡的几何条件是力的多边形闭合。有些简单的平面汇交力系平衡问题，利用几何条件，可以快捷地得到所需结果，而不必进行复杂的力系计算。但是当力系中的分力较多时，必须按照选用的比例尺准确画出，以提高作图精度。所以，为了解决分力较多产生较大误差的问题，多采用解析法。

3.1.2　解析法计算平面汇交力系

根据力的平行四边形公理，平面汇交力系合成的结果是一个合力。如图 3-3 所示，平面汇交力系 $\boldsymbol{F}_1,\boldsymbol{F}_2,\cdots,\boldsymbol{F}_n$。

过 O 点作平面直角坐标系，各力 $\boldsymbol{F}_i$ 在 x 轴和 y 轴上的投影分别为 X_i 和 Y_i。设汇交合力 $\boldsymbol{F}_R$ 在 x 轴和 y 轴上的投影分别为 $\boldsymbol{R}_x$ 和 $\boldsymbol{R}_y$。由合力投影定理可得：

$$\left.\begin{aligned} R_x &= X_1 + X_2 + \cdots + X_n = \sum X_i \\ R_y &= Y_1 + Y_2 + \cdots + Y_n = \sum Y_i \end{aligned}\right\} \tag{3-1}$$

计算合力 $\boldsymbol{F}_R$ 的大小和方向：

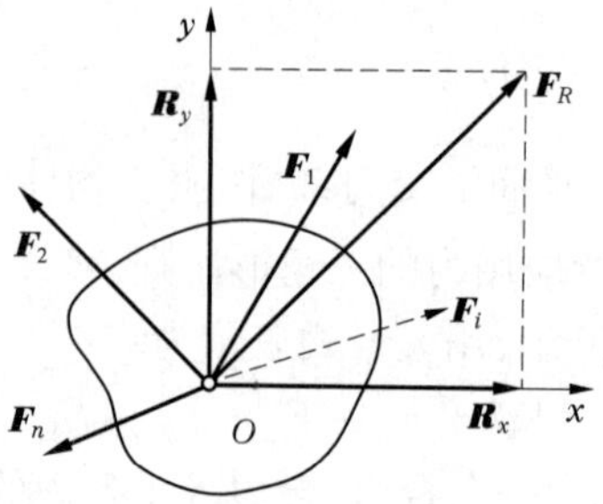

图 3-3

$$\left.\begin{aligned} F_R &= \sqrt{R_x^2 + R_y^2} = \sqrt{(\sum X_i)^2 + (\sum Y_i)^2} \\ \tan\alpha &= \frac{|R_y|}{|R_x|} = \frac{|\sum Y_i|}{|\sum X_i|} \end{aligned}\right\} \tag{3-2}$$

这就是平面汇交力系合成的解析法。

如果一个平面汇交力系的合成等于零,则该力系称为平衡力系。反过来说,如果一个平面汇交力系平衡,其合力必为零。所以,平面汇交力系平衡的充分必要条件是:力系的合力等于零,即 $\boldsymbol{F}_R=0$。由式(3-2)可得:

$$R_x = 0, R_y = 0$$

即力系中各力在 x 轴和 y 轴上投影的代数和均等于零。这两个方程称为平面汇交力系的平衡方程。对于平面汇交力系只有两个独立的平衡方程,可以求解两个未知数。必须注意,平衡方程虽然是由直角坐标系导出的,但在实际应用中,并不一定取横平竖直的直角坐标系,只需取满足相互垂直的两轴为投影轴即可。

在计算平面汇交力系中的未知力的时候,适当选取投影轴与不必要的未知力垂直,使力系在该轴的投影方程中不出现该未知力,减少平衡方程中未知数的数量,往往可以简化计算。在解决平衡问题时,未知力的指向可以任意假设,若计算出来未知力的结果为正值,表示力的实际指向与假设的方向一致;反之,表示力的实际方向与假设的方向相反。

【例 3-1】 如图 3-4(a)所示的平面汇交力系,在物体的 O 点作用有四个汇交力。已知 $F_1=10$ kN,$F_2=10$ kN, $F_3=15$ kN,$F_4=20$ kN,试求合力及其方向。

解:由题意可知,以汇交点 O 为原点建立直角坐标系,如图 3-4(a)所示。求出合力在 x 轴和 y 轴的投影为:

$$R_x = \sum X_i = F_1\cos0° + F_2\cos50° - F_3\sin30° - F_4\cos20° = -9.86(\text{kN})$$

$$R_y = \sum Y_i = F_1\sin0° + F_2\sin50° + F_3\cos30° - F_4\sin20° = 13.81(\text{kN})$$

合力 $\boldsymbol{F}_R$ 的大小和方向为:

$$F_R = \sqrt{R_x{}^2 + R_y{}^2} = \sqrt{(-9.86)^2 + (13.81)^2} = 16.97(\text{kN})$$

$$\alpha = \arctan\frac{|R_y|}{|R_x|} = \arctan\frac{13.81}{9.86} = 54.47°$$

因 $\boldsymbol{R}_x$ 为负值、$\boldsymbol{R}_y$ 为正值,则合力 $\boldsymbol{F}_R$ 为第二象限,作用线与 x 轴夹角为 54.47°,如图 3-4(b)所示。

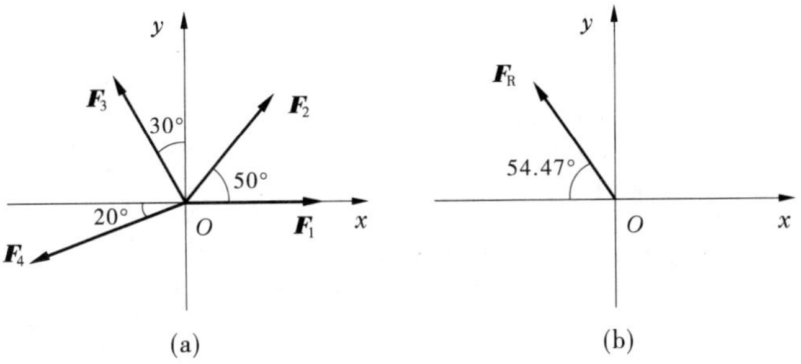

图 3-4

【例 3-2】 如图 3-5(a)所示,重物 $F_p=20$ kN,用钢丝绳挂在支架的滑轮 B 上,钢丝绳的另一端绕在绞车 D 上。杆 AB 与 BC 铰接,并以铰链 A、C 与墙连接。若两杆与滑轮的自重不计并忽略摩擦和滑轮的大小,试求平衡时杆 AB 和 BC 所受的力。

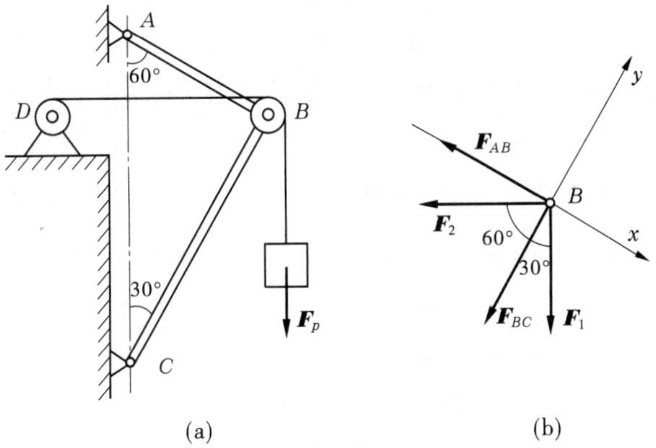

图 3-5

解:由题意可知,$F_1=F_2=F_p=20$ kN,且与杆 AB 和 BC 都近似作用于滑轮 B 的中心,此时取销钉 B 为研究对象,画销钉 B 的受力图,如图 3-5(b)所示。在建立坐标系时,因为图中杆 AB 和 BC 互相垂直分布,此时的坐标系可以 BC 杆为 y 轴,以 AB 方向为 x 轴,坐标轴方向可自定。列平衡方程得:

$$\sum X=0,\ -F_{AB}+F_1\sin30°-F_2\sin60°=0$$

$$\sum Y=0,\ -F_{BC}-F_1\cos30°-F_2\cos60°=0$$

所以,平衡时杆 AB 和 BC 所受的力为:

$$F_{AB}=0.866F_p=+17.32(\text{kN})$$

$$F_{BC}=-1.366F_p=-27.32(\text{kN})$$

由此可见,铰 B 受 AB 杆的拉力和 BC 杆的压力,那么,AB 杆受 17.32 kN 的拉力,BC 杆受 27.32 kN 的压力。

【例 3-3】 如图 3-6(a)所示的小球,小球放置在夹角为 30°的光滑斜面上且通过与斜面平行的绳索与墙体相连,已知小球自重 $G=100$ kN,试求绳索的拉力和斜面的支承力。

解:由题意可知。

(1)取小球为研究对象。

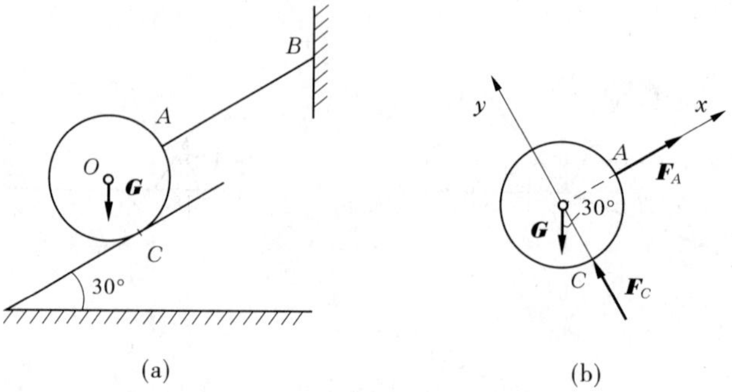

图 3-6

(2)解除约束,绘制小球的受力图。解除绳索的柔体约束,以 F_A 来表示拉力;解除光滑斜面约束,以 F_C 来表示支承力,如图 3-6(b)所示。

(3)建立坐标系。由图 3-6 可知,拉力方向与斜面平行,而光滑斜面的支承力又通过 C 点指向小球形心。为了避免联立方程求解未知量,则以小球形心为坐标原点,以绳索拉力方向为 x 轴,以光滑斜面支承力方向为 y 轴建立坐标系,如图 3-6(b)所示。

(4)列平衡方程求解未知量。

$$\sum X = 0, F_A - G\sin30^\circ = 0, F_A - 100 \times 0.5 = 0$$

$$\sum Y = 0, F_C - G\cos30^\circ = 0, F_C - 100 \times 0.866 = 0$$

解得:
$$F_A = 50\ \mathrm{kN}, F_C = 86.6\ \mathrm{kN}$$

通过以上例题,可以看出静力分析的方法在求解静力学平衡问题中的重要性。归纳出平面汇交力系平衡方程的主要应用步骤和注意事项如下:

(1)选择研究对象。研究对象通常是各个荷载的汇交点。但是应注意:①所选择的研究对象应作用有已知力(或已经求出的力)和未知力,这样才能应用平衡条件由已知力求得未知力;②先以受力简单并能由已知力求得未知力的物体作为研究对象,然后以受力较为复杂的物体作为研究对象。

(2)取隔离体,画受力图。研究对象确定之后,进而需要分析受力情况,为此需将研究对象从其周围物体中隔离出来。根据所受的外荷载画出隔离体所受的主动力;根据约束性质画出隔离体上所受的约束力,最后得到研究对象的受力图。

(3)选取坐标系,计算力系中所有的力在坐标轴上的投影。坐标轴可以任意选择,但应尽可能使坐标轴与未知力平行或垂直,可以使力的投影简便,同时使平衡方程中包含最少数目的未知量,避免解联立方程。

(4)列平衡方程,求解未知量。若求出的力为正值,则表示受力图上所设的力的指向与实际指向相同;若求出的力为负值,则表示受力图上力的实际指向与所假设指向相反,在受力图上不必改正,在结论中只要说明力的方向即可。

任务 2　平面力偶系

在物体上作用处于同一平面内的多个力偶,这样组成的力系称为平面力偶系。下面讨论平面力偶系的合成、平衡以及平衡条件的应用。

3.2.1 平面力偶系的合成

力偶对物体只有转动效应,平面力偶系也是如此。将多个力偶合成,最终结果会得到一个力偶,该力偶称为平面力偶系的合力偶。因此,平面力偶系合成为一个力偶,其合力偶的矩等于所有分力偶矩的代数和,即:

$$m = m_1 + m_2 + m_3 + \cdots + m_n = \sum_{i=1}^{n} m_i \tag{3-3}$$

【例 3-4】 如图 3-7 所示,在物体的某平面内作用有三个力偶。$F_1 = F_1' = 100\ \text{kN}, F_2 = F_2' = 50\ \text{kN}, m = 10\ \text{kN}\cdot\text{m}$,试求合力偶矩。

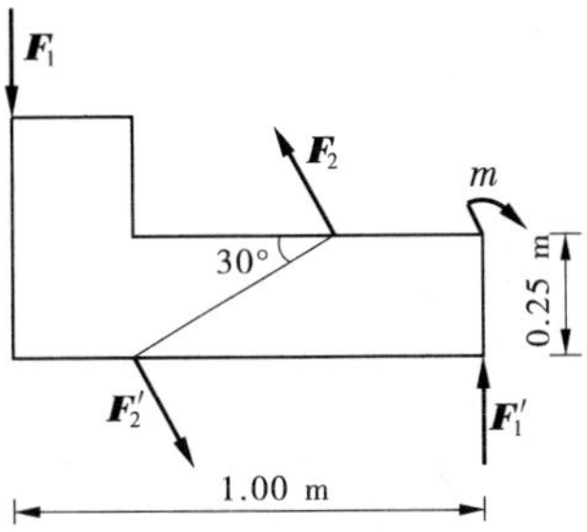

图 3-7

解:由力偶基础知识和力偶合成原理可知:

(1)计算各力偶矩

$$m_1 = F_1 d_1 = 100 \times 1 = 100(\text{kN}\cdot\text{m})$$

$$m_2 = F_2 d_2 = 50 \times \frac{0.25}{\sin 30^\circ} = 25(\text{kN}\cdot\text{m})$$

$$m_3 = -m = -10\ \text{kN}\cdot\text{m}$$

(2)计算合力偶

$$m = \sum_{i=1}^{3} m_i = m_1 + m_2 + m_3 = 100 + 25 - 10 = 115(\text{kN}\cdot\text{m})$$

即合力偶的大小等于 115 kN · m,方向为逆时针,与原力偶系共面。

3.2.2 平面力偶系的平衡

若物体受平面力偶系作用,其合力偶矩等于零,则物体处于平衡状态;反之,物体在平面力偶系作用下处于平衡状态,则合力偶矩等于零。由此可知,物体在平面力偶系作用下平衡的充分必要条件为:

$$m = m_1 + m_2 + m_3 + \cdots + m_n = \sum_{i=1}^{n} m_i = 0 \tag{3-4}$$

该公式为平面力偶系的平衡方程。对于平面力偶系只有一个独立的平衡方程,只能求解一个未知数。

【例 3-5】 如图 3-8(a)所示,折梁 *AB* 上逆时针作用一力偶,其力偶矩 $m = 100\ \text{kN}\cdot\text{m}$,不计杆件自重,求平衡状态下支座 *A* 和 *B* 的约束反力。

解:由题意可知。

(1)取折梁 *AB* 为研究对象。

(2)画受力图。已知在折梁 *AB* 上作用一力偶,可以从宏观角度分析,此力偶会使折梁产生逆时针的转动效应,支座 *A* 是受压,支座 *B* 是受拉,那么支座 *A* 处的支反力 R_A 则向上,支座 *B* 处的支反力 R_B 则向下。根据力偶的性质也可以判断,折梁 *AB* 上作用的是主动力偶,那么折梁上必定还有力偶与主动力偶 *m* 抵消,从而达到平衡的状态。此时绘制受力图,如图 3-8(b)所示。

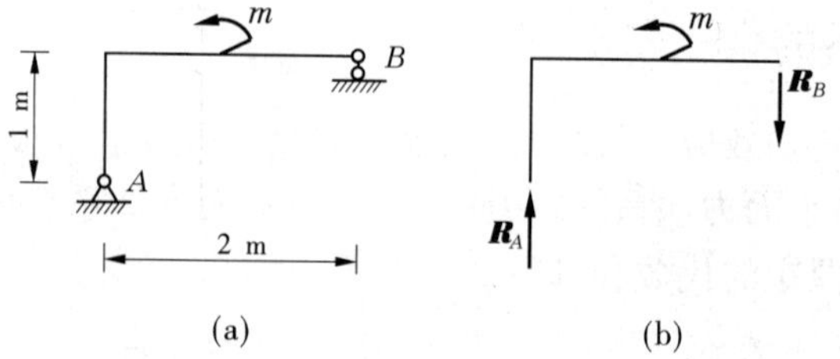

图 3-8

(3)建立平衡方式,求解支反力。

$$\sum m = 0, m - R_A \times 2 = 0 \quad 或 \quad m - R_B \times 2 = 0$$

解得:

$$R_A = R_B = 50\ \text{kN}$$

支座反力的实际方向与受力图中所设方向一致。同时,此题也说明了力偶作用在折梁上的位置如何,对支座 A 和支座 B 的约束反力无影响。

由此可知,当一个构件上的主动力系为力偶系,且物体只有两个约束反力,那么在构件处于平衡状态时,两个约束力必然要组成一个新的约束力偶与主动力偶抵消。因为主动力系可合成一个合力偶,合力偶不可能与一个力组成平衡力系,只能与另一力偶组成平衡力系,所以两约束力必然要组成一个新的力偶。那么,其中一个约束反力的方向和大小已知时,即可确定出另一个约束反力的方向和大小。

任务 3　平面任意力系

作用线位于同一平面内但不全相交于一点、也不全互相平行的力系,称为平面任意力系,又称平面一般力系。在工程实际中,有很多都是平面任意力系的问题,或者可以简化为平面任意力系的问题。例如,有些结构的厚度相对于其余两个方向的尺寸小得多,称这种结构为平面结构,作用在平面结构上的无规律分布的各力会组成平面任意力系。

如图 3-9(a)所示的拱桥,在工程中常用的三铰拱结构就是平面任意力系问题。有些结构虽然不是平面结构,所受的力也不是平面任意力系,但如果结构本身与其上的荷载都具有一个对称面,作用在结构上的力系可以简化为在这对称面内的平面任意力系,如图 3-9(b)所示的混凝土重力坝,由于沿大坝长度方向上其截面形状及受力的分布情况相同,因此取单位长度的坝段进行研究,将作用在该坝段上的重力、水压力和地基反力简化到中央对称平面内,构成平面任意力系。

3.3.1　力的平移定理

设在某刚体的 A 点上作用着一个力 $\boldsymbol{F}$,如图 3-10(a)所示,在此刚体上任取一个 O 点。根据加减平衡力系原理,在 O 点加两个等值、反向的力 $\boldsymbol{F}'$ 和 $\boldsymbol{F}''$,如图 3-10(b)所示,其作用线都与力 $\boldsymbol{F}$ 平行,大小都与力 $\boldsymbol{F}$ 相等,这样并不影响原力 $\boldsymbol{F}$ 对刚体作用的效应。显然,力 $\boldsymbol{F}$ 和 $\boldsymbol{F}''$ 构成了一个力偶,其力偶矩为 $m = \boldsymbol{F}d = M_O(\boldsymbol{F})$,如图 3-10(c)所示。由此可得力的平移定理:作用于刚体上的力,可以平移至任意一点,但必须在原力与该点所决

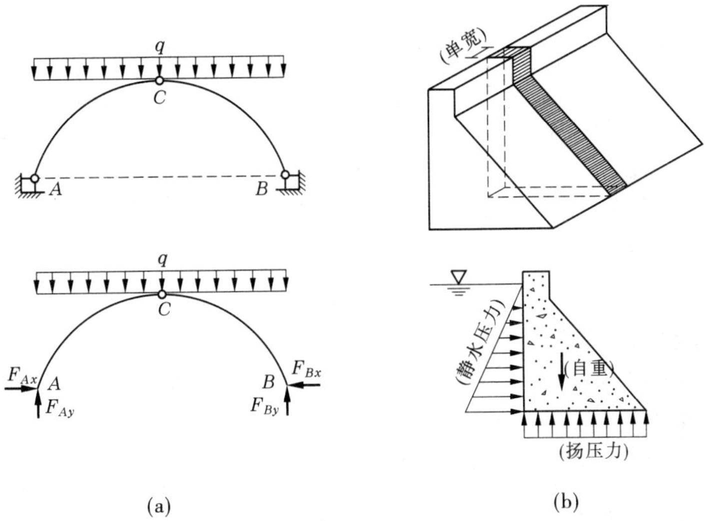

图 3-9

定的平面内附加一个力偶，附加力偶的力偶矩等于原力对新作用点的力矩。

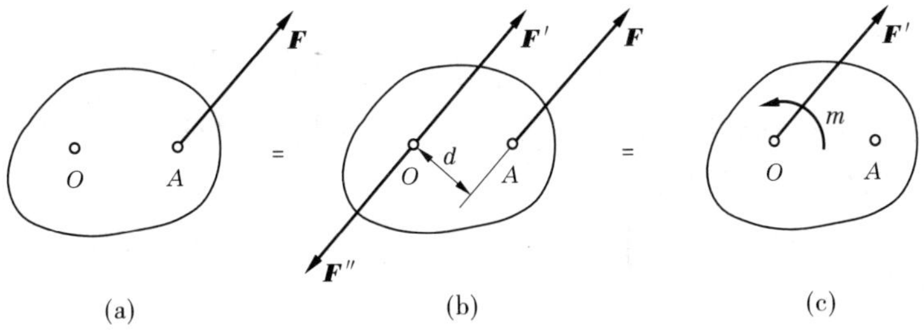

图 3-10

力的平移定理是任意力系向一点简化的理论基础。该定理表明，共面的一个力和一个力偶是可以与一个力等效的，即一个力可以分解为共面的一个力和一个力偶；反之，共面的一个力和一个力偶也可以合成为一个力。

必须注意，力的平移定理只对物体的运动效应起作用，而不适用于物体的变形效应。尽管将力平移后不会影响物体的平衡状态，但是作用位置的变化使得物体的变形情况完全不同。在工程实际中常用力的平移定理得到近似的等效力系，在满足计算精度要求的前提下，使原来较为复杂的问题简单化。

3.3.2　平面任意力系向一点的简化

设在物体上作用有平面任意力系 $\boldsymbol{F}_1$、$\boldsymbol{F}_2$、…、$\boldsymbol{F}_n$，如图 3-11(a)所示。为了将力系简化，在其作用面内取任意一点 O，称为简化中心。在以实际计算中，简化中心通常是平面坐标系的原点。根据力的平移定理，将力系中各力都平移到 O 点，得到平面汇交力系 $\boldsymbol{F}'_1$、$\boldsymbol{F}'_2$、…、$\boldsymbol{F}'_n$ 和力偶矩为 m_1、m_2、…、m_n 的附加平面力偶系，如图 3-11(b)所示，由前述理论可知平面汇交力系可合成为作用在 O 点的一个力，附加的平面力偶系可合成为一个力偶，如图 3-11(c)所示。

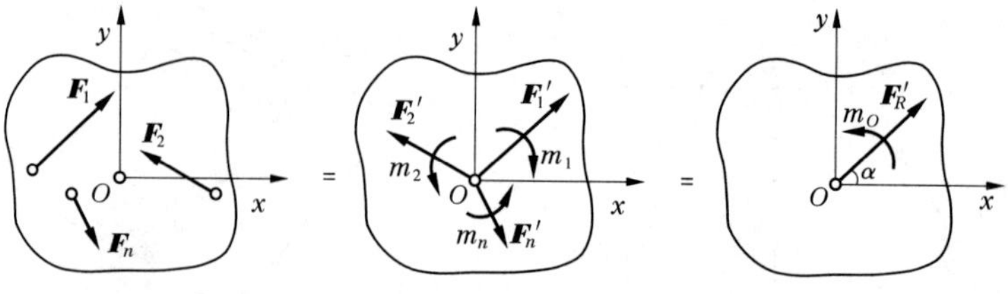

(a) (b) (c)

图 3-11

平面任意力系简化为作用于简化中心的一个力和一个力偶。这个力矢量 $\boldsymbol{F}'_R$ 称为原力系的主矢，等于原力系各力的矢量和；这个力偶的力偶矩 M'_O 称为原力系对简化中心的主矩，等于原力系中各力对简化中心 O 的矩。

$$\left.\begin{aligned} F'_R &= F'_1 + F'_2 + \cdots + F'_n = \sum F'_i = F_1 + F_2 + \cdots + F_n = \sum F_i \\ M'_O &= M_O(F_1) + M_O(F_2) + \cdots + M_O(F_n) = M_O(F_i) \end{aligned}\right\} \quad (3\text{-}5)$$

主矢和主矩的大小和方向可根据式(3-1)、式(3-2)和式(3-4)计算确定。

将平面任意力系向任一点简化后，根据主矢和主矩是否为零的情况，其结果可能出现下列几种情形：

(1) 主矢 $F'_R=0$，主矩 $M'_O=0$，此时力系平衡。

(2) 主矢 $F'_R\neq0$，主矩 $M'_O=0$，此时力系的最后简化结果为作用于简化中心的一个力 F'_R，这个力可称为原力系的合力。

(3) 主矢 $F'_R=0$，主矩 $M'_O\neq0$，此时力系的最后简化结果为一个力偶，其力偶矩等于主矩 M'_O，且与简化中心的位置无关。

(4) 主矢 $F'_R\neq0$，主矩 $M'_O\neq0$，这是简化结果的一般情形。由力的平移定理得力系可简化为一个合力 F_R，有 $F_R = F'_R$，其作用线距离简化中心 $d = M'_O/ F'_R$，且合力对简化中心的转向与主矩 M'_O 的转向一致。

综上所述，平面任意力系向任意一点简化的最终结果有保持平衡状态、一个合力的平移状态和一个力偶的转动状态三种情况。

3.3.3 平面平行力系的简化

若平面力系中各力的作用线相互平行，则称这种力系为平面平行力系。该力系是平面力系中最简单的一种。如图 3-12 所示的平面平行力系，若将该力系简化，可取坐标系的 y 轴和各力作用线平行，则平面平行力系向 O 点简化可得一个力 $\boldsymbol{F}'_R$ 和一个力矩 $\boldsymbol{M}'_O$，显然，它们可以合成为一个合力 $\boldsymbol{F}_R$。

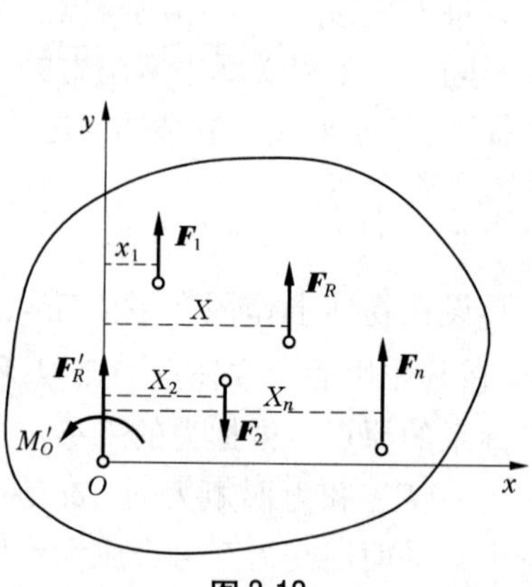

图 3-12

现确定合力 $\boldsymbol{F}_R$ 的作用线的位置。设合力 $\boldsymbol{F}_R$ 及力系中各力 $\boldsymbol{F}_1$、$\boldsymbol{F}_2$、…、$\boldsymbol{F}_n$ 的作用线与坐标原点 O 的距离分别为 x 及 x_1、x_2、…、x_n。由合力矩定理得：

$$\left.\begin{aligned} F_R x &= F_1 x_1 + F_2 x_2 + \cdots + F_n x_n = \sum_{i=1}^{n} F_i x_i \\ x &= \sum_{i=1}^{n} F_i x_i / F_R \end{aligned}\right\} \tag{3-6}$$

3.3.4 平面任意力系的平衡方程

由平面任意力系向一点简化结果的讨论可知，力系的主矢和主矩同时为零时，力系平衡；反之亦然。所以，平面任意力系平衡的充分必要条件是力系的主矢和主矩同时都等于零，即：

$$F_R = 0, M_O = 0 \tag{3-7}$$

该平衡条件可等效于以下三种形式的平衡方程。

(1)基本形式。根据主矢和主矩的解析表达式，得：

$$\sum X = 0 \quad \sum Y = 0 \quad \sum M_O = 0 \tag{3-8}$$

称为平面任意力系基本形式的平衡方程，即平面任意力系的充要条件是：力系中各力在任意两个坐标轴上投影的代数和分别等于零，以及各力对平面内任意一点的矩的代数和等于零。其中前两个称为投影方程，后一个称为力矩方程，但是 x 轴和 y 轴两个投影轴不能平行。

(2)二力矩形式。

$$\sum M_A = 0 \quad \sum M_B = 0 \quad \sum X = 0 \text{ 或} \sum Y = 0 \tag{3-9}$$

称为平面任意力系二力矩形式的平衡方程，其附加条件是：x 轴不垂直于 A、B 两点的连线。

(3)三力矩形式。

$$\sum M_A = 0 \quad \sum M_B = 0 \quad \sum M_O = 0 \tag{3-10}$$

称为平面任意力系三力矩形式的平衡方程，其附加条件是：A、B、C 三点不共线。

平面任意力系的平衡方程，无论采取基本形式、二力矩形式还是三力矩形式，对投影轴和矩心的选择除了上面提及的条件外，没有其他限制。但是必须注意，独立的平衡方程只有三个，因为平面任意力系只要满足三个独立的平衡方程，就一定平衡，其他方程都是力系平衡的必然结果，而不能再构成力系平衡的条件，所以对于一个平面任意力系，只能写出三个独立的平衡方程，求解三个未知量。

应用平衡方程解题时，如能注意到投影轴与一个或两个未知力垂直，则在该轴方向的投影方向中，这一个或两个未知力就不出现。同样，如选取两个未知力的交点为矩心，则在该力矩方程中，这两个未知力也就不出现。这样，往往使平衡方程中只包含一个未知量，从而可以避免解联立方程。

将平面任意力系的平衡方程应用到平面平行力系中，在 xOy 平面中，取 y 轴与各力作用线平行，则 $\sum X_i = 0$ 恒满足，平面平行力系的平衡方程为：

$$\sum X = 0, \sum M_O = 0 \quad \text{或} \quad \sum M_A = 0, \sum M_B = 0 \tag{3-11}$$

该公式中的前者的附加条件是：y 轴不与力的作用线垂直；后者的附加条件是：A、B

两点连线不能与力系中各力的作用线平行。

对于平面任意力系,利用平衡条件解决结构中未知量的步骤如下:

(1)选取研究对象。根据问题的具体条件,选取适当的研究对象。

(2)绘制对象的受力图。指向不定的未知力,对于工程结构图来说,通常指的是支座反力,其方向可任意假设。但也可以形成自己的思维习惯,以竖直方向的未知力向上为正,以水平方向的未知力向右为正。如计算结果为正值,表示假设的未知力的指向与实际指向相同,如计算结果为负值,则相反。

(3)建立坐标系。通常情况下,将所取研究对象的左端点作为坐标原点,通过原点以水平向右为 x 轴,以垂直向上为 y 轴建立坐标系。

(4)寻找适宜的平衡条件,列平衡方程,求解未知力。为了避免出现联立方程解决多个未知力的情况,可先分析平衡条件,找出独立性的平衡方程解决单个未知力的方法,从而实现简单地逐一地求解未知力。

【例 3-6】 如图 3-13(a)所示的刚架,试求固定端 A 处的约束反力。

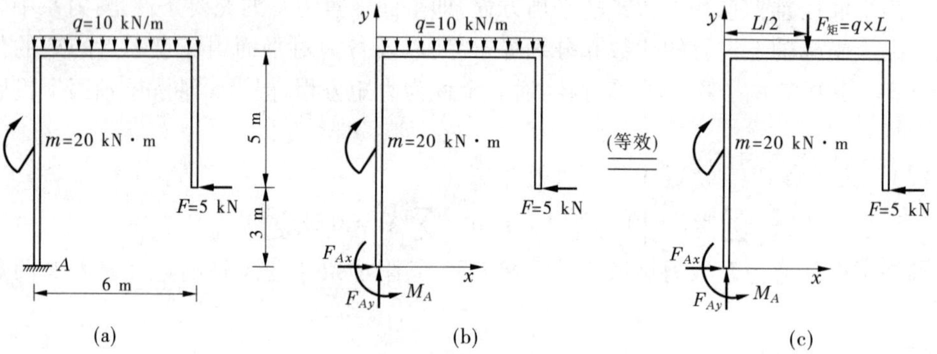

图 3-13

解:由题意可知。

(1)取刚架整体为研究对象。

(2)画刚架受力图。解除刚架的固定端支座约束,首先绘制已知主动力,然后绘制刚结点的未知约束反力,如图 3-13(b)所示。

(3)建立坐标系。以支座点为圆心,水平向右为 x 轴且垂直向上为 y 轴建立坐标系。

(4)找平衡条件,列平衡方程求解约束反力。在这里需要注意的是刚架上方满跨承受的是矩形分布荷载,并不像集中力的数值那样直接参与计算。此时对均布荷载而言,其数值必须经等效处理,才能参与投影和对点求矩的计算。等效简化的方法是:首先将均布荷载简化为集中力,该集中力的大小等于均布荷载在跨度范围内的荷载总值,并通过矩形形心指向结构,如图 3-13(c)所示,然后利用集中力的属性参与力学的平衡计算。

$$\sum X = 0, F_{Ax} - 5 = 0$$

$$\sum Y = 0, F_{Ay} - 10 \times 6 = 0$$

$$\sum M_A = 0, M_A - 20 - 10 \times 6 \times 3 + 5 \times 3 = 0$$

解得:

$$F_{Ax} = 5\ \text{kN}, F_{Ay} = 60\ \text{kN}, M_A = 185\ \text{kN} \cdot \text{m}$$

【例3-7】 如图3-14(a)所示的外伸梁，试求梁A点和B点的支座反力。

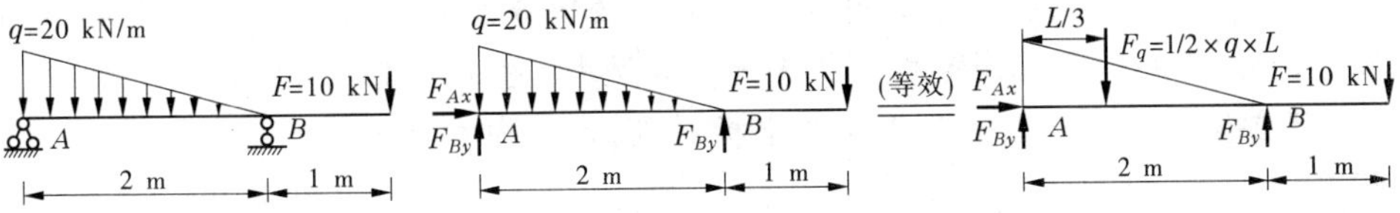

(a) (b) (c)

图3-14

解：由题意可知。

(1)取外伸梁为研究对象。

(2)绘制外伸梁的受力图。解除梁A点固定铰支座和B点的可动铰支座，首先绘制已知主动力，然后绘制未知支座反力，如图3-14(b)所示。

(3)建立坐标系。以A点为坐标原点，AB方向为x轴，垂直AB方向为y轴建立坐标系，该坐标系可默认存在，不必绘制于受力图上。

(4)找平衡条件，列平衡方程求解约束反力。在这里需要注意的是外伸梁上承受的不是常规的矩形均布荷载，而是复杂的三角形非均布荷载。此时对非均布荷载而言，则必须等效简化处理，才能参与投影和对点求矩的计算。等效简化的方法是：首先将三角形非均布荷载简化为集中力，该集中力的大小等于均布荷载在跨度范围内荷载总值的一半，并通过三角形形心指向结构，如图3-14(c)所示，然后利用集中力的属性参与力学的平衡计算。

$$\sum M_A = 0, F_{By} \times 3 - \frac{1}{2} \times 20 \times 2 \times \frac{1}{3} \times 2 - 10 \times 3 = 0$$

$$\sum Y = 0, F_{Ay} + 14.4 - \frac{1}{2} \times 20 \times 2 - 10 = 0$$

$$\sum X = 0, F_{Ax} = 0$$

解得：
$$F_{Ax} = 0\ \text{kN}, F_{Ay} = 15.6\ \text{kN}, F_{By} = 14.4\ \text{kN} \cdot \text{m}$$

【例3-8】 如图3-15(a)所示的弧形钢闸门，自重$F_W = 150$ kN，水压力$F_P = 3\ 000$ kN，固定铰支座A处的摩擦力偶$m_A = 60$ kN·m。求刚开启闸门时的拉力及固定铰支座A处的约束反力。

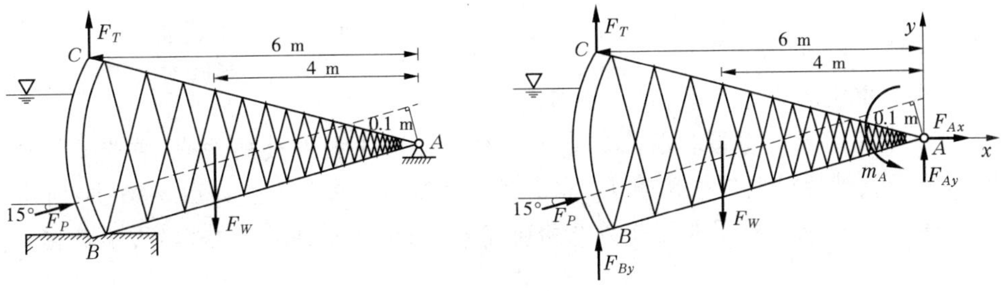

(a) (b)

图3-15

解：由题意可知，当弧形闸门开启时，支座点B点的约束反力等于零。

(1)取弧形闸门为研究对象。

(2)画弧形闸门受力图。解除闸门右边固定铰支座和左边可动铰支座约束,首先绘制已知主动力,然后绘制光滑接触面的未知约束反力。如图3-15(b)所示。

(3)建立坐标系。以右支座A点为坐标原点,水平向右为x轴且垂直向上为y轴建立坐标系。

(4)找平衡条件,列平衡方程得。经过分析,当闸门开启瞬间$F_{By}=0$,即受力图中只有F_{Ax}、F_{Ay}和F_T三个未知力。

$$\sum M_A = 0, -F_T \times 6 - F_P \times 0.1 + F_W \times 4 + m_A = 0$$

$$\sum Y = 0, F_{Ax} + F_P\cos15^\circ = 0$$

$$\sum X = 0, F_{Ay} - F_W + F_T + F_P\sin15^\circ = 0$$

解得:
$$F_T = 60\ \text{kN}、F_{Ax} = -2\ 898\ \text{kN}、F_{Ay} = -687\ \text{kN}$$

【例3-9】 如图3-16(a)所示的塔式起重机,机架重$F_P=600$ kN,作用线通过塔架的中心。最大起吊重量为$F_W=90$ kN。试问:

(1)保证起重机在满载和空载时都不致翻倒,求平衡块的重量F_G应为多少?

(2)当平衡块重$F_G=100$ kN时,求满载时轨道AB给起重机轮子的约束反力。

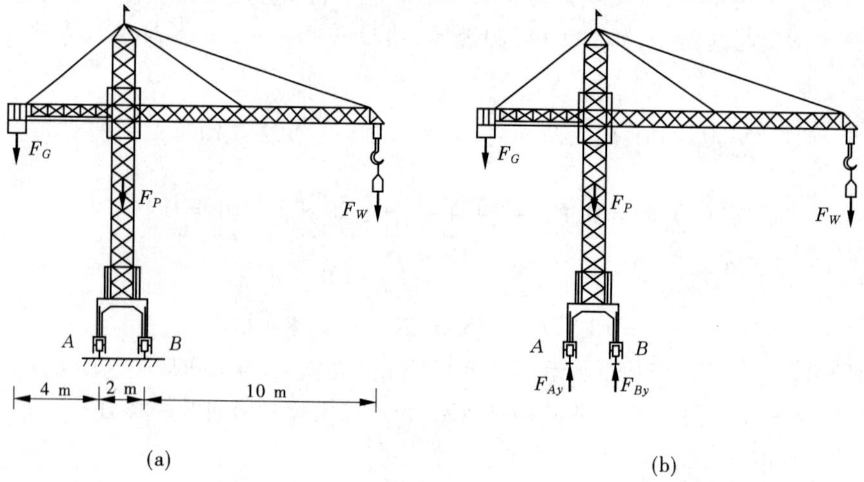

图3-16

解:由题意可知。

(1)取起重机为研究对象。

(2)画研究对象受力图。解除起重机可动铰支座A和B处的约束,首先绘制已知主动力F_P和F_W,然后绘制待求配重F_G和满载时轨道的约束反力。如图3-16(b)所示。

(3)建立坐标系。对于非汇交力系的研究对象,坐标轴默认存在即可,不必在受力图上绘制。

(4)找平衡条件,列平衡方程。

经过满载时分析,应使起重机不绕A翻倒,此时F_G值越大越安全,最小的值必须满足方程$\sum M_B=0$,在临界情况下A处可动铰支座近似处于离开地面,即$F_{Ay}=0$,此时的F_G

值是所允许的最小值。

$$\sum M_B = 0, F_{G\min} \times 6 + F_P \times 1 - F_W \times 10 = 0$$

解得：

$$F_{G\min} = 50\ \text{kN}$$

经过空载时分析，应使起重机不绕 B 翻倒，此时 F_G 值越小越安全，最小的 F_G 值必须满足方程 $\sum M_A = 0$，在临界情况下 B 处可动铰支座近似处于离开地面，即 $F_{By} = 0$ 和 $F_W = 0$，此时的值是所允许的 D 最大值。

$$\sum M_A = 0, F_{G\max} \times 4 + F_P \times 1 = 0$$

解得：

$$F_{G\max} = 150\ \text{kN}$$

起重机实际工作时不允许处于极限状态，保证起重机在满载和空载时都不致翻倒，平衡块的重量 F_G 应在所允许的最大值和最小值之间，即 $50\ \text{kN} < F_G < 150\ \text{kN}$。

(5)取起重机为研究对象。作用其上的力有：主动力 F_W、F_P 和 F_G，轨道的约束反力 F_{Ay} 和 F_{By}，受力图如图3-16(b)所示。根据平面平行力系的平衡方程得：

$$\sum M_A = 0, F_{By} \times 2 + F_G \times 4 - F_P \times 1 - F_W \times 12 = 0$$

$$\sum Y_i = 0, F_{Ay} + F_{By} - F_P - F_G - F_W = 0$$

解得：

$$F_{Ay} = 150\ \text{kN}, F_{By} = 640\ \text{kN}$$

任务4 物体系统的平衡

前面讨论了几种平面力系的简化和平衡问题，每一种力系都有确定的独立平衡方程的数目：平面任意力系有三个，平面汇交力系和平面平行力系各有两个，平面力偶系只有一个。

当物体在某一力系作用下处于平衡时，如果未知量的数目等于或少于独立平衡方程的个数，则由平衡方程可以求解全部未知量，这类问题称为静定问题，相应的结构称为静定结构，如图3-17(a)、(c)所示。反之，如果未知量的数目超过独立平衡方程的个数，则仅由平衡方程不可能求解全部未知量，而必须同时考虑变形条件列出某些补充方程才能求解，这类问题称为超静定问题或静不定问题，相应的结构称为超静定结构或静不定结构，如图3-17(b)、(d)所示。

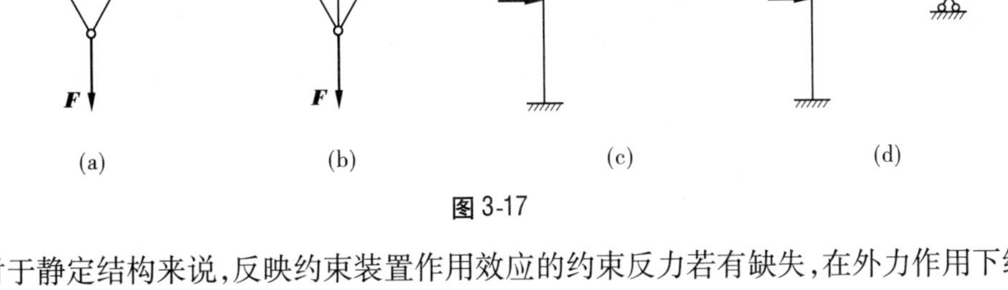

图3-17

对于静定结构来说，反映约束装置作用效应的约束反力若有缺失，在外力作用下结构就会发生位移；约束反力若无缺失，在外力作用下结构就不会发生位移。对于超静定结构来说,其特点就在于有多余约束。多余的概念就是指从维持静力平衡状态这个观点看是多余的,而从工程要求来看则是完全必要的,它是维持结构或构件正常工作必不可少的条件。结构中多余约束的个数称为超静定次数,也就是说有几个多余约束就是几次超静定结构。如图 3-17(b)、(d)中所示结构分别是一次和二次超静定结构。这里主要研究刚体系统的静定问题。

在实际工程中,研究对象往往不会是单个物体,而是由两个或两个以上的物体通过一定的约束方式联系在一起的整体,称为物体系统,简称系统。系统中各物体之间的联系称为内约束,系统整体与其他物体(如基础或地基)的联系称为外约束。通常情况下,内约束指的是铰结点和刚结点。如图 3-17 所示,悬吊缆绳中柔体约束的交汇点属于铰结点,悬臂刚架中的弯折点属于刚结点。根据结点的约束性质判断约束反力。外约束指的是支座,根据支座的约束性质判断约束反力。当物体系统受到主动力作用时,各约束处一般都会产生约束反力,通常这些约束反力都是未知的,需要利用力系的平衡规律来求解。

在平面系统中,若把每个物体都看作受平面任意力系作用,则由 n 个物体组成的系统就有 $3n$ 个独立的平衡方程,可以求解 $3n$ 个未知量。物体系统平衡时,组成该系统的每一个刚体都处在平衡状态,因而可以选取整个系统、系统内单个刚体、系统内若干个刚体的组合为研究对象,分别写出平衡方程求得未知量。在求解过程中,究竟以什么为研究对象,以及如何确定研究对象选择的先后次序,其原则是尽量使平衡方程中包含的未知量最少,在条件许可的情况下,最好是一个方程只包含一个未知量,避免解方程组。

以下举例说明物体系统平衡问题的求解方法。

【例 3-10】 如图 3-18(a)所示的静定多跨简支梁,试求各支座反力。

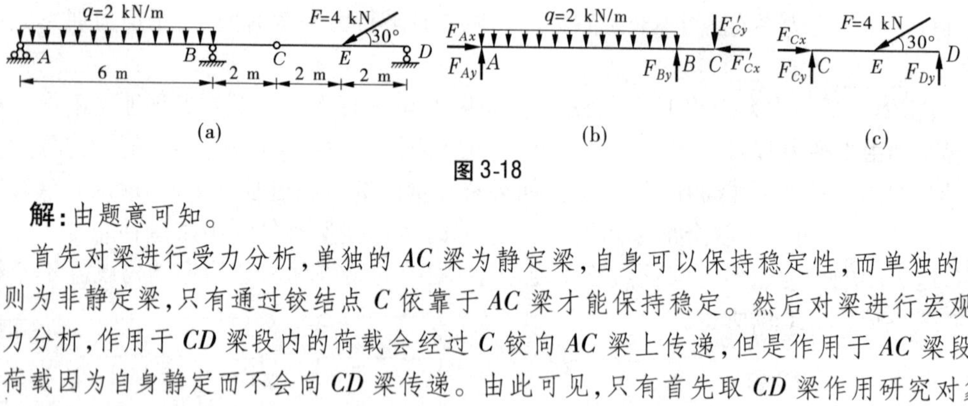

图 3-18

解:由题意可知。

首先对梁进行受力分析,单独的 AC 梁为静定梁,自身可以保持稳定性,而单独的 CD 梁则为非静定梁,只有通过铰结点 C 依靠于 AC 梁才能保持稳定。然后对梁进行宏观的传力分析,作用于 CD 梁段内的荷载会经过 C 铰向 AC 梁上传递,但是作用于 AC 梁段内的荷载因为自身静定而不会向 CD 梁传递。由此可见,只有首先取 CD 梁作用研究对象,求出梁段上的 C 处内约束反力和 D 处的支座反力,才能知道 CD 段通过 C 点传递给 AC 梁上的荷载大小,进而求出 AC 梁段上的支座反力。

(1)取 CD 梁为研究对象,受力图如图 3-18(c)所示,建立坐标系,列平衡方程得:

$$\sum X = 0,\ F_{Cx} - F\cos30^\circ = 0$$

$$\sum M_C = 0, F_{Dy} \times 4 - F\sin30^\circ \times 2 = 0$$

$$\sum Y = 0, F_{Cy} + F_{Dy} - F\sin30^\circ = 0$$

解得:$F_{Cx} = 3.46\ \text{kN}, F_{Dy} = 1\ \text{kN}, F_{Cy} = 1\ \text{kN}$。

(2)选 AC 梁为研究对象,受力图如图 3-18(b)所示,建立坐标系,列平衡方程得:

$$\sum X = 0,\ F_{Ax} - F'_{Cx} = 0$$

$$\sum M_A = 0, F_{By} \times 6 - F'_{Cy} \times 8 - q \times 6 \times 3 = 0$$

$$\sum Y = 0, F_{Ay} + F_{By} - F'_{Cy} - q \times 6 = 0$$

解得:$X_A = 3.46$ kN,$Y_B = 7.33$ kN,$Y_A = 5.67$ kN。

【例 3-11】 如图 3-19(a)所示的静定三铰刚架,试求固定铰支座 A、B 支座反力和中间铰链 C 的约束力。

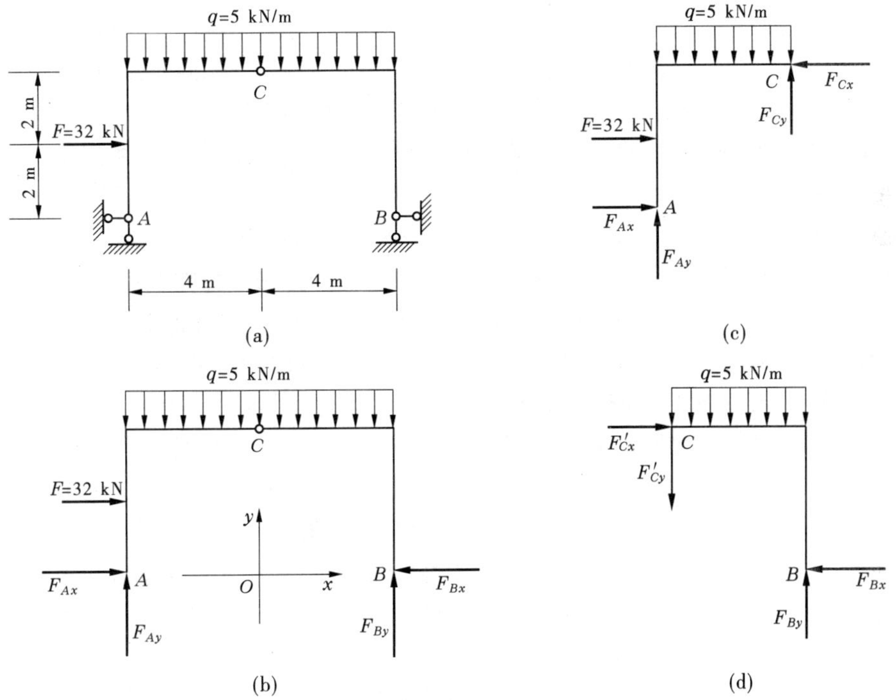

图 3-19

解:由题意可知。

对物体系进行受力分析,确定选取对象及选取顺序。刚架共有 6 个未知大小的约束力,而构件 AC 和 BC 都受平面任意力系作用,故可列六个独立平衡方程,因此刚架为静定结构。分别对刚架整体和 AC、BC 单个构件进行受力分析,各受力图如图 3-19(b)、(c)、(d)所示。观察 AC 部分和 BC 部分的受力,未知力两两相交且两两平行,无论如何选取投影轴和矩心,每个平衡方程都将包含两个未知力,因而必须解联立方程组,才能解出这 6 个未知力。为避免解联立方程组,由刚架的整体受力图可知,其上的 4 个未知约束力虽然不能由三个平衡方程全部解出,但除力 F_{By} 外,其他三个未知力汇交于 A 点,故可以 A 点为矩心,由力矩方程单独解出 F_{By}。若以 B 点为矩心,同理也可解出 F_{Ay}。当解出力 F_{By} 和 F_{Ay} 后,即可再取单独的 AC 和 BC 为对象求出其他未知量。由以上分析可得,本题取研究对象的顺序是先取整体刚架,再取其中任一部分构件。

(1)选取整个刚架为研究对象,如图3-19(b)所示,建立坐标系,列平衡方程:

$$\sum M_A = 0, F_{By} \times 8 - q \times 8 \times 4 - F \times 2 = 0$$

$$\sum Y = 0, F_{Ay} + F_{By} - q \times 8 = 0$$

解得:

$$F_{By} = 28\ \text{kN}, F_{Ay} = 12\ \text{kN}$$

(2)如图3-19(c)所示,由于 AC 段比 BC 段多了一个力,计算时相对复杂,在这里选取刚架右边部分 BC 段为研究对象,如图3-19(d)所示,建立坐标系,列平衡方程:

$$\sum M_C = 0, -F_{Bx} \times 4 + F_{By} \times 4 - q \times 4 \times 2 = 0$$

$$\sum X = 0, F'_{Cx} - F_{Bx} = 0$$

$$\sum Y = 0, -F'_{Cy} + F_{By} - q \times 4 = 0$$

解得:

$$F_{Bx} = 18\ \text{kN}, F'_{Cx} = F_{Bx} = 18\ \text{kN}, F'_{Cy} = 8\ \text{kN}$$

(3)选取整个刚架为研究对象,如图3-19(b)所示,建立坐标系,列平衡方程。

$$\sum X = 0, F_{Ax} - F_{Bx} + F = 0$$

解得:

$$F_{Ax} = -14\ \text{kN}$$

综合以上例题,求解物体系统平衡问题的基本步骤和方法总结如下:

(1)分析结构是否属于静定问题。如果独立平衡方程的数目与未知量的数目彼此相等,则此物体系统的平衡问题属于静定问题,应用平衡方程即能求解。

(2)适当选取研究对象,作研究对象的受力图。研究对象可以是整个物体系统,也可以是其中部分物体或单个物体,其原则是便于求解。部分或单个物体在整个物体系统中也是处于平衡状态,绘图时必须标注部分或单个物体与整体的连接部位的内约束反力,这样就能保证整体通过连接部位对部分或单个物体的作用效应。

(3)对所选取的研究对象,列出平衡方程,求解未知量。为了尽可能地利用一个方程求解一个未知量,可以尽量选择与未知力垂直的轴为投影轴,列出投影方程,也可以选未知力的交点为矩心,列出力矩方程。

(4)选择合适的平衡方程进行校核。比如说将所有水平或垂直方向投影的力相加代数和等于零,将所有的力对任何体系中任意点求矩代数和也等于零。从而检验已求未知力是否正确。

思考题

3-1 如思考题3-1图所示,平面内三个汇交于一点的力用三角形布置,试判断三个力有什么关系?

3-2 如思考题3-2图所示,平面内的三个力都汇交于一点,且各力都不等于零,试问力系是否可能平衡?

3-3 如思考题3-3图所示,方向盘上有一个力偶和一个力作用,理论上力偶和力是不能构成平衡的,为什么方向盘处于平衡状态呢?

3-4 用解析法求平面汇交力系的合力时,若取不同的直角坐标轴,所求得的合力是否

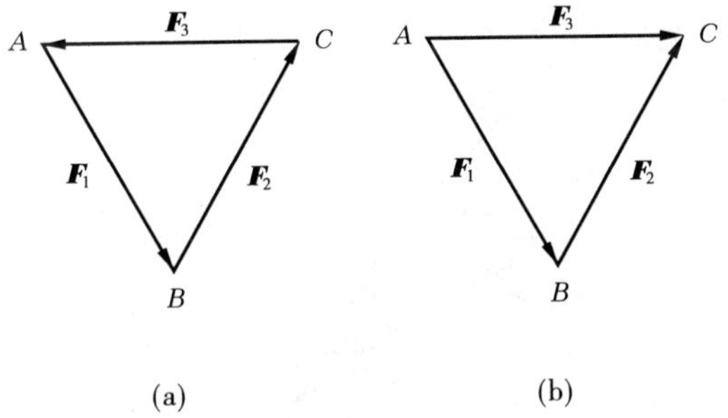

思考题 3-1 图

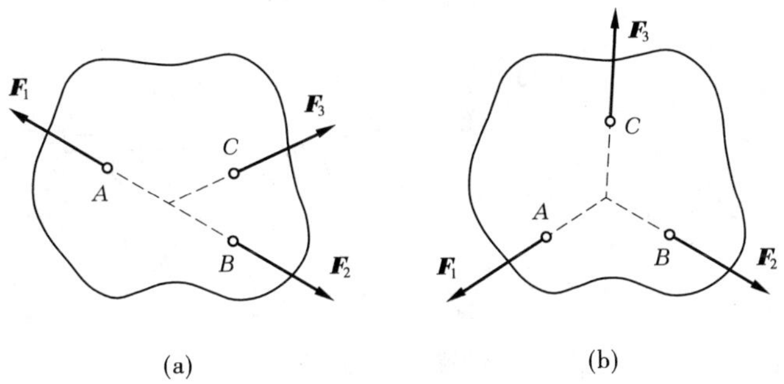

思考题 3-2 图

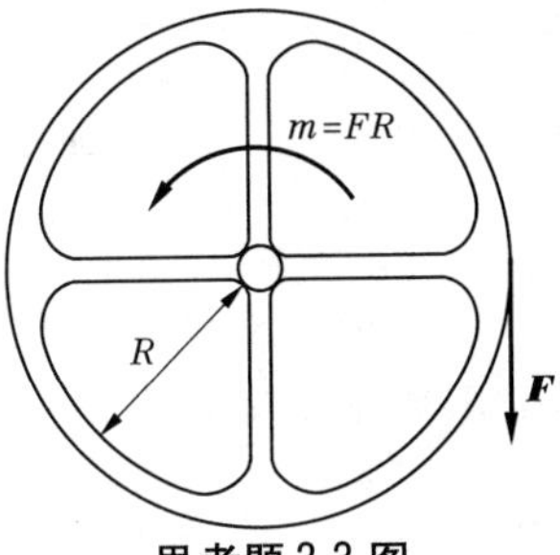

思考题 3-3 图

相同?

3-5 平面任意力系的平衡的充要条件有哪些？其力学意义是什么？

3-6 力的平移定理可以解决哪些实际工程问题？其力学意义是什么？

3-7 当平面任意力系简化为一个力偶时，主矩是否与简化中心的位置有关？

3-8 对于不平衡的平面任意力系，已知该力系在 y 轴上投影的代数和等于零，且对平面内任意一点之矩的代数和等于零，那么此力系简化的结果是什么？

习 题

3-1 如习题 3-1 图所示，试计算平面汇交力系合力的大小和方向。

3-2 如习题 3-2 图所示，试计算扳手某平面内力偶系的合力偶矩。

3-3 如习题 3-3 图所示，试利用力偶相关知识计算梁的支座反力。

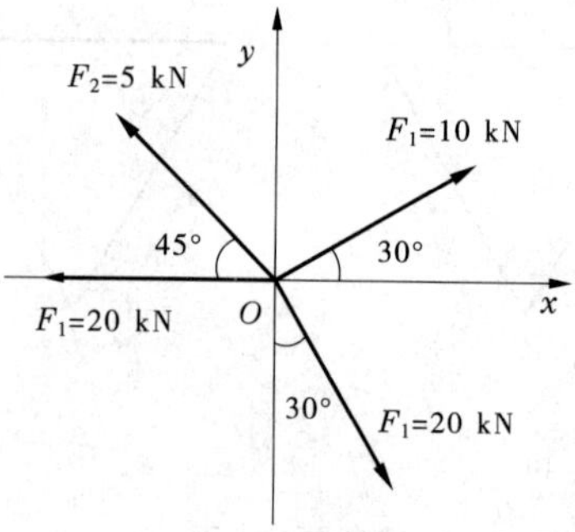

习题 3-1 图

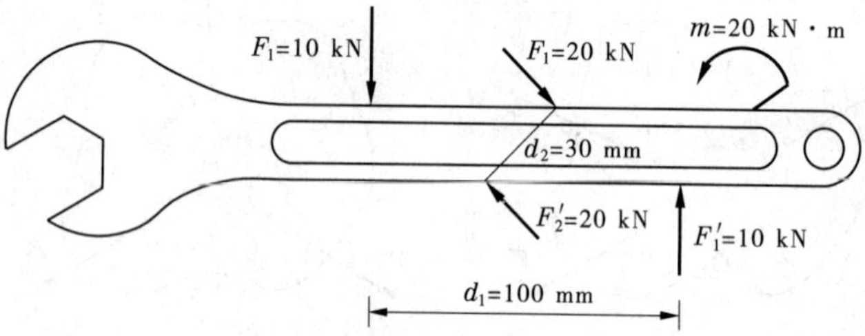

习题 3-2 图

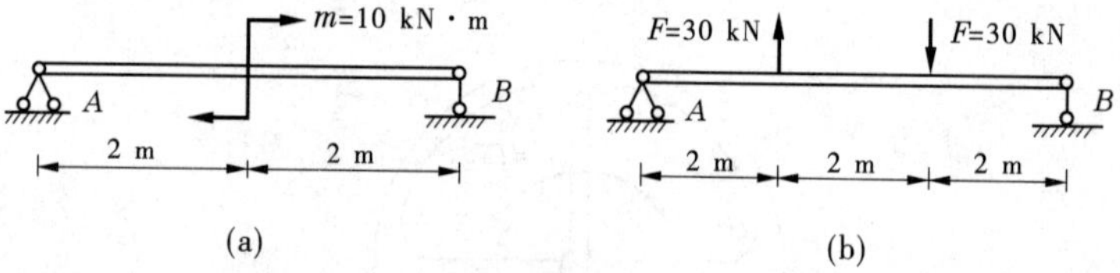

习题 3-3 图

3-4 如习题 3-4 图所示，试计算梁的支座反力。

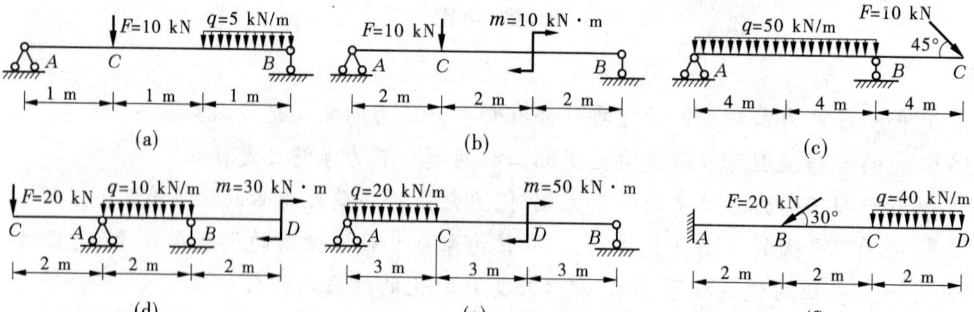

习题 3-4 图

3-5 如习题 3-5 图所示，试计算刚架的支座反力。

3-6 如习题 3-6 图所示，试计算物体系统的支座反力。

3-7 如习题 3-7 图所示，试计算多跨梁的支座反力。

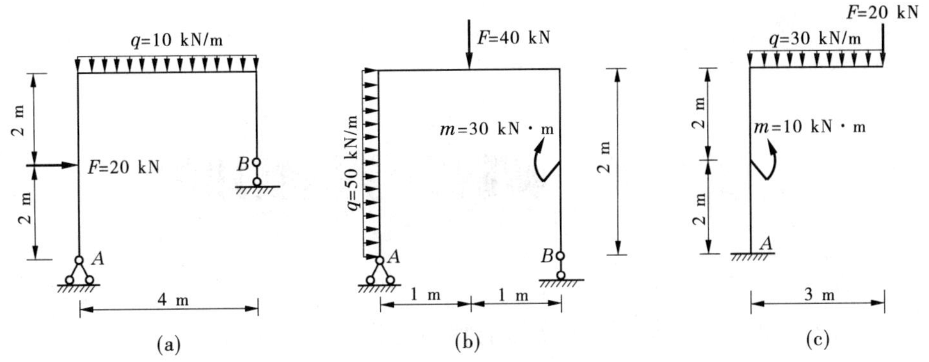

习题3-5图

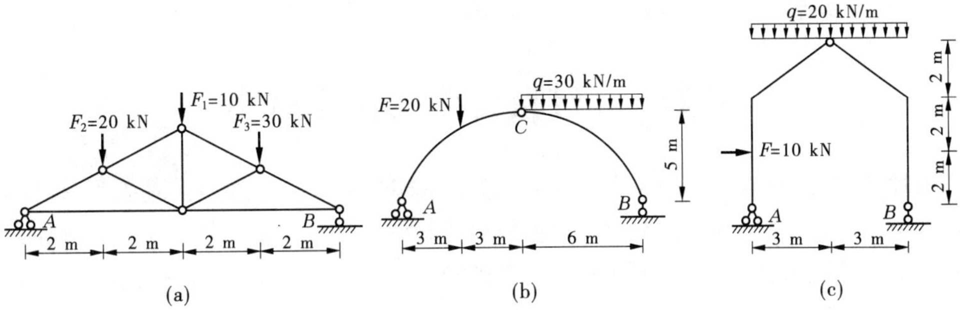

习题3-6图

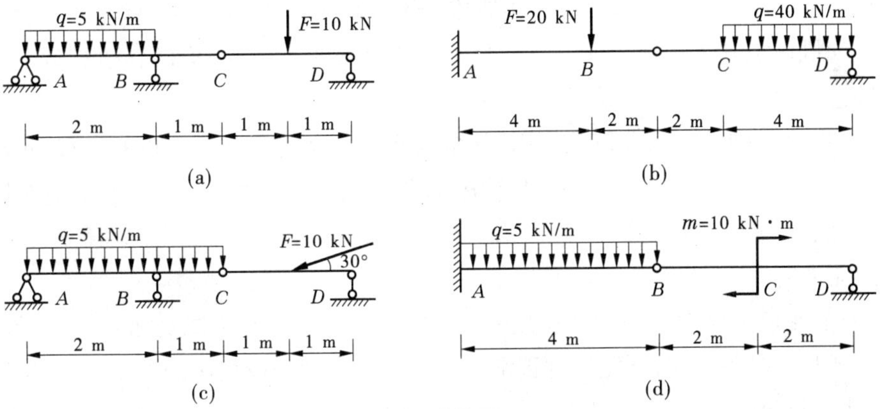

习题3-7图

项目 4　材料力学基础知识

在静力学中，研究对象属于不可变形的理想化物体，该物体在力学领域中指的是刚体。在材料力学中，主要是研究材料在各种外力作用下产生的内力、应力、变形、应变、强度、刚度、稳定性等问题和导致各种材料破坏的极限。此时的研究对象就不是理想的刚体了，而是符合实际规律且具有特殊属性的物体。

任务 1　材料力学的基本任务

工程结构、机械和架体的各组成部分，如建筑物的楼板、主次梁、柱、基础等，统称为构件。每个构件在正常工作时，都要受到从外界或相邻构件传递来的外力作用。例如，桥梁传递给桥墩的压力，塔吊绳索传递给前悬梁的拉力。材料力学就是研究各种构件的抗力性能，它的主要任务就是将工程结构、机械和架体中的简单构件简化为平面内的杆件，计算杆中的应力和变形，研究其强度、刚度和稳定性，以保证结构能承受预定的荷载；选择适当的材料、截面形状和尺寸，以便设计出既安全又经济的结构构件和机械零件。为了保证结构构件和机械零件在实际工作中应有的效能和承载能力，这些构件必须具备下列三项基本条件：

(1)具有足够的强度。在荷载作用下，结构能够安全地承受所担负的荷载，不至于发生断裂或产生严重的永久变形。例如，冲床的曲轴，在工作冲压力作用下不应折断。又如，储气罐或氧气瓶，在规定压力下不应爆破。可见，所谓强度是指构件在荷载作用下抵抗破坏的能力。

(2)具有足够的刚度。在荷载作用下，构件的最大变形不超过实际使用中所能容许的数值。某些结构的变形，不能超过正常工作允许的限度。以机床的主轴为例，即使它有足够的强度，若变形过大，将使轴上的齿轮啮合不良，并引起轴承的不均匀磨损。因而，所谓刚度是指构件在外力作用下抵抗变形的能力。

(3)具有足够的稳定性。当受力时能够保持原有的平衡形式，不至于突然偏侧而丧失承载能力。有些细长杆，如内燃机中的挺杆、千斤顶中的螺杆、脚手架中的立杆等，在压力作用下，有被压弯的可能。为了保证其正常工作，要求这类杆件始终保持直线形式，亦即要求原有的直线平衡形态保持不变。所以，所谓稳定性是指构件保持其原有平衡状态的能力。

若构件的截面尺寸过小，或截面形状不合理，或材料选用不当，在外力作用下将不能满足上述要求，从而影响机械或工程结构的正常工作。反之，如构件尺寸过大，材料质量太高，虽满足了上述要求，但构件的承载能力难以充分发挥。这样，既浪费了材料，又增加了成本和重量。材料力学的任务就在于为合理地解决这一矛盾，在满足强度、刚度和稳定性的要求下，以最经济的代价，为构件确定合理的形状和尺寸，选择适宜的材料，为构件实现既安全又经济的设计提供必要的理论基础和计算方法。不仅如此，在设法解决这类矛盾和困难问题时，材料力学还可以提供许多原则和方法，还能够揭示寻求新的高效材料、新的构件形式和更为精确的计算方法的途径。

在实际工程问题中，构件都应有足够的强度、刚度和稳定性。但就一个具体构件而言，对上述三项要求往往有所侧重。例如，氧气瓶以强度要求为主，车床主轴以刚度要求为主，而受压的细长杆则以稳定性要求为主。此外，对某些特殊构件，还往往有相反的要求。例如，为了保证机器不致因超载而造成重大事故，当荷载到达某一限度时，要求安全销立即破坏。

研究构件的强度、刚度和稳定性时，应了解材料在外力作用下表现出的变形和破坏等方面的性能，即材料的力学性能，而力学性能要由试验来测定。此外，经过简化得出的理论是否可信，也要由试验来验证。还有一些尚无理论结果的问题，也必须借助试验方法来解决。所以，试验分析和理论研究同是材料力学解决问题的方法。

任务2　变形固体的基本假设

建筑和机械材料都是由固体材料制成的，例如钢材、木材、石材等。固体材料组成的物体都会产生变形，只是变形量大小的问题。由于固体具有可变性质，该物体又被称为变形固体。变形固体在外力的作用下，总是既有弹性变形也有塑性变形，但是工程中多数构件正常工作时要求材料只发生弹性变形，所以材料力学的研究仅限于变形固体的弹性变形范围。

实际工程构件的材料多种多样，其微观组织结构与性能十分复杂。为了能采用理论的方法对变形固体进行分析和研究，有必要根据固体材料的实际性质将其简单化、抽象化。为此，对变形固体提出以下基本假定。

(1)连续均匀假定——认为变形固体在其整个体积内无空隙地充满了密实、连续、均匀的材料。

(2)各向同性假定——认为变形固体在所有方向上具有完全相同的力学性能。

(3)小变形假定——认为变形固体在荷载作用下发生的变形和构件本身的尺寸相比通常很小，可以忽略不计。

经长期使用与试验验证，以上述基本假设为基础建立的材料力学理论与计算公式，能够符合工程要求。

任务3　内力和截面法以及应力和应变

4.3.1　内力和截面法

在变形固体内部某一部分和相邻其他部分之间,本来就存在着相互作用力。当受到外力作用而发生变形时,又会产生附加的相互作用力。这种附加的相互作用力会随外力的增加而增大,到达一定限度就会引起材料的破坏,可见它与强度问题密切相关。在材料力学中就把这种附加的相互作用力称为内力。

为了判断在外力作用下的构件是否具有足够的强度,需要计算出构件中某些截面上因已知外力而引起的内力。

设某杆件在已知外力作用下处于平衡状态,如图4-1(a)所示,欲确定杆中某截面 $m—m$ 上的内力。

为了显示截面 $m—m$ 上的内力,假想地用该截面将杆件截分为两部分,如图4-1(b)所示。杆件被截开后的两部分必然各自处于平衡状态。因作用在其中任一部分上的原有外力一般不再是平衡力系,所以在截面 $m—m$ 上必然存在着另一部分对本部分的作用力,该作用力就是所需确定的内力。根据力的作用与反作用定律,截面各点处两侧部分之间相互作用的内力,是大小相等、方向相反的。因此,在作杆件内力分析时,可以随意选取截面两侧中的任一部分作为研究对象。

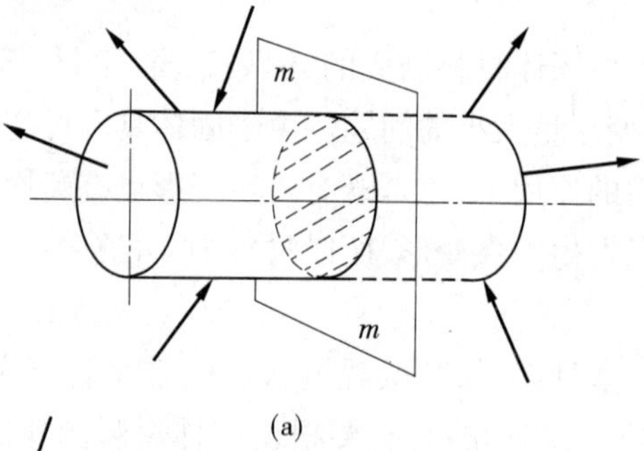

(a)

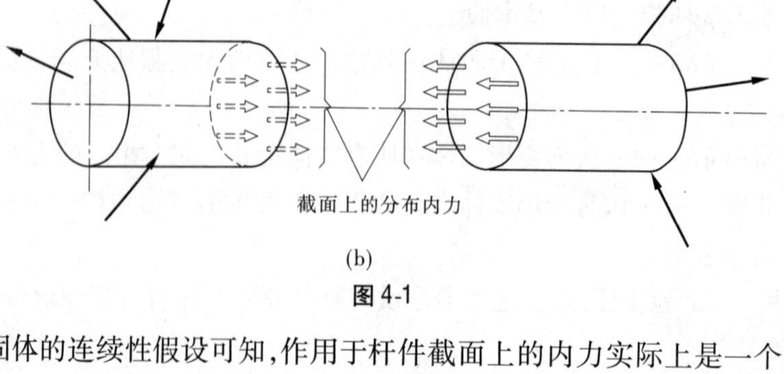

(b)

图4-1

由变形固体的连续性假设可知,作用于杆件截面上的内力实际上是一个连续分布力系。将截面上的内力向截面某点简化,一般可得到一个主矢与一个主矩(特殊情况下可能只是一个主矢,或只是一个主矩)。通常所说的内力分析,指的就是截面内力的主矢与主矩的计算,也就是内力总和的计算。这样,只要取截面两侧中的任一部分为分离体,根据它的静力平衡方程就能够计算出截面 $m—m$ 上的内力。至于内力在截面上各点处的分布情况,仅利用静力平衡方程是不能确定的,这个问题的解决,正是本书后续各章的任务。

上述对受力杆件进行内力分析的方法称为截面法。该方法适用于杆件的各种受力情况,具有普遍性,是材料力学中的基本研究方法之一。概括地说,截面法的要点与步骤是:

(1)假想用一截面在需求内力处将杆件截分为两部分,保留其中一部分为研究对象,并移去另一部分。

(2)将移去部分对保留部分的作用表示为该截面上的未知内力。

(3)建立保留部分的静力平衡方程,即可确定截面上的内力。

4.3.2 应力和应变

4.3.2.1 应力

内力虽与强度问题密切相关,但研究构件的强度,仅仅确定截面上的内力是不够的,还必须知道内力在截面上各点处的分布情况,即需要了解截面上各点内力的集度。该构件截面上的分布内力的集度称为应力。

以图4-2(a)所示杆件为例。设在截面 $m—m$ 上围绕任意点 K 取一微小面积 ΔA ,在 ΔA 上作用有合力为 ΔF 的分布内力,如图4-2(a)所示。在 A 范围内,单位面积上内力的平均集度为

$$\bar{p} = \frac{\Delta F}{\Delta A}$$

$\bar{p}$ 称为面积 ΔA 上的平均应力。

当面积 ΔA 趋于零时,$\bar{p}$ 的极限值称为点 K 处的应力,并用 p 表示

$$p = \lim_{\Delta A \to 0} \frac{\Delta F}{\Delta A}$$

即,截面上某点的应力是分布内力系在该点处的集度。

应力 p 是一个矢量,通常将应力 p 分解为垂直于截面的分量 σ 和切于截面的分量 τ (见图4-2(b))。其中 σ 称为正应力,τ 称为剪应力。

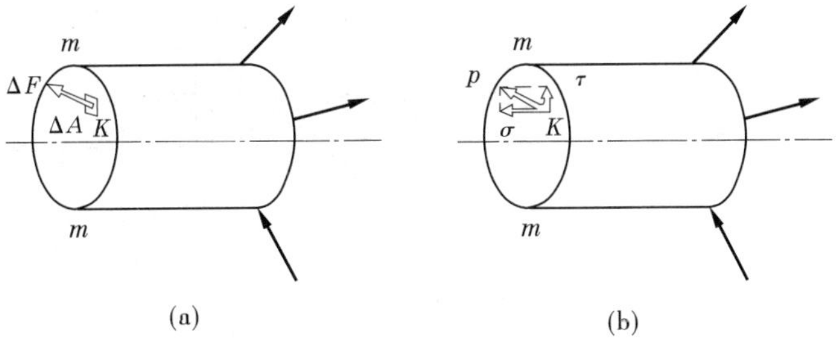

图4-2

应力的量纲是[力]/[长度]^2。在国际单位制中,应力的基本单位是 N/m^2,也称为帕斯卡,符号为 Pa(帕),即 1 Pa = 1 N/m^2。因为 Pa 的单位很小,工程中常用的应力单位是 MPa(兆帕):1 MPa = 10^6 Pa = 10^6 N/m^2 = 1 N/mm^2。

4.3.2.2 应变

构件受到外力的作用会发生变形，构件中各质点的位置也要发生相应的变化，如图4-3所示。变形的大小是用位移和应变这两个量来度量的。位移是指发生变形后，构件中各质点及各截面在空间位置上的改变，可分为线位移和角位移。如图4-3所示，OO'为线位移，θ为角位移。关于位移的相关知识不属于材料力学研究的范围，就不再阐述了。在这里我们通过例子引入应变的概念。

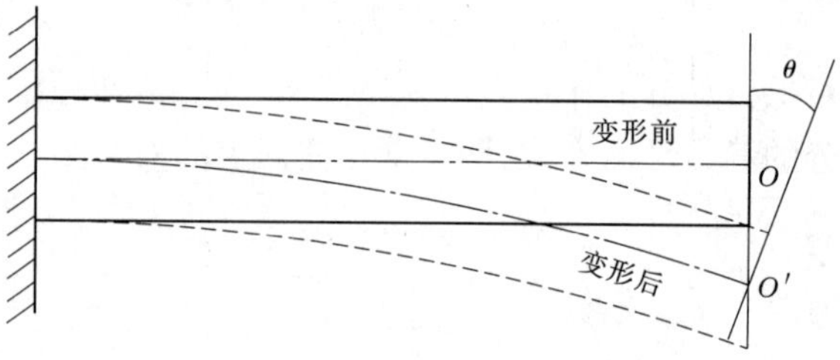

图4-3

伸缩变形的大小和杆件的长度有关，也和材料的性质有关。例如，100 m长，1 cm^2粗的钢索，在100 N力的作用下，伸长0.05 cm；可是，4 cm长，1 cm^2粗的橡皮杆，在100 N力的作用下，也伸长0.05 cm。单凭总伸长的数值，显然不能说明有关变形程度的问题本质，特别是构件内各部分的变形可以很不均匀。为了解决这样的困难，必须引用相对变形或应变这个物理量，即单位长度内的变形。

从构件内围绕一点a取出边长为微量的微分单元体图4-4(a)来研究。在微小变形的情况下，单元体的变形表现为边长的改变。当杆件受拉、压(或弯曲)时，可以看到微分单元体的边长有伸长或缩短的情形见图4-4(b)；当杆件受剪切(或扭转)时，可以看到微分单元体的直角有改变的情形，见图4-4(c)。

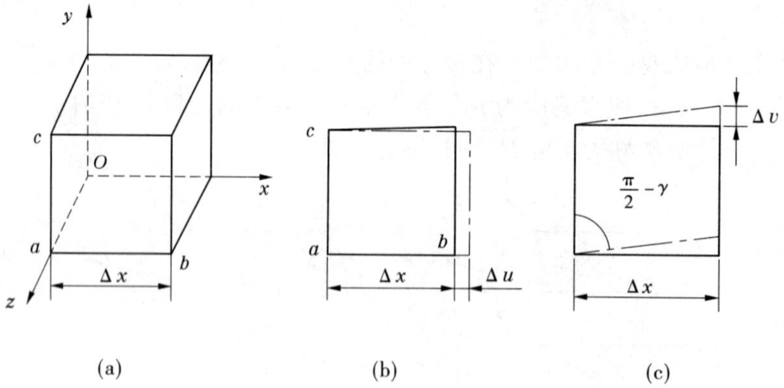

图4-4

在图4-4(b)中，单元体的边长原为Δx，变形时伸长了Δu，因此它的平均线应变(即每单位长度的平均伸长)是：$\varepsilon_m = \dfrac{\Delta u}{\Delta x}$。如果取它的极限值，就可得到构件内任一点$a$处沿$x$方向的线应变：

$$\varepsilon = \lim_{\Delta x \to 0} \frac{\Delta u}{\Delta x} = \frac{\mathrm{d}u}{\mathrm{d}x}$$

现在再来研究单元体某一直角的角变形，由图 4-4(c)可知，在微小变形的情况下，当 $\Delta x \to 0$ 时，角变形 γ 是：

$$\gamma \approx \tan\gamma = \lim_{\Delta x \to 0} \frac{\Delta v}{\Delta x} = \frac{\mathrm{d}v}{\mathrm{d}x}$$

把 γ 称作构件在点 a 处剪应变。

应该指出，线应变 ε 与法向应力 σ 有密切关系，剪应变 γ 与剪应力 τ 有密切关系，在后面讲到胡克定律时再作详细介绍。

任务 4　杆件变形的基本形式

实际工程中构件的类型很多，例如杆、板、壳、块体等。其中，杆件属于工程中最常用和最基本的构件，在力学计算中可以将大部分的板、壳、块体等这类具有特殊功能的特种物体抽象简化为杆系结构，例如机械中的连杆、传动轴，建筑物中的横梁、立柱等都可以简化为杆件。因此，杆件在材料力学中是最常见的构件，也是材料力学研究的主要对象。

杆件各横截面形心的连线称为杆件的轴线。轴线为直线的杆件称为直杆。轴线为曲线的杆件称为曲杆。杆件在外力作用下发生变形。外力作用方式不同，相应的变形形式也不同。杆件变形的基本形式有四种，各基本变形形式及相应的受力特征分别是：

(1)轴向拉伸或压缩——作用于杆件上的外力合力作用线与杆件轴线重合，杆件变形是沿轴线方向的伸长或缩短，如图 4-5 所示。

图 4-5

(2)剪切——构件受到一对大小相等、方向相反、作用线距离很近且与构件轴线垂直的外力作用，构件在两个外力作用面之间发生相对错动变形，如图 4-6 所示。

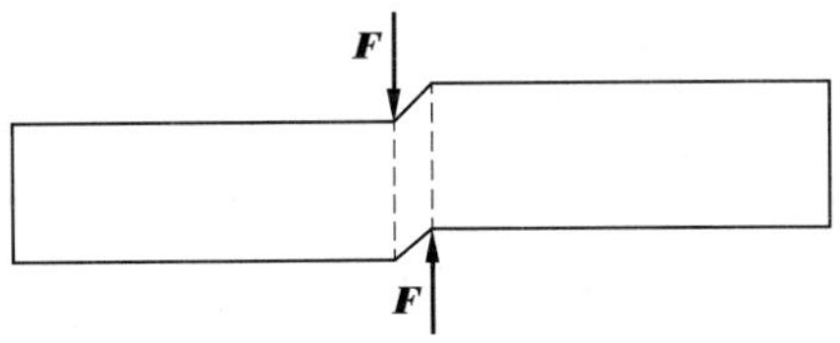

图 4-6

(3)扭转——外力偶作用在垂直于杆件轴线的平面内，杆件的任意两个横截面之间绕轴线作相对转动，如图 4-7 所示。

(4)弯曲——横向外力作用在包含杆件轴线的纵向平面内，变形形式表现为杆件轴线由直线变为曲线，如图 4-8 所示。

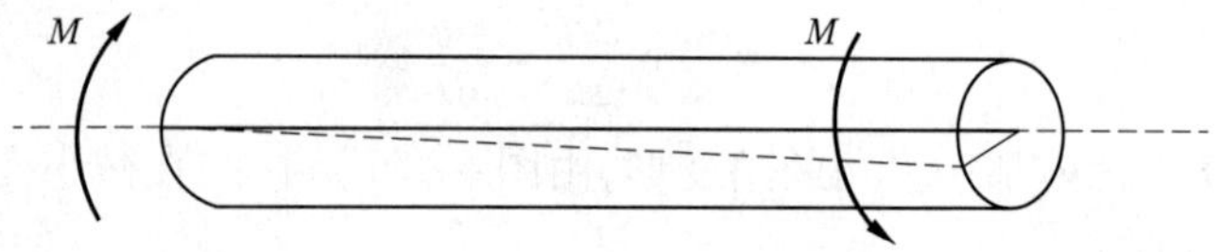

图 4-7

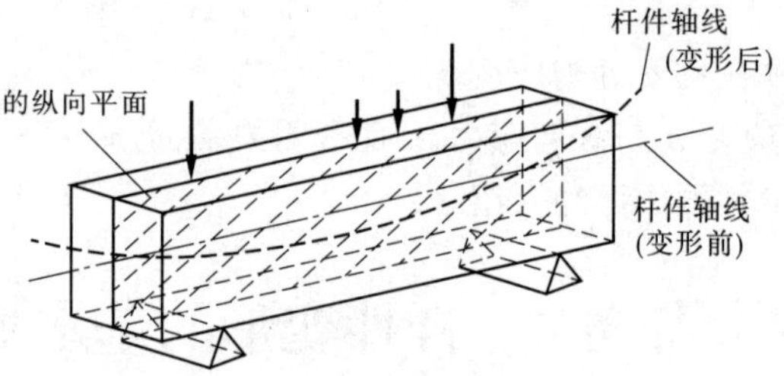

图 4-8

工程实际中的杆件可能同时承受不同形式的多种荷载,除可能发生上述某种单一基本变形外,还可能同时发生几种不同的基本变形,这种情况称为组合变形。

思考题

4-1 构件的强度、刚度和稳定性各具有什么含义?

4-2 在确定杆件横截面尺寸和选择杆件材料时,设计者会面临什么矛盾?

4-3 材料力学的任务是什么?

4-4 材料力学对变形固体所作的基本假设有哪些?它们对材料力学的分析方法起到什么作用?

4-5 杆件变形的基本形式有哪几种?

4-6 什么是内力?对受力构件进行内力分析的基本方法是什么?怎样进行内力分析?

4-7 杆件的内力是杆件材料的分子间固有的合力吗?

4-8 什么是截面法?用截面法求杆件内力的步骤是什么?

4-9 什么是应力?什么是正应力?什么是剪应力?它们与内力是什么关系?

4-10 什么是应变?什么是正应变?什么是剪应变?它们与应力是什么关系?

项目5 平面图形的几何性质

任务1 静矩和形心

5.1.1 静矩

任意平面图形如图5-1所示,其面积为A。y轴和z轴为图形所在平面内的任意直角坐标轴。取微面积dA,dA的坐标分别为y和z,zdA、ydA分别称为微面积对y轴、z轴的静矩。遍及整个面积A的积分

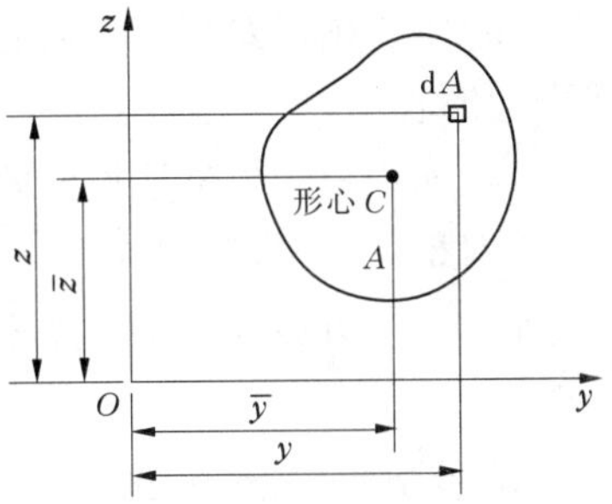

图5-1

$$\left.\begin{aligned} S_y &= \int_A z\mathrm{d}A \\ S_z &= \int_A y\mathrm{d}A \end{aligned}\right\} \tag{5-1}$$

分别定义为平面图形对y轴和z轴的静矩。由式(5-1)可见,随着坐标轴y、z选取的不同,静矩的数值可能为正,可能为负,也可能为零。静矩的量纲是长度的三次方。

5.1.2 形心

设想有一个厚度很小的均质薄板,薄板中间面的形状与图5-1的平面图形相同。显然,在yOz坐标系中,上述均质薄板的重心与平面图形的形心有相同的坐标$\bar{y}$和$\bar{z}$。由静力学的力矩定理可知,薄板重心的坐标$\bar{y}$和$\bar{z}$分别是

$$\left.\begin{aligned} \bar{y} &= \frac{\int_A y\mathrm{d}A}{A} \\ \bar{z} &= \frac{\int_A z\mathrm{d}A}{A} \end{aligned}\right\} \tag{5-2}$$

式(5-2)就是确定平面图形的形心坐标的公式。

利用式(5-1)可以把式(5-2)改写成

$$\bar{y} = \frac{S_z}{A}, \bar{z} = \frac{S_y}{A} \tag{5-3}$$

所以,把平面图形对z轴和y轴的静矩,除以图形的面积A就得到图形形心的坐标$\bar{y}$和$\bar{z}$。把式(5-3)改写为

$$S_y = A\bar{z}, S_z = A\bar{y} \tag{5-4}$$

这表明，平面图形对 y 轴和 z 轴的静矩，分别等于图形面积 A 乘图形形心坐标 $\bar{z}$ 和 $\bar{y}$。

由式(5-3)和式(5-4)看出，若 $S_z = 0$ 和 $S_y = 0$，则 $\bar{y} = 0$ 和 $\bar{z} = 0$。可见，若图形对某一轴的静矩等于零，则该轴必然通过图形的形心；反之，若某一轴通过形心，则图形对该轴的静矩等于零。通过形心的轴称为形心轴。

平面图形静矩有如下特征：

(1)平面图形的面积矩是平面图形对某一定轴的面积矩，同一图形对不同的轴一般有不同的静矩。

(2)因平面图形形心的坐标值可能为正、为负或等于零，故静矩的值也可能为正、为负或等于零。

(3)平面图形对其形心轴的静矩为零，反之，平面图形对某轴的静矩为零时，则该轴一定为形心轴。

(4)面积矩的单位是长度的三次方，如 mm^3。

【例 5-1】 如图 5-2 所示的矩形，y_0 轴和 z_0 轴都通过其形心 c。试求图形在点 a 所在水平线以上的面积对 z_0 轴的面积矩。

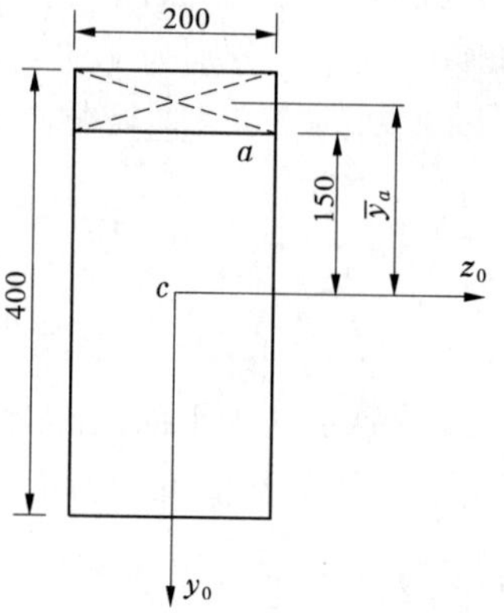

图 5-2 （单位：mm）

解：点 a 所在水平线以上的面积：$A_a = 200 \times (200 - 150) = 10\ 000(mm^2)$

面积 A_a 的形心坐标：$\overline{y_a} = -\left[150 + \left(\frac{200-150}{2}\right)\right] = -175(mm)$

代入式(5-4)的第二式，可得其面积矩

$$S_{z_0} = A_a\overline{y_a} = 10\ 000 \times (-175) = -1.75 \times 10^6(mm^3)$$

5.1.3 组合图形的静矩和形心

当一个平面图形是由若干个简单图形(例如矩形、圆形、三角形等)组成时，由静矩的定义可知，图形各组成部分对某一轴的静矩的代数和，等于整个图形对同一轴的静矩，即

$$S_z = \sum_{i=1}^{n} A_i\bar{y}_i, S_y = \sum_{i=1}^{n} A_i\bar{z}_i \tag{5-5}$$

式中，A_i 和 $\bar{y}_i$、$\bar{z}_i$ 分别表示第 i 个简单图形的面积及形心坐标；n 为组成该平面图形的简单图形的个数。

若将式(5-5)代入式(5-3)，则得组合图形形心坐标的计算公式

$$\bar{y} = \frac{\sum_{i=1}^{n} A_i\bar{y}_i}{\sum_{i=1}^{n} A_i}, \bar{z} = \frac{\sum_{i=1}^{n} A_i\bar{z}_i}{\sum_{i=1}^{n} A_i} \tag{5-6}$$

【例 5-2】 如图 5-3 所示，试确定平面图形的形心 C 的位置。

解:将图形分为Ⅰ、Ⅱ两个矩形,如图5-3所示取坐标系。两个矩形的形心坐标及面积分别为:

矩形Ⅰ

$$\bar{y}_1=\frac{10}{2}=5(\text{mm})$$

$$\bar{z}_1=\frac{120}{2}=60(\text{mm})$$

$$A_1=10\times120=1\ 200(\text{mm}^2)$$

矩形Ⅱ

$$\bar{y}_2=\left(10+\frac{70}{2}\right)=45(\text{mm})$$

$$\bar{z}_2=\frac{10}{2}=5(\text{mm})$$

$$A_2=10\times70=700(\text{mm}^2)$$

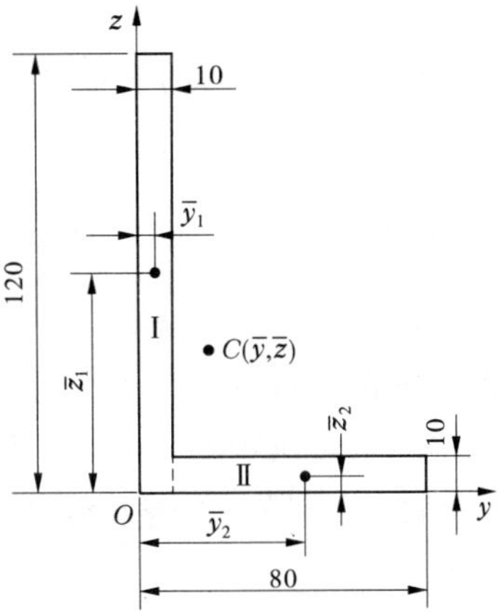

图5-3 (单位:mm)

应用式(5-6),得形心 C 的坐标($\bar{y}$,$\bar{z}$)为:

$$\bar{y}=\frac{A_1\bar{y}_1+A_2\bar{y}_2}{A_1+A_2}=\frac{1\ 200\times5+700\times45}{1\ 200+700}=19.7(\text{mm})$$

$$\bar{z}=\frac{A_1\bar{z}_1+A_2\bar{z}_2}{A_1+A_2}=\frac{1\ 200\times60+700\times5}{1\ 200+700}=39.7(\text{mm})$$

形心 $C(\bar{y},\bar{z})$ 的位置如图5-3所示。

【例5-3】 如图5-4所示某单臂液压机机架的横截面尺寸,试确定截面形心的位置。

解:截面有一个垂直对称轴,其形心必然在这一对称轴上,因而只需确定形心在对称轴上的位置。把截面图形看成是由矩形 *ABED* 减去矩形 *abed*,并以 *ABED* 的面积为 A_1,*abed* 的面积为 A_2。以底边 *DE* 作为参考坐标轴 y。

$$A_1=1.4\times0.86=1.204(\text{m}^2)$$

$$\bar{z}_1=\frac{1.4}{2}=0.7(\text{m})$$

$$A_2=(0.86-2\times0.016)\times(1.4-0.05-0.016)$$

$$=1.105(\text{m}^2)$$

$$\bar{z}_2=\frac{1}{2}\times(1.4-0.05-0.016)+0.05=0.717(\text{m})$$

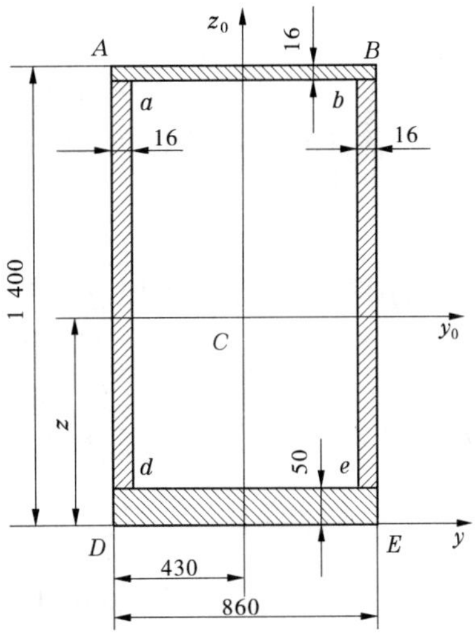

图5-4 (单位:mm)

由式(5-6)可得整个截面图形的形心 C 的坐标 $\bar{z}$ 为

$$\bar{z}=\frac{A_1\bar{z}_1-A_2\bar{z}_2}{A_1-A_2}=\frac{1.204\times0.7-1.105\times0.717}{1.204-1.105}=0.51(\text{m})$$

任务2 惯性矩、惯性半径、极惯性矩、惯性积、截面系数

5.2.1 惯性矩、惯性半径、极惯性矩

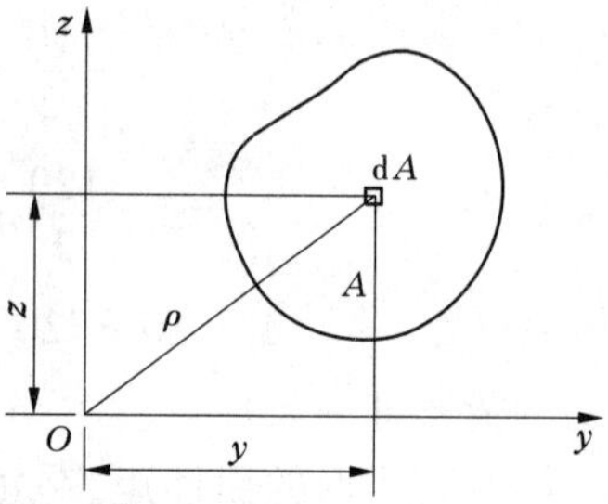

图 5-5

任意平面图形如图 5-5 所示，其面积为 A，y 轴和 z 轴为图形所在平面内的一对任意直角坐标轴。在坐标为(y,z)处取一微面积 $\mathrm{d}A$，$z^2\mathrm{d}A$ 和 $y^2\mathrm{d}A$ 分别称为微面积 $\mathrm{d}A$ 对 y 轴和 z 轴的惯性矩，而遍及整个平面图形面积 A 的积分

$$\left.\begin{aligned} I_y &= \int_A z^2 \mathrm{d}A \\ I_z &= \int_A y^2 \mathrm{d}A \end{aligned}\right\} \tag{5-7}$$

分别定义为平面图形对 y 轴和 z 轴的惯性矩。

在式(5-7)中，由于 y^2、z^2 总是正值，所以 I_y、I_z 也恒为正值。惯性矩的量纲是长度的四次方。

工程上，为方便起见，经常把惯性矩写成图形面积与某一长度平方的乘积，即

$$I_y = Ai_y^2 \quad I_z = Ai_z^2 \tag{5-8}$$

或改写为

$$i_y = \sqrt{\frac{I_y}{A}}, i_z = \sqrt{\frac{I_z}{A}} \tag{5-9}$$

式中，i_y，i_z 分别称为图形对 y 轴和 z 轴的惯性半径，其量纲为长度。

如图 5-5 所示，微面积 $\mathrm{d}A$ 到坐标原点的距离为 ρ，定义

$$I_P = \int_A \rho^2 \mathrm{d}A \tag{5-10}$$

为平面图形对坐标原点的极惯性矩。其量纲仍为长度的四次方。由图 5-5 可以看出

$$I_P = \int_A \rho^2 \mathrm{d}A = \int_A (y^2 + z^2)\mathrm{d}A = \int_A z^2 \mathrm{d}A + \int_A y^2 \mathrm{d}A = I_y + I_z \tag{5-11}$$

所以，图形对于任意一对互相垂直轴的惯性矩之和，等于它对该两轴交点的极惯性矩。

5.2.2 惯性积

在图 5-5 所示的平面图形中，定义 $yz\mathrm{d}A$ 为微面积 $\mathrm{d}A$ 对 y 轴和 z 轴的惯性积。而积分式

$$I_{yz} = \int_A yz\mathrm{d}A \tag{5-12}$$

定义为图形对 y、z 轴的惯性积。惯性积的量纲为长度的四次方。

由于坐标乘积值 y、z 可能为正或负，因此 I_{yz} 的数值可能为正，可能为负，也可能等于零。

若坐标轴 y 或 z 中有一个是图形的对称轴，例如图5-6中的 z 轴。这时，如在 z 轴两侧的对称位置处，各取一微面积 dA，显然，两者的 z 坐标相同，y 坐标则数值相等而符号相反。因而两个微面积的惯性积数值相等，而符号相反，它们在积分中相互抵消，最后导致

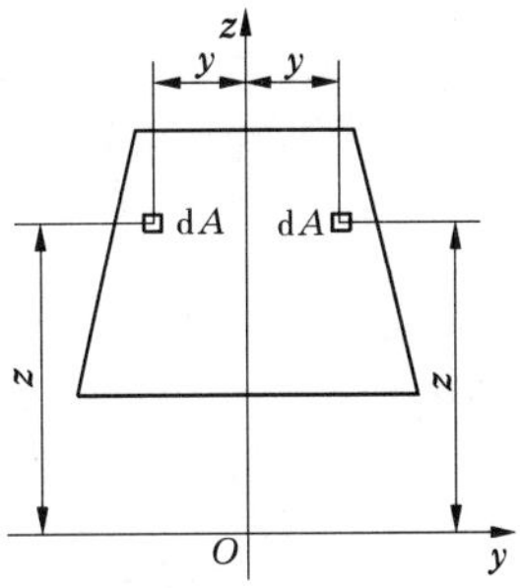

图5-6

$$I_{yz} = \int_A yz\mathrm{d}A = 0$$

所以，两个坐标轴中只要有一个轴为图形的对称轴，则图形对这一对坐标轴的惯性积等于零。

平面图形的惯性矩、惯性积和极惯性矩具有如下的一些特征：

(1)惯性矩、惯性积都是对一定的轴而言的，同一平面图形，对不同的轴一般有不同的惯性矩、惯性积。同样，极惯性矩是对一定的点而言的，同一平面图形，对不同的点一般有不同的极惯性矩。

(2)惯性矩和极惯性矩永远为正值，惯性积的值则可能为正、为负或等于零。

(3)任何平面图形对通过其形心的对称轴及与此对称轴垂直的轴的惯性积等于零。

(4)任何平面图形对直角坐标原点的极惯性矩等于该图形对二直角坐标轴的惯性矩之和，即 $I_p = I_z + I_y$。

(5)惯性矩、惯性积和极惯性矩的单位都为长度的四次方，如 mm^4。

【例5-4】 如图5-7所示，试计算矩形对其对称轴 y 和 z 的惯性矩。

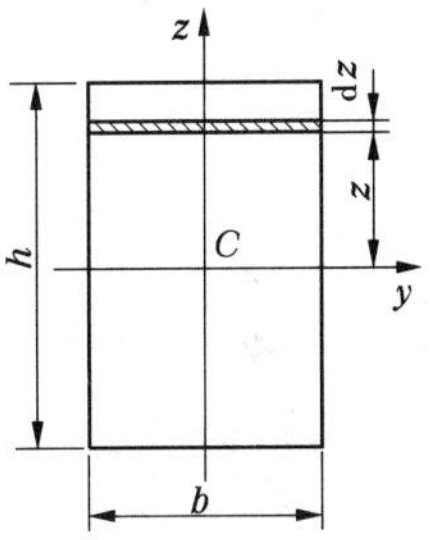

图5-7

解：先求对 y 轴的惯性矩。取平行于 y 轴的狭长条作为微面积 dA，则

$$\mathrm{d}A = b\mathrm{d}z$$

$$I_y = \int_A z^2\mathrm{d}A = \int_{-\frac{h}{2}}^{\frac{h}{2}} bz^2\mathrm{d}z = \frac{bh^3}{12}$$

用完全相同的方法可以求得

$$I_z = \frac{hb^3}{12}$$

若图形是高为 h、宽为 b 的平行四边形，如图5-8所示，它对形心轴 y 的惯性矩仍然是 $I_y = \dfrac{bh^3}{12}$。

【例5-5】 如图5-9所示，试计算圆形对其形心轴的惯性矩。

解：取 dA 为图5-9中的阴影部分的面积，则

$$\mathrm{d}A = 2y\mathrm{d}z = 2\sqrt{R^2 - z^2}\,\mathrm{d}z$$

$$I_y = \int_A z^2\mathrm{d}A = \int_{-R}^{R} 2z^2\sqrt{R^2 - z^2}\,\mathrm{d}z = \frac{\pi R^4}{4} = \frac{\pi D^4}{64}$$

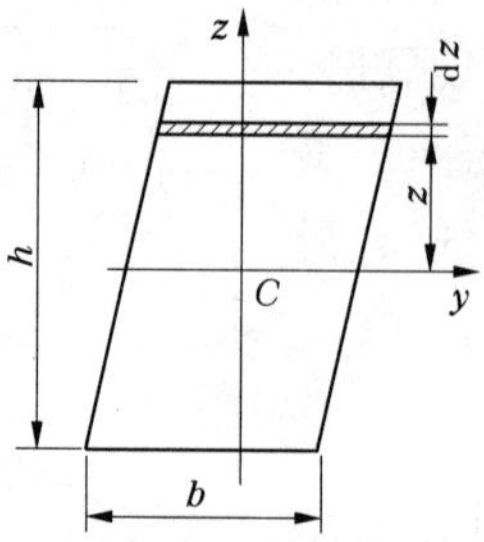

图 5-8

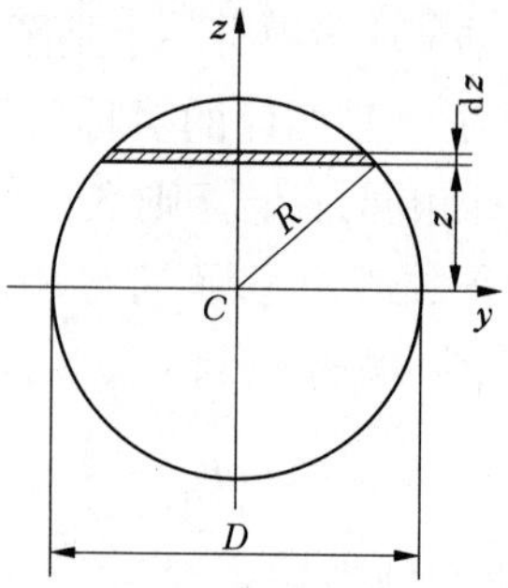

图 5-9

z 轴和 y 轴都与圆的直径重合，由于对称性，必然有

$$I_y = I_z = \frac{\pi D^4}{64}$$

由式(5-11)可以求得

$$I_p = I_y + I_z = \frac{\pi D^4}{32}$$

式中，I_p 是圆形对圆心的极惯性矩。

对于如图 5-10 所示的环形图形，由上式知

$$I_p = \frac{\pi}{32}(D^4 - d^4)$$

又由式(5-11)并根据图形的对称性

$$I_y = I_z = \frac{1}{2}I_p = \frac{\pi}{64}(D^4 - d^4)$$

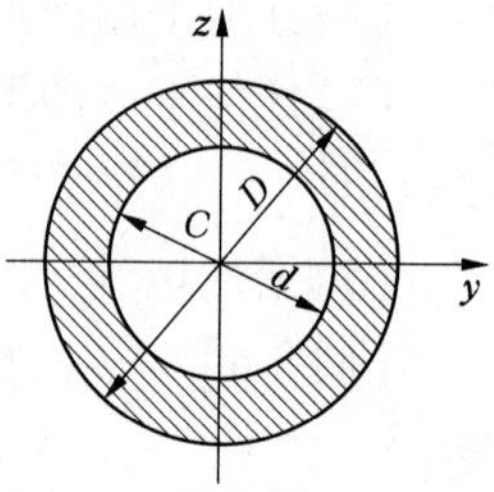

图 5-10

对于例 5-4 和例 5-5 的矩形、圆形及环形，y 轴及 z 轴均为其对称轴，所以其惯性积 I_{yz} 均为零。

5.2.3 抗弯截面系数和抗扭截面系数

在对构件作强度和刚度分析时，除了用到上述几何参数外，还会遇到抗弯截面系数和抗扭截面系数。

5.2.3.1 抗弯截面系数

首先定义下列比值：

$$W_z = \frac{I_z}{y_{\max}} \tag{5-13}$$

式中，W_z 为截面对 z 轴的抗弯截面系数，m^3 或 mm^3；$y_{\max}$为截面平行 z 轴的边缘上的点到 z 轴的距离，如图 5-7 所示，$y_{\max} = \frac{h}{2}$。

(1)对于高为 h、宽为 b 的矩形截面有

$$W_z = \frac{I_z}{y_{\max}} = \frac{\frac{bh^3}{12}}{\frac{h}{2}} = \frac{bh^2}{6} \tag{5-14}$$

(2)对于直径为 d 的圆形截面有

$$W_z = \frac{I_z}{y_{max}} = \frac{\frac{\pi d^4}{64}}{\frac{d}{2}} = \frac{\pi d^3}{32} \tag{5-15}$$

(3)对于外径为 D、内径为 d 的圆环截面有

$$W_z = \frac{I_{z外} - I_{z内}}{y_{max}} = \frac{\frac{\pi D^4}{64} - \frac{\pi d^4}{64}}{\frac{D}{2}} = \frac{\pi D^3}{32}(1 - \alpha), \alpha = \frac{d}{D} \tag{5-16}$$

(4)对于轧制型钢(工字钢、槽钢等),其抗弯截面系数可直接从型钢表中查取。

5.2.3.2 抗扭截面系数

$$W_P = \frac{I_P}{\rho_{max}} \tag{5-17}$$

式中,W_P 为截面对形心点的抗扭截面系数,m^3、mm^3;ρ_{max} 为圆周边点到圆心的距离,如图5-9所示,$\rho_{max} = R$。

(1)对于直径为 d 的圆形截面有

$$W_P = \frac{I_P}{\rho_{max}} = \frac{\frac{\pi d^4}{32}}{\frac{d}{2}} = \frac{\pi d^3}{16} \tag{5-18}$$

(2)对于外径为 D、内径为 d 的圆环截面为

$$W_P = \frac{I_{P外} - I_{P内}}{y_{max}} = \frac{\frac{\pi D^4}{32} - \frac{\pi d^4}{32}}{\frac{D}{2}} = \frac{\pi D^3}{16}(1 - \alpha^4), \alpha = \frac{d}{D} \tag{5-19}$$

任务3 平行移轴公式及组合截面惯性矩

同一平面图形对于平行的两对不同坐标轴的惯性矩或惯性积虽然不同,但当其中一对轴是图形的形心轴时,它们之间却存在着比较简单的关系。下面推导这种关系的表达式。

如图5-11所示,设平面图形的面积为 A,图形形心 C 在任一坐标系 yOz 中的坐标为 $(\bar{y},\bar{z})$,y_C、z_C 轴为图形的形心轴并分别与 y、z 轴平行。取微面积 dA,其在两坐标系中的坐标分别为 (y,z) 及 (y_C,z_C),由图5-11可见

$$y = y_C + \bar{y}, z = z_C + \bar{z} \tag{5-20}$$

平面图形对于形心轴 y_C、z_C 的惯性矩及惯性积为

$$\left.\begin{aligned} I_{y_C} &= \int_A z_C^2 dA \\ I_{z_C} &= \int_A y_C^2 dA \end{aligned}\right\} \tag{5-21}$$

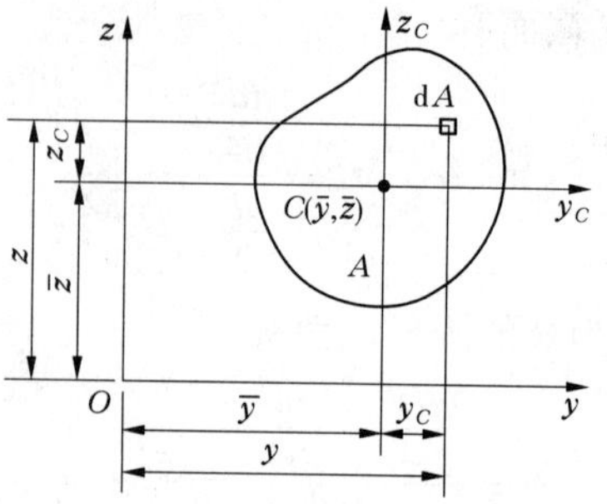

图 5-11

平面图形对于 y、z 轴的惯性矩及惯性积为

$$\left.\begin{aligned} I_y &= \int_A z^2 \mathrm{d}A = \int_A (z_C + \bar{z})^2 \mathrm{d}A = \int_A z_C^2 \mathrm{d}A + 2\bar{z}\int_A z_C \mathrm{d}A + \bar{z}^2\int_A \mathrm{d}A \\ I_z &= \int_A y^2 \mathrm{d}A = \int_A (y_C + \bar{y})^2 \mathrm{d}A = \int_A y_C^2 \mathrm{d}A + 2\bar{y}\int_A y_C \mathrm{d}A + \bar{y}^2\int_A \mathrm{d}A \end{aligned}\right\} \tag{5-22}$$

上式中的 $\int_A z_C \mathrm{d}A$ 及 $\int_A y_C \mathrm{d}A$ 分别为图形对形心轴 y_C 和 z_C 的静矩，其值等于零。$\int_A \mathrm{d}A = A$。再应用式(5-21)，式(5-22)简化为

$$\left.\begin{aligned} I_y &= I_{y_C} + \bar{z}^2 A \\ I_z &= I_{z_C} + \bar{y}^2 A \end{aligned}\right\} \tag{5-23}$$

式(5-23)即为惯性矩的平行移轴公式。在使用这一公式时，要注意到 $\bar{y}$ 和 $\bar{z}$ 是图形的形心在 yOz 坐标系中的坐标，所以它们是有正负的。利用平行移轴公式可使组合截面惯性矩的计算得到简化。

在工程中常遇到由几个简单图形组成的组合截面，如 T 形、工字形、箱形等；或者由几个型钢截面组成的组合截面。根据惯性矩的定义可知，组合截面对某坐标轴的惯性矩就等于其各组成部分对同一坐标轴的惯性矩之和。其计算步骤如下：

(1)确定组合截面的形心位置，并画出形心轴。

(2)将组合截面分割成几个简单图形，画出每个简单图形的形心轴，且这些形心轴都与组合截面的形心轴平行。

(3)计算每个简单图形对自身形心轴的惯性矩(可通过查表或由公式直接计算)。

(4)利用平行移轴公式，计算每个简单图形对组合截面形心轴的惯性矩并求其代数和，即得组合截面对其形心轴的惯性矩。

【例 5-6】 如图 5-12 所示，试求 T 形对其形心轴 z_0 的惯性矩。

解：这个 T 形可以看成是由 1、2 两个矩形所组成，它们与 z_0 轴平行的形心轴分别为 z_1、z_2。

(1)利用平行移轴公式求矩形 1 对 z_0 轴的惯性矩 I'_{z_0}

根据式(5-20)有

$$I'_{z_0} = I_{z_1} + a_1^2 A_1 \tag{a}$$

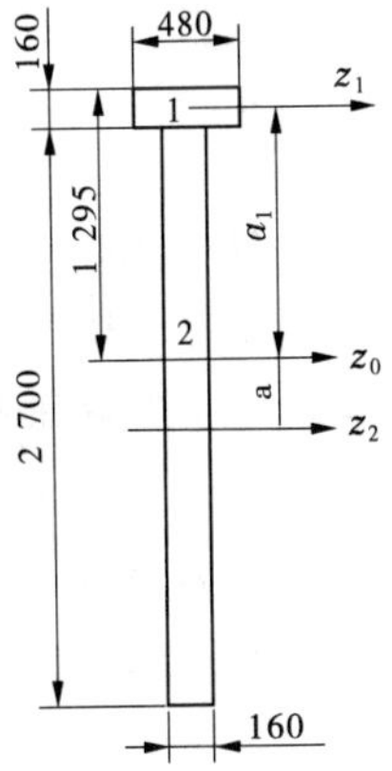

图 5-12　（单位:mm）

式中,I_{z_1} 为矩形 1 对自己的形心轴 z_1 的惯性矩，这里 $I_{z_1} = \frac{480 \times (160)^3}{12} = 164 \times 10^6 (\text{mm}^4)$；$a_1$ 为 z_1 轴与 z_0 轴间的距离，这里 $a_1 = 1\ 295 - \frac{160}{2} = 1\ 215(\text{mm})$；$A_1$ 为矩形 1 的面积,这里 $A_1 = 480 \times 160 = 76.8 \times 10^3 (\text{mm}^2)$。

将它们代入式(a)得

$$I'_{z_0} = 164 \times 10^6 + 1\ 215^2 \times 76.8 \times 10^3 = 113.5 \times 10^9 (\text{mm}^4)$$

(2)利用平行移轴公式求矩形 2 对 z_0 轴的惯性矩 I''_{z_0}

$$I_{z_2} = \frac{160 \times 2\ 700^3}{12} = 262.4 \times 10^9 (\text{mm}^4)$$

$$a_2 = \frac{2\ 700}{2} + 160 - 1\ 295 = 215(\text{mm})$$

$$A_2 = 2\ 700 \times 160 = 432.0 \times 10^3 (\text{mm}^2)$$

同样可以得到

$$I''_{z_0} = I_{z_2} + a_2^2 A_2 = 262.4 \times 10^9 + 215^2 \times 432.0 \times 10^3$$
$$= 282.4 \times 10^9 (\text{mm}^4)$$

(3)T 形对 z_0 轴的惯性矩

$$I'_{z_0} + I''_{z_0} = 113.5 \times 10^9 + 282.4 \times 10^9$$
$$= 395.9 \times 10^9 (\text{mm}^4)$$

【例 5-7】　如图 5-13 所示,试计算图形对其形心轴 y_C 的惯性矩 $(I_y)_C$。

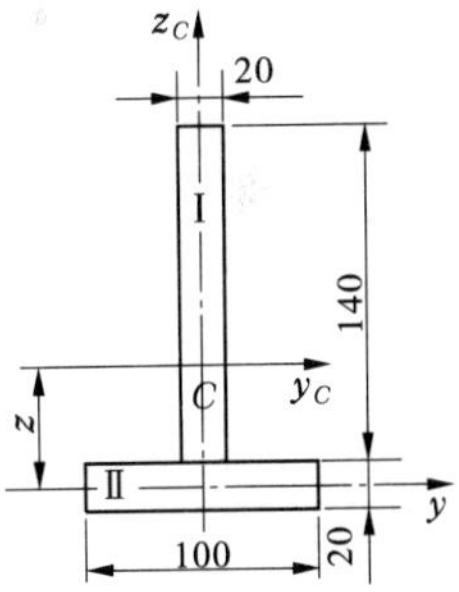

图 5-13

解:把图形看作由两个矩形Ⅰ和Ⅱ组成。图形的形心必然在对称轴上。为了确定 $\bar{z}$,取通过矩形Ⅱ的形心且平行于底边的参考轴为 y 轴

$$\bar{z} = \frac{A_1 z_1 + A_2 z_2}{A_1 + A_2}$$
$$= \frac{0.14 \times 0.02 \times 0.08 + 0.1 \times 0.02 \times 0}{0.14 \times 0.02 + 0.1 \times 0.02} = 0.046\ 7(\text{m})$$

形心位置确定后,使用平行移轴公式,分别计算出矩形Ⅰ和Ⅱ对 y_C 轴的惯性矩

$$(I_y)_C^1 = \frac{1}{12} \times 0.02 \times 0.14^3 + (0.08 - 0.046\ 7)^2 \times 0.02 \times 0.14 = 7.69 \times 10^{-6} (\text{m}^4)$$

$$(I_y)_C^2 = \frac{1}{12} \times 0.1 \times 0.02^3 + 0.046\ 7^2 \times 0.1 \times 0.02 = 4.43 \times 10^{-6} (\text{m}^4)$$

整个图形对 y_C 轴的惯性矩为

$$(I_y)_C = 7.69 \times 10^{-6} + 4.43 \times 10^{-6} = 12.12 \times 10^{-6} (\text{m}^4)$$

思考题

5-1 什么是截面图形的形心？如何确定截面形心的位置？

5-2 若 $S_z=0$，则 z 轴是否一定是形心轴？

5-3 设 z 轴是某截面的形心轴，试问：为什么 S_z 一定等于零？为什么 I_z 一定不等于零？

5-4 什么叫截面的主轴？什么叫截面的形心主轴？

5-5 对一组平行轴而言，截面对哪一根轴的惯性矩最小？

习　题

5-1 如习题 5-1 图所示，确定各图形形心的位置。

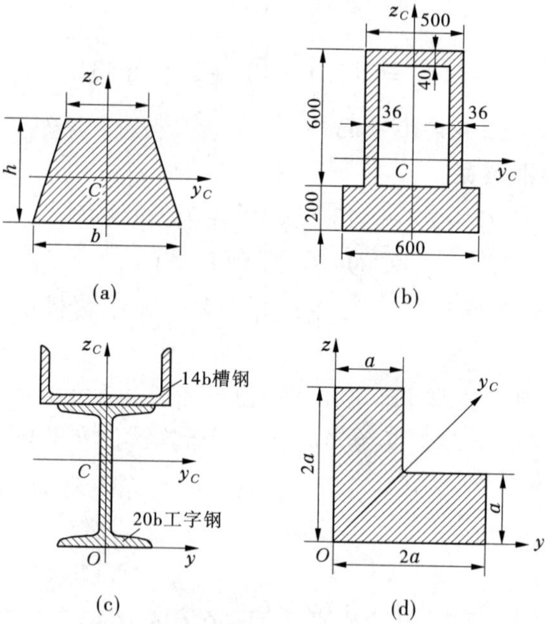

习题 5-1 图

5-2 如习题 5-2 图所示，计算半圆形对形心轴 y_C 的惯性矩。

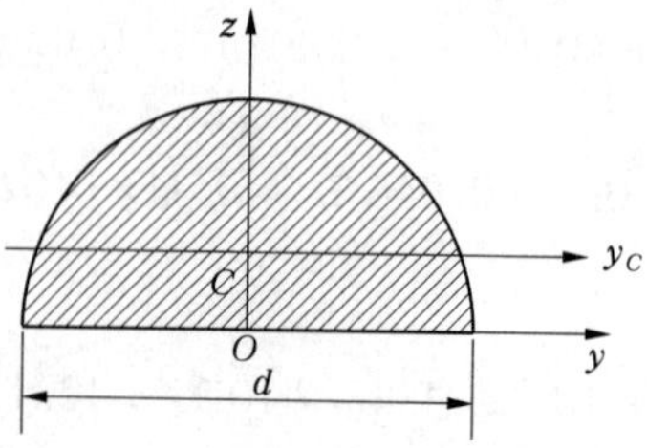

习题 5-2 图

5-3 如习题5-3图所示，计算各图形对 y、z 轴的惯性矩。

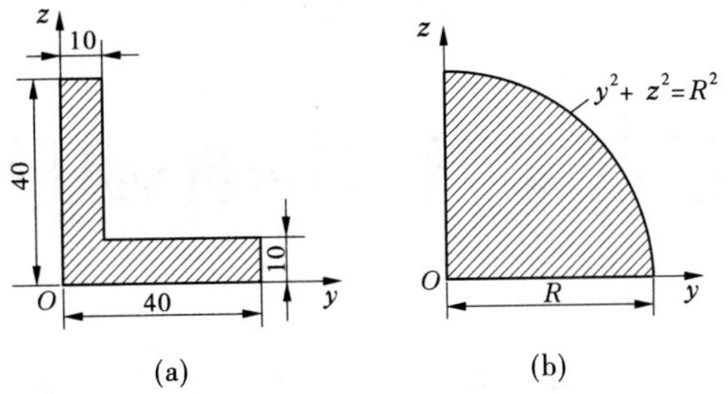

习题5-3图 （单位：mm）

项目 6 轴向拉伸和压缩

在工程结构和机械设备中，杆件经常会承受压力和拉力。如图 6-1 所示的拱桥结构中的立柱和桥墩。

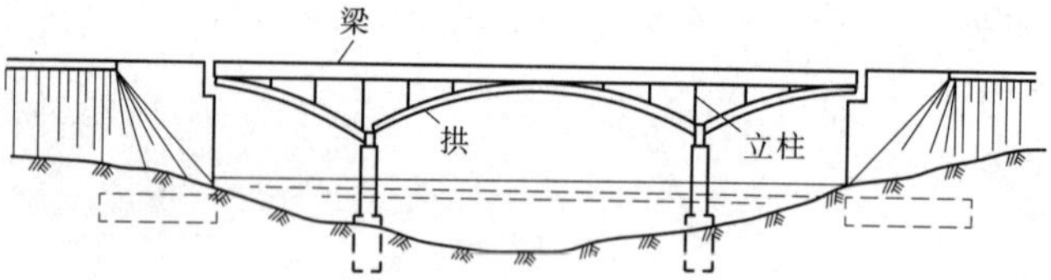

图 6-1

对于这种类型的构件，归于力学的层面上，就需要将构件简化为承受轴向拉压的力学模型。基于这样的条件，其作用于构件上的两个力为大小相等、方向相反、作用线和杆轴向重合，且杆件会沿着轴线方向发生拉伸和压缩，通常情况下将这种变形状态称为轴线拉伸和压缩。如图 6-2 所示，把以发生轴向拉压变形为主要变形的构件称为轴向拉压杆件。

图 6-2

本章主要针对杆件在承受轴向拉压时，横截面上的内力和杆沿轴向方向上的内力变化趋势，以及横截面上的应力状态和轴向变形情况的确定，进而开展构件的强度计算。

任务 1 轴向拉压杆件的内力计算

为了对杆件进行强度和刚度分析，首先要了解构件内横截面上的内力情况。下面将阐述求解杆中指定截面的内力的基本步骤。在材料力学基础知识里面介绍的计算内力的方法是将指定截面或特征面切开，为了反应舍去构件对所取研究对象的作用效应，则相应地在对象的切面上要施加内力，然后利用力的平衡条件建立平衡方程，求解截面内力的值，该方法称为截面法，该方法也是求解内力通用的方法。如图 6-3(a)所示轴向拉压杆件，试利用截面法求解 m—m 截面的内力。其主要步骤是：

(1)假想在指定截面 m—m 处切开，取其中左段部分作为研究对象，如图 6-3(b)所示。一般情况下，对于梁式结构取左段部分为对象，若右段部分受力情况比左段简单，则取右段为对象。

(2)用力来代替右段部分对左段的作用效应，绘制所取研究对象的受力图。根据二力平衡公理和共线力系的平衡条件，所施加的内力 F_N 的作用线必与杆轴线重合。如图6-3(b)所示。

(3)根据结构力系的平衡条件，建立常规坐标系，该坐标系可以不绘制，然后，列平衡方程得：$\sum X=0, F_N-F_P=0$，解得：$F_N=F_P$。

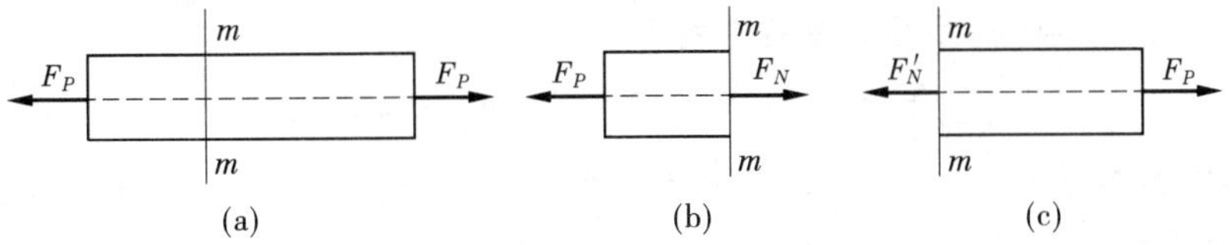

图6-3

由此可见，由于外力或外力的合力作用线沿着杆轴线方向，所以杆的任意截面上的内力有且仅有一个内力，并且该内力的作用线与杆轴线相重合，称为轴力，用符号 N 表示。若取右段为研究对象，所计算出来的轴力与取左边计算出来的轴力大小相等，方向相反。如图6-3(c)所示。为了使得取不同的研究对象所得的内力符号相同，在力学中规定，对杆件产生相同变形效果的内力具有相同的符号。因此，轴力的正负号规定为：使构件产生拉伸变形的轴力为正，产生压缩变形的轴力为负。通常情况下，在设置未知轴力的方向时，需以背离截面的拉力作为未知力的正方向。若是正值，研究对象受拉，反之受压。

当杆件承受多个沿轴向作用的外力时，可能出现不同截面上的轴力不相同。为了直观地反应各个截面上轴力的值，充分体现轴力沿轴线方向的变化趋势，进而找出最大的轴力及其所在横截面的位置，通常需要绘制出轴力分布图。其绘制的方法是：以平衡于杆轴线的横坐标表示横截面的位置，以纵坐标表示相应横截面位置上的轴力值，以适当比例画出轴力沿杆轴线变化的趋势，该分布图称为轴力图。为了清楚地表达轴力图，在轴力值不同的杆段上标出轴力值和正负号，并以等距较密的竖直线填充。

【例6-1】 如图6-4(a)所示的轴向受力杆件，试求杆件中 AB、BC 和 CD 段内的轴力，并绘制轴力图。

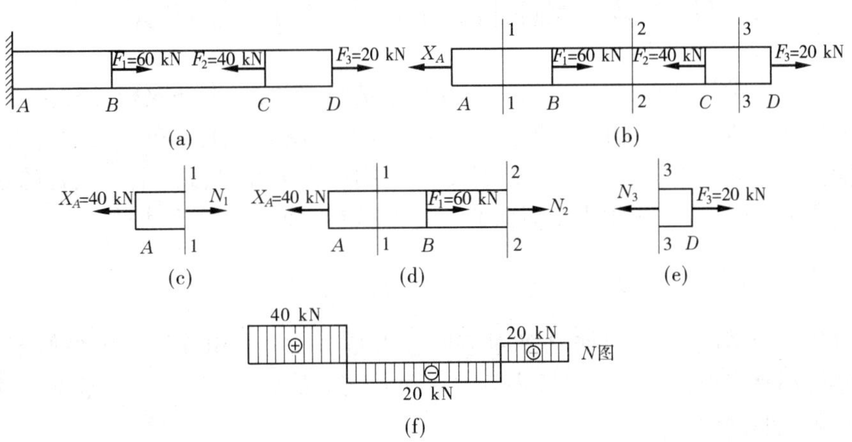

图6-4

解：(1)计算支座反力。以整体为研究对象，受力分析如图6-4(b)所示，建立坐标系，列平衡方程得：

$$\sum X = 0, -X_A + F_1 - F_2 + F_3 = 0, X_A = 40\ \text{kN}$$

(2)计算各段截面上的轴力。计算 AB 杆段的轴力时，因为该段没有其他荷载作用，则假想用1—1截面在 AB 杆段内任意截面切开。取左段为研究对象，设置轴力 N_1 为拉力，受力分析如图6-4(c)所示。建立坐标系，列平衡方程得：

$$\sum X = 0, N_1 - X_A = 0, N_1 = 40\ \text{kN}$$

计算 BC 杆段的轴力时，因为该段没有其他荷载作用，则假想用1—1截面在 BC 杆段内任意截面切开。取左段为研究对象，设置轴力 N_2 为拉力，受力分析如图6-4(d)所示。建立坐标系，列平衡方程得：

$$\sum X = 0, N_2 + F_1 - X_A = 0, N_2 = -20\ \text{kN}$$

计算 CD 杆段的轴力时，因为该段没有其他荷载作用，则假想用1—1截面在 CD 杆段内任意截面切开。取右段为研究对象，设置轴力 N_3 为拉力，受力分析如图6-4(e)所示。建立坐标系，列平衡方程得：

$$\sum X = 0, -N_3 + F_3 = 0, N_3 = 20\ \text{kN}$$

(3)绘制受力图。因为杆件中 AB、BC 和 CD 段内都没有其他荷载作用，故可以用1—1、2—2和3—3截面分别作为 AB、BC 和 CD 杆段的特征面，即 N_1、N_2 和 N_3 的值可以作为是三段杆件的轴力值。以杆轴线方向代表截面位置，以垂直于杆轴线代表截面上的轴力，按照作图要求绘制轴力图，如图6-4(f)所示。

在计算过程中可以看出，悬臂杆支座反力已被求出，从而使得AB和BC段的所取研究对象可以是左边。若不求支座反力，那么将结构任意位置切开只能取右边作为对象求出未知内力，所以，对于悬臂梁来说，在求内力时可以不计算支座反力，只需取没有支座的那边作为对象，即可求出内力。

任务2 轴向拉压杆件的应力计算

在杆件的力学计算中，只知道内力的大小还是不够的，想要解决杆件的强度问题，还需要研究轴向拉压杆截面上内力的分布规律。轴力是横截面上分布内力的合力，该合力在横截面上的密集程度称为内力集度，那么应力则是内力在横截面上一点处的集度。前面介绍过应力，通常分解成垂直于截面的正应力和沿截面的剪应力两种。

6.2.1 横截面上的应力

在拉压杆的横截面上，与轴力 N 对应的应力是正应力。由连续均匀性假定可知，横截面上处处都有应力存在。为了解决应力在横截面上的分布情况，下面基于杆件的拉压变形试验来说明问题。

假设取一根符合变形固体基本假定的等截面直杆。如图6-5(a)所示，拉伸前在杆表面画两条垂直于杆轴的横线 a—b 与 c—d，然后，在杆两端施加一对大小相等、方向相反的轴向力 F。从变形试验中观察到：横线仍保持为直线，且垂直于杆轴线，只是间距增大

$a'—b'$与$c'—d'$。由拉伸变形试验所表现出来的现象，可对杆内变形作如下假设：变形前原为平面的横截面，变形后仍能够保持平面且垂直于杆轴线，只是横截面间沿杆轴发生相对平移，此假设称为拉压杆的平面假设。

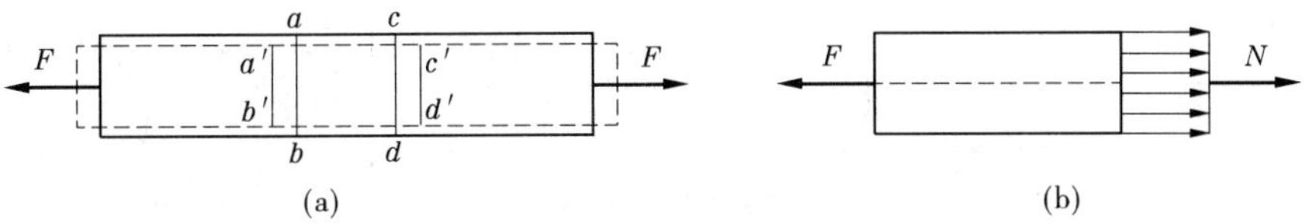

图6-5

根据上述前提条件和拉压杆的平面假设，如果设想杆件是由无数纵向纤维所组成，则任意两横截面间的所有纤维的伸长量相同，各纤维受力也相同，即变形是均匀的，如图6-5(b)所示。设杆件横截面面积为A，轴力为N，杆件由n根纤维组成。则每根纤维的横截面面积为ΔA，每根纤维所受的轴力为ΔN。根据拉压杆的平面假设，杆横截面上的正应力的计算公式为：

$$\sigma = \lim_{\Delta A \to 0} \frac{\Delta N}{\Delta A} = \lim_{n \to \infty} \frac{\frac{N}{n}}{\frac{A}{n}} = \frac{N}{A} \tag{6-1}$$

式中，σ为横截面上的正应力；N为横截面上的内力轴力；A为横截面的面积。如图6-5(b)所示轴向拉压杆横截面上各点仅存在大小相等且均匀分布正应力，此结论已为试验所证实。该公式可适用于横截面为任意形状的等截面拉压直杆，其正应力与轴力具有相同的正负号规定。

6.2.2 斜截面上的应力

以上讨论的是轴向拉伸或压缩时直杆横截面上的正应力，但不同材料的试验表明，拉压杆的破坏并不总是沿横截面发生，有时却是沿斜截面发生的。为了更全面地了解杆件内应力的情况，现在进一步研究拉压杆斜截面上的应力。

假设取一根符合变形固体的基本假定的等截面直杆，如图6-6(a)所示，利用截面法将杆件沿任一斜截面$m—m$将杆切开，取截面左侧杆段为研究对象，如图6-6(b)所示。该截面的方位用其外法线On与x轴的夹角α表示。由前述分析可知，杆件横截面上的应力均匀分布，由此可以推断，斜截面$m—m$的总应力P_α也是均匀分布的，且方向必与杆轴线平行。如图6-6所示：

设杆件横截面面积为A，与横截面成α角的斜截面面积为A_α，因应力沿斜截面均匀分布，可得应力$P_\alpha = F_N/A_\alpha$，由图6-6可知，斜截面面积A_α与横截面面积A的关系为$A_\alpha = A/\cos\alpha$。将$A_\alpha = A/\cos\alpha$代入$P_\alpha = F_N/A_\alpha$中可得斜截面上的总应力为：

$$P_\alpha = \frac{F_N}{A_\alpha} = \frac{F_N}{A/\cos\alpha} = \sigma\cos\alpha \tag{6-2}$$

式中，σ为拉杆在横截面上的正应力。

将总应力P_α沿横截面法向与切向分解，如图6-6(c)所示，可得斜截面上的正应力与剪应力分别为：

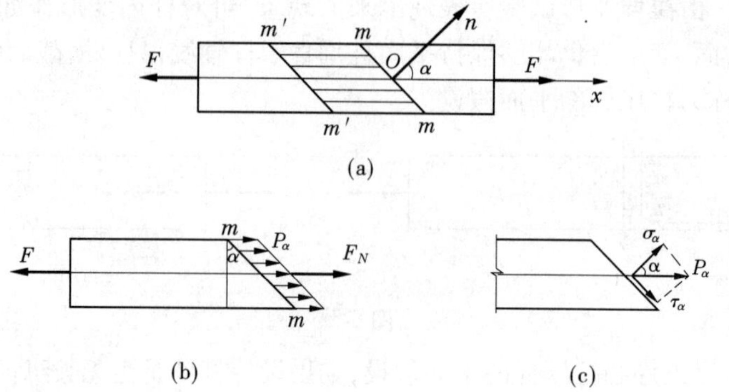

图 6-6

$$\sigma_\alpha = p_\alpha \cos\alpha = \sigma_0 \cos^2\alpha \tag{6-3}$$

$$\tau_\alpha = p_\alpha \sin\alpha = \frac{\sigma_0}{2}\sin 2\alpha \tag{6-4}$$

由公式可知,σ_α 和 τ_α 都是 α 的函数,所以该组公式反映了轴向拉压杆任意截面上应力随截面方位角的变化规律。由此可得出结论:最大正应力 $\sigma_{\max}=\sigma$ 发生在横截面上,剪应力 $\tau=0$;最大剪应力 $\tau_{\max}=\sigma/2$ 发生在与横截面成45°的斜截面上,该面上的正应力和剪应力相等;而在 $\alpha=90°$ 的纵向横截面上则没有任何应力。这些结论正是解释力学性质不同的轴向拉压杆的破坏形式不同的原因。

【例 6-2】 如图 6-7(a)所示的右端固定的阶梯形圆截面杆,在轴向力 F_1 和 F_2 作用下,试计算杆内横截面上的最大正应力。已知 $F_1=20$ kN,$F_2=50$ kN,$d_1=20$ mm,$d_2=30$ mm。

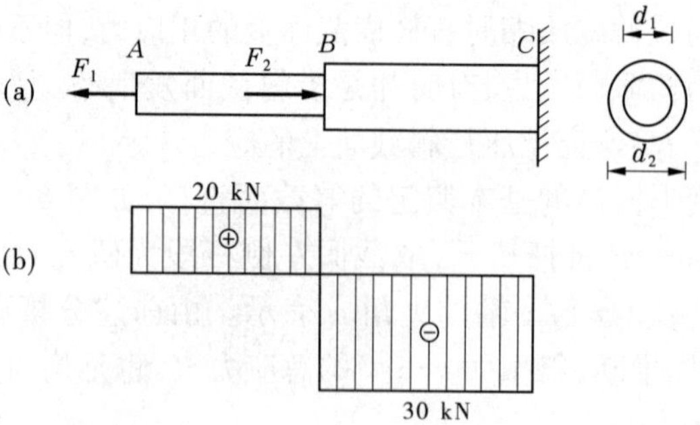

图 6-7

解:(1)轴力分析。用直接法求各杆段轴力,并作轴力图。

AB 杆段: $N_{AB}=\sum F=F_1=20$ kN

BC 杆段: $N_{BC}=\sum F=F_1-F_2=20-50=-30$(kN)

根据上述轴力值,画杆的轴力图,如图 6-7(b)所示。

(2)应力分析。由于 *AB* 和 *BC* 段的轴力值和截面面积不同,因此应对两杆段的应力分别进行计算。

AB 段内任一横截面上的正应力为：

$$\sigma_{AB}=\frac{F_{AB}}{A_{AB}}=\frac{4F_{AB}}{\pi d_1^2}=\frac{4\times 20\times 10^3}{\pi\times 20^2}=63.7(\mathrm{MPa})$$

BC 段内任一横截面上的正应力为：

$$\sigma_{BC}=\frac{F_{BC}}{A_{BC}}=\frac{4F_{BC}}{\pi d_2^2}=\frac{4\times(-30\times 10^3)}{\pi\times 30^2}=-42.4(\mathrm{MPa})$$

由此可见，杆内横截面上的最大正应力为 $\sigma_{max}=63.7$ MPa，位于 AB 段内且为拉应力。

【例6-3】 如图6-8(a)所示轴向受压等截面杆，横截面面积 $A=400\ \mathrm{mm}^2$，荷载 $F=50$ kN。试求斜截面 m—m 上的正应力与剪应力。

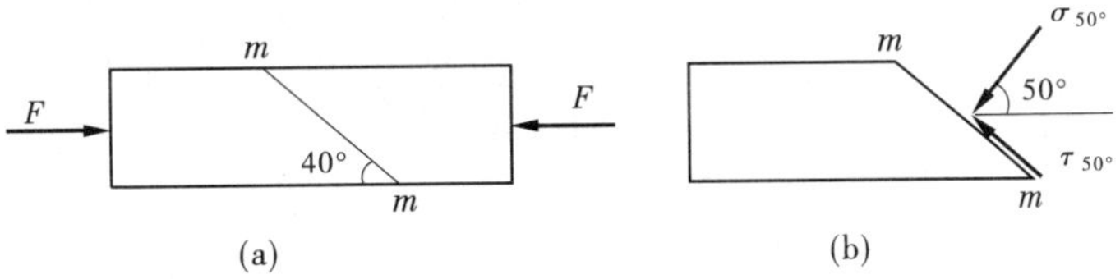

图6-8

解：(1)计算正应力横截面上的正应力。由式(6-1)计算横截面上的正应力为：

$$\sigma_0=\frac{N}{A}=\frac{-50\times 10^3}{400}=-125(\mathrm{MPa})$$

(2)计算斜截面上的正应力和剪应力。已知斜截面与水平面所夹锐角为40°，可以推出斜面的方位角为：$\alpha=50°$，如图6-8(b)所示，由式(6-3)和式(6-4)计算斜截面 m—m 上的正应力与剪应力为：

$$\sigma_{50°}=\sigma_0\cos^2\alpha=-125\times\cos^2 50°=-51.6(\mathrm{MPa})$$

$$\tau_{50°}=\frac{\sigma_0}{2}\sin 2\alpha=\frac{-125}{2}\times\sin 100°=-61.6(\mathrm{MPa})$$

由于该杆为轴向受压状态，即斜截面上应力值都为负值，作用方向如图6-8(b)所示。

任务3　材料在轴向拉伸和压缩时的力学性能

材料的力学性能是指材料承受荷载时，在强度和变形等方面表现出来的特性。不同材料在受力时所表现的特性是不同的，材料的力学性能是影响构件强度、刚度和稳定性的重要因素，通常采用试验的方法测定。本节主要介绍工程中常用材料在常温条件下轴向拉伸和压缩时的力学性能。

在工程实际中，常根据材料的变形的大小，将材料分为塑性材料和脆性材料。塑性材料包括钢、铜、铝等可产生较大变形的材料，以低碳钢最具代表性；脆性材料包括铸铁、混凝土等变形较小的材料，以铸铁最具代表性。该试验主要分别介绍低碳钢和铸铁这两种材料的力学性能。

为了使不同材料的试验结果具有可比性，需将试验材料按国家标准中的规定加工成标准试件。金属材料试件如图 6-9 所示，为了避开试件两端受力部分对测试结果的影响，试验前先在试件的中间部分上画两条横线，横线之间的杆段即为工作段，其长度 L 为标距。在试验时就测量工作段的变形。当试件受力时，横线之间的一段杆中任何截面上的应力均相等的截面。

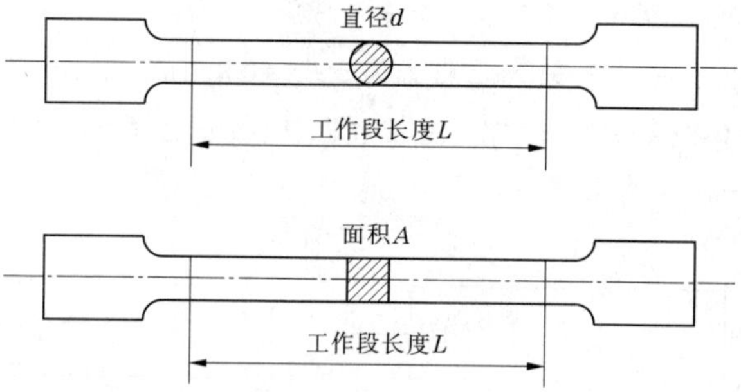

图 6-9

常用的试件有圆截面和矩形截面两种。为了能比较不同粗细的试件在拉断后工作段的变形程度，通常对标准试件的标距长度 L 与其横截面直径 d 或横截面面积 A 的比例加以规定。常用的比例有两种，对于圆形截面标准试件，其标距 L 与横截面直径 d 的比例为 $L=10d$ 和 $L=5d$；对于矩形截面标准试件，其标距 L 与横截面面积 A 的比例为 $L=11.3A^{1/2}$ 和 $L=5.65A^{1/2}$。

轴向拉伸和压缩试验时使用的设备是多功能万能试验机。该机由机架、加载系统、测力示值系统、荷载位移记录系统以及夹具、附具等六个基本部分组成。关于试验机的具体构造和原理，可参考有关材料力学试验书籍。

6.3.1 低碳钢轴向拉伸时的力学性能

低碳钢是工程中使用最广泛的塑性材料之一，同时低碳钢在拉伸试验中所表现出的变形和抗力之间的关系也非常具有代表性。以下对低碳钢的拉伸试验进行说明，并结合试验过程中所观察到的现象介绍其拉伸力学性能。

6.3.1.1 拉伸图和应力应变图

将准备好的低碳钢试件装到试验机上，开动试验机使试件两端受轴向拉力 F 的作用。当力 F 由零逐渐增加时，试件逐渐伸长，用仪器测量标距 L 的伸长量 ΔL，将各 F 的值与 ΔL 的值记录下来，直到试件被拉断时为止。然后以 ΔL 为横坐标，力 F 为纵坐标，将 F 与 ΔL 按照一定比例在纸上绘制成一条 $F—\Delta L$ 曲线，该曲线称为低碳钢的拉伸曲线或拉伸图，如图 6-10 所示。一般万能试验机均有自动绘图装置，可以自动绘制出拉伸曲线。

由于拉伸图的横坐标和纵坐标均与试件的几何尺寸有关，只能代表试件的力学性能，不能全面反映材料的力学性质。为了消除试件尺寸的影响，将拉伸图中的纵坐标 F 值除以试件横截面的原始面积 A，用应力 $\sigma=F/A$ 表示；将拉伸图中的横坐标 ΔL 值除以试件的原始长度 L，用应变 $\varepsilon=\Delta L/L$ 表示，这样画出的曲线称为应力应变曲线或 $\sigma—\varepsilon$ 曲线，如图 6-11 所示。

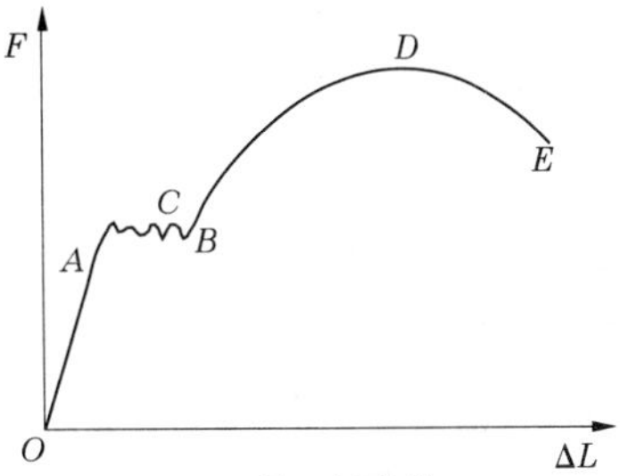

F—ΔL曲线

图 6-10

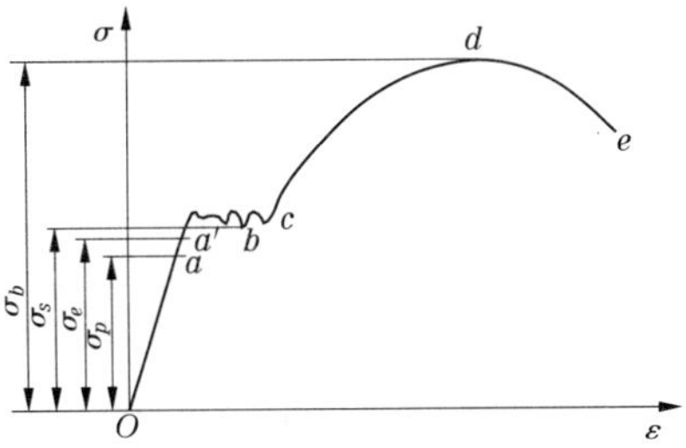

σ—ε曲线

图 6-11

6.3.1.2 拉伸的力学性能

由应力应变曲线图(图 6-11)可知,低碳钢在整个拉伸试验过程中可分为四个阶段,以下对低碳钢不同阶段所表现出的力学性能进行说明。

1. 弹性阶段

在试件的应力不超过 a' 点所对应的应力时,试件材料的变形完全处于弹性状态,在卸载时试件会恢复其原长。如图 6-11 中 Oa' 段,该阶段称为弹性阶段,在 a' 点所对应的应力是材料只产生弹性变形的最大应力,该应力称为弹性极限,用 σ_e 表示。

在弹性阶段内,试件的应力与应变成正比,即 $\sigma = E\varepsilon$,这就是拉伸或压缩的胡克定律,其中比例系数 E 为材料的弹性模量,表示材料的弹性性质。弹性模量 $E = \sigma/\varepsilon = \tan\alpha$,即弹性模量等于直线 Oa 段的斜率。如图 6-11 中 Oa 段,该阶段称为比例阶段,在 a 点所对应的应力是材料处于比例阶段的最大应力,该应力称为比例极限,用 σ_p 表示。低碳钢 Q235 的比例极限 $\sigma_p \approx 200$ MPa,弹性模量 $E = 200 \sim 210$ GPa。

在实际工程中常忽略弹性极限和比例极限的差别,因此在应力不超过弹性极限时,材料符合胡克定律。

2. 屈服阶段

在应力超过弹性极限后,应力会在一个较小的范围内上下波动,同时应变有非常明显的增加,在应力应变曲线上出现接近水平的小锯齿状的线段。对于这种应力基本保持不变,而应变显著增加的现象,称为屈服现象或流动。如图 6-11 中 $a'c$ 段,该阶段称为屈服阶段。在屈服阶段内的最高应力和最低应力分别称为屈服上限和屈服下限。屈服下限相对较为稳定,能够反映材料的性质,通常把屈服下限 b 点对应的应力称为材料的屈服极限,用 σ_s 表示。低碳钢 Q235 的屈服极限 $\sigma_s \approx 235$ MPa。

对于表面光滑的试件,屈服之后在试件表面上隐约可见与轴线成 45°的斜线,该线称为滑移线,如图 6-12 所示。由于拉伸时,与轴线成 45°倾角的斜截面上剪应力为最大值,可见屈服现象与最大剪应力有关。材料屈服变现为显著的永久变形,即塑性变形,而试件的塑性变形将影响结构的正常工作,所以屈服极限 σ_s 是衡量塑性材料强度的重要指标。

3. 强化阶段

试件经过屈服阶段,材料的内部结构重新得到了调整,材料又恢复了抵抗变形的能

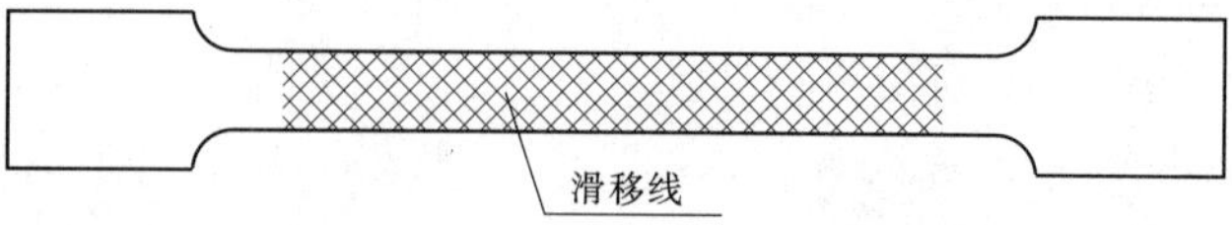

图 6-12

力，要使试样继续变形就得继续增加荷载。如图 6-11 中 cd 段，该阶段称为强化阶段。这一阶段内产生的变形既有弹性又有塑性。经过屈服滑移之后，材料重新呈现抵抗继续变形的能力，这种现象称为应变硬化。硬化阶段的最高处 d 点所对应的应力，称为材料的强度极限，用 σ_b 表示。低碳钢 Q235 的强度极限 $\sigma_b \approx 380$ MPa。强度极限是材料所能承受的最大应力。

4. 颈缩阶段

当应力超过强度极限继续增加时，试件的变形将集中在试件的某一薄弱的区域内，该处的横截面面积显著地收缩，这种现象称为颈缩。由于颈缩处截面面积迅速减小，试件继续变形所需的拉力 F 也相应减小，用原始截面 A 计算出的应力值也随之下降，直到 e 点截面完全断裂。如图 6-11 中 de 段，该阶段称为颈缩阶段。

6.3.1.3 塑性指标

由于试件拉伸断裂变形终止，但遗留下来的塑性变形常用于衡量材料的塑性性能。塑性性能的指标有延伸率和截面收缩率。

(1)延伸率。通常以试件拉断后的标距长度 l_1 与其原长 l 之差除以原长 l 的比值，并以百分数表示。即：

$$\delta = \frac{l_1 - l}{l} \times 100\%$$

因此，延伸率是衡量材料塑性的指标。工程中通常按延伸率的大小把材料分为两大类：把 $\delta > 5\%$ 的材料称为塑性材料，如碳钢、黄铜、铝合金等；把 $\delta < 5\%$ 的材料称为脆性材料，如铸铁、玻璃、陶瓷等。低碳钢的延伸率很高，其平均值为 20% ~30%，这说明低碳钢的塑性性能很好。

(2)截面收缩率。通常为试件原始截面面积 A 与拉断后颈缩处的最小截面面积 A_1 之差除以原始截面面积 A 的比值，并以百分数表示。即：

$$\psi = \frac{A - A_1}{A} \times 100\%$$

由此可见，延伸率 δ 和断面收缩率 ψ 是衡量材料塑性大小的两个重要指标。在应力应变曲线上，比例极限 σ_p、弹性极限 σ_e、屈服极限 σ_s 和强度极限 σ_b 反映不同阶段材料的变形和强度特性。其中屈服极限表示材料出现了显著的塑性变形，强度极限表示材料将失去承载能力。因此，屈服极限 σ_s 和强度极限 σ_b 是衡量材料强度的两个重要指标。

6.3.2 其他金属材料轴向拉伸时的力学性能

6.3.2.1 其他塑性材料轴向拉伸时的力学性能

塑性材料的拉伸试验和低碳钢拉伸试验方法相同，下面通过几种金属材料的应力应变曲线图了解不同材料具有的力学性能，如图6-13所示。

由图6-13可以看出，材料16Mn钢的应力应变曲线图与低碳钢的相似，有明显的弹性阶段、屈服阶段、强化阶段和局部变形阶段。材料黄铜H62没有屈服阶段，但其余三个阶段却很明显。材料高碳钢T10A没有屈服阶段和局部变形阶段，只有弹性阶段和强化阶段。但这些材料的共同特点是延伸率均较大，与低碳钢一样都属于塑性材料。

对于没有屈服阶段的塑性材料，通常用名义屈服极限作为衡量材料强度的指标。规定将对应于塑性应变为0.2%时的应力定为名义屈服极限，并以$\sigma_{0.2}$表示，如图6-14所示。

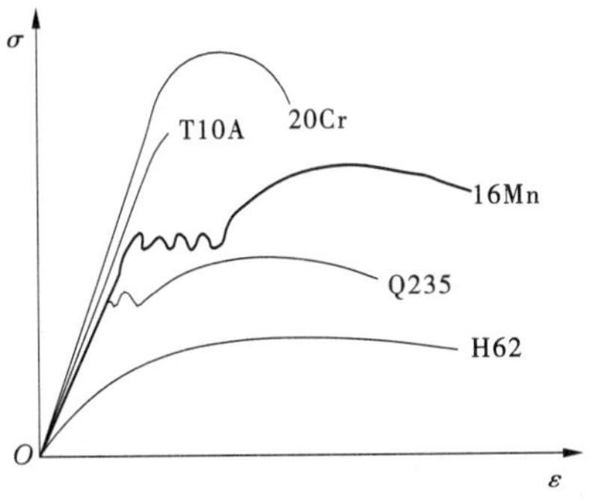

图6-13

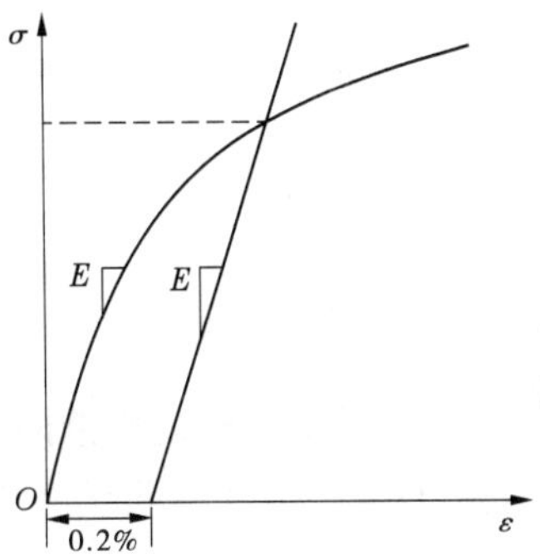

图6-14

6.3.2.2 其他脆性材料轴向拉伸时的力学性能

在实际工程中，比较常用的脆性材料有石料、铸铁、混凝土等，当对这些材料进行轴向拉伸试验时，发生断裂前并没有明显的塑性变形，这类材料称为脆性材料。以铸铁为例，在轴向拉伸时应力—应变曲线是一条微弯曲线，即应力应变不成比例，如图6-15所示。

由图可知，试件拉断前变形很小，几乎没有塑性变形，没有屈服阶段、强化阶段和局部变形阶段。试件断裂破坏，断口平齐且粗糙，只能测得拉伸时的强度极限。因此，强度极限是衡量脆性材料强度的唯一指标。在工程计算时，通常取总应变为0.1%时的应力应变曲线的割线斜率来确定其弹性模量，称为割线弹性模量。

6.3.3 铸铁轴向压缩时的力学性能

铸铁在实际工程中也是运用比较多的材料，属于典型的脆性材料，同时，铸铁压缩试验中所表现出的变形和抗力之间的关系也具有典型意义。压缩试验同样在万能材料试验机上进行。压缩试件采用短圆柱形，高度为直径的1.5~3.0倍，这是为了避免试样在压缩时失稳。在试件压缩试验过程中可以绘制出缩短量ΔL与荷载F之间的关系曲线，称为低碳钢的压缩曲线或压缩图。为了使得到的曲线与所用试件的横截面和长度无关，同样可以将压缩图改换成应力应变曲线或σ—ε曲线，如图6-16所示。

由图6-16可知，无论是拉伸还是压缩，铸铁的应力应变曲线都没有明显的直线阶段，所以应力应变关系只是近似地符合胡克定律。铸铁在压缩时无论强度还是延伸率都比在拉伸时要大得多，因此这种材料宜用作受压构件。抗压强度是抗拉强度的2~5倍。若试件在较为理想条件下突然破坏，其破坏面法线与杆轴线成45°～55°的倾角，说明试件是沿斜截面相对错动而破坏。

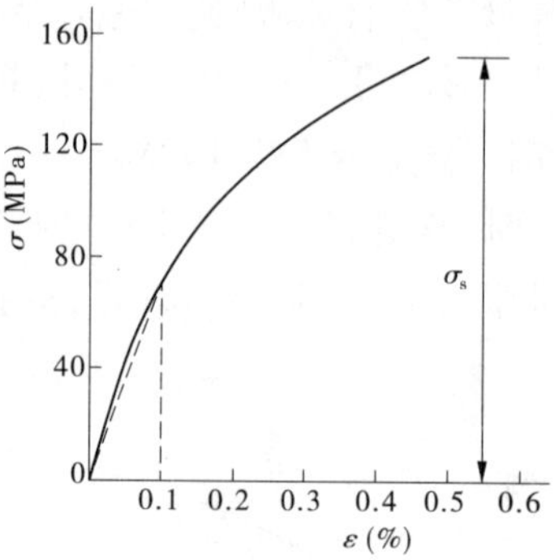

图 6-15

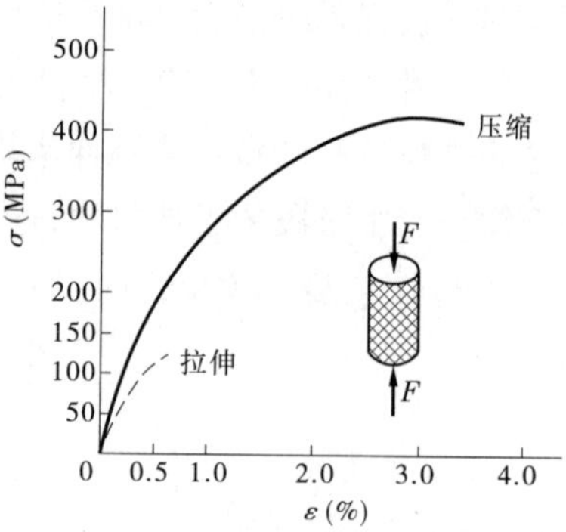

图 6-16

6.3.4 其他金属材料轴向压缩时的力学性能

6.3.4.1 其他塑性材料轴向压缩时的力学性能

压缩试验的金属试件取低碳钢，同样借助于万能试验机来完成。为了便于比较材料在拉伸和压缩时的力学性能，将应力应变曲线用虚线和实线来表示，如图6-17所示。由图可知，拉伸和压缩的前两个阶段是一样的，包括相同的比例极限、屈服极限和弹性模量，但压缩时没有颈缩现象。因此，随着压力逐渐的增大，截面面积不断增大，试件抗压能力也继续提高，使得低碳钢试件的压缩强度无法测定，因而不存在强度极限。

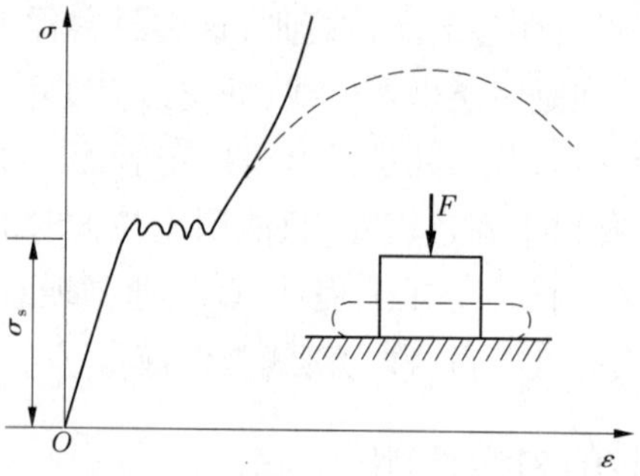

图 6-17

由于工程中多数构件设计时要求在弹性阶段内，所以可以认为以低碳钢为代表的塑性材料，其抗拉与抗压性能基本相同，且抗拉抗压能力较强，因此工程中的受拉构件，尤其是受拉和受压交替变化的构件，多采用塑性材料。若其他金属材料与低碳钢的力学性质近似，其压缩屈服阶段之前的特征值可以通过拉伸屈服阶段之前的特征值来确定。

6.3.4.2 其他脆性材料轴向压缩时的力学性能

在工程实际中运用在实体上的脆性材料多数为混凝土和石材，混凝土是由水泥、石子和砂加水搅拌均匀经水化作用而成的人造材料，属于典型的脆性材料，这里主要是以混凝土为例。试件采用《普通混凝土力学性能试验方法标准》中规定的边长为100 mm的正立方体。通过力学性能试验绘制出压缩和拉伸时的应力应变曲线，如图6-18所示。由图可知,其拉伸强度很小,为压缩强度的 1/5 ~ 1/20,因此采用混凝土时,多数使用在压缩构件中。

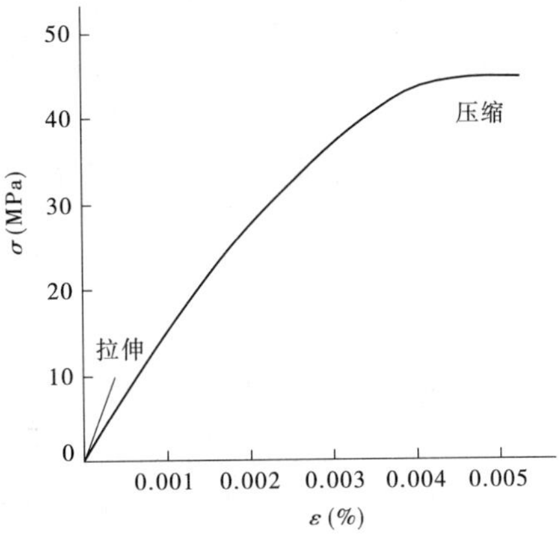

图 6-18

试件在压缩破坏时,主要表现为两种形式:一种是压板与试件端面间加润滑剂以减少摩擦力,压坏时沿纵向开裂;另一种是压板与试件端面间不加润滑剂,由于摩擦力较大,压坏时是中间剥落而形成两个对接的锥体。其两种破坏形式对应的压缩强度也有差异。

6.3.5　塑性材料和脆性材料的主要区别

综合上述关于塑性材料和脆性材料的力学性能试验,归纳其区别如下:

(1)大多数塑性材料在弹性变形范围内,应力与应变成正比关系,符合胡克定律;大多数脆性材料在拉伸或压缩试验时应力应变曲线在开始的时候是微弯曲线,应力与应变不成正比,不符合胡克定律,但由于曲线曲率很小,可以在应用上假设成正比关系。

(2)塑性材料断裂时延伸率大,塑性性能较好;脆性材料断裂时延伸率较差。所以塑性材料可以压成薄片或抽成细丝,而脆性材料则不能。这也说明了在实际工程中,塑性材料在破坏前会表现出破坏征兆,脆性材料则是没有明显征兆而突然破坏。

(3)表征塑性材料力学性能的指标有弹性模量、屈服极限、强度极限、延伸率和截面收缩率等;表征脆性材料力学性能的指标只有弹性模量和强度极限。

(4)大多数塑性材料在屈服阶段以前,抗拉和抗压的性能基本相同,所以运用范围较为广泛;多数脆性材料抗压性能远大于抗拉性能,即塑性材料可以用于受拉或受压构件中,而脆性材料主要使用于受压构件。

任务 4　轴向拉压杆件的强度计算

通过塑性和脆性材料的力学性能试验,找出材料在满足工程中安全正常工作状态的理论参数。考虑结构面对的实际条件与试验构件所处的理想环境的差距,要求结构有一定的安全储备,这样才能将结构工作的实际力学参数与试验下的理论参数比较,从而进行强度计算。

6.4.1 许用应力和安全因数

在工程结构中,构件由于过载或材料的抗力下降,使构件不能正常工作时,称为失效。构件的破坏失效通常表现为两种类型:脆性断裂和塑性屈服。发生脆性断裂的构件,破坏前没有产生明显的变形而突然破坏;而发生塑性屈服的构件,破坏前会产生较大的塑性变形。一般把材料破坏时对应的应力称为极限应力或危险应力,也称为材料强度的标准值,用符号 σ_u 表示。关于 σ_u 的选择,对塑性材料,当达到屈服时就发生显著的塑性变形,影响其正常工作,所以塑性材料的屈服极限 σ_s 可以作为极限应力。对于脆性材料,断裂破坏对应的强度极限 σ_b 就是极限应力。

为保证构件能够正常工作,要求其有足够的强度,即在荷载作用下,构件的实际应力 σ 必须低于极限应力 σ_u。材料的极限应力是用标准试件在实验室这种相对稳定的环境中测定的,而实际的结构和构件由于制造工艺不足、安装精度不够和工作环境复杂等不确定性因素,导致结构和构件的力学性能往往达不到设计要求。此外,计算时力学模型的简化与实际构件存在误差。所以,要求构件在强调极限应力的同时还应具有必要的安全储备。通常将极限应力除以一个大于 1 的安全因数 n,作为构件的许用应力 $[\sigma]$,即:

$$[\sigma] = \frac{\sigma}{n}$$

材料的许用应力和安全因数的确定必须综合考虑多种影响安全的因素,是一个重要而又复杂的问题。若安全因数偏小,构件不安全;若安全因数偏大,则经济不合理。在一般强度计算中,有关规范或设计手册中规定,对于塑形材料,按屈服应力所规定的安全因数 n_s,通常取为 1.5 ~ 2.2; 对于脆性材料,按强度极限所规定的安全因数 n_s,通常取为 3.0 ~ 5.0。工程中常用材料的许用应力值见表 6-1 所示。

表 6-1 常用材料的许用应力值

材料	牌号	轴向拉伸(MPa)	轴向压缩(MPa)
低碳钢	Q235	140 ~ 170	140 ~ 170
低合金钢	16Mn	230	230
灰口铸铁	—	35 ~ 55	160 ~ 200
木材(顺纹)	—	5.5 ~ 10.0	8 ~ 16
混凝土	C20	0.44	7
混凝土	C30	0.6	10.3

6.4.2 强度条件

为了保证构件能够安全可靠地正常工作,杆内最大工作应力不得超过材料的许用应力,即轴向拉压杆的强度条件为:

$$\sigma_{\max} = \frac{N}{A} \leqslant [\sigma] \tag{6-5}$$

式中，σ_{max}为杆内横截面上的最大工作应力；N为产生最大工作应力截面的轴力；A为杆件截面面积；$[\sigma]$为材料的许用应力。根据强度条件可以解决强度校核、截面设计和许用荷载的确定等的实际工程问题有以下几个。

(1)强度校核。若已知结构承受的荷载、构件的截面尺寸以及所用材料的许用应力，求出构件的最大工作应力，则可以直接利用强度条件对杆件进行强度校核。

(2)截面设计。若已知结构承受的荷载和材料的许用应力，则可以利用强度条件计算构件横截面面积的最小取值为：

$$A \geqslant \frac{|N|}{[\sigma]}$$

为了结构安全和设计方便，通常截面面积需取大取整。

(3)许用荷载的确定。若已知构件的横截面面积和材料的许用应力，则可以利用强度条件计算构件能够承受的最大荷载为：

$$[N] \leqslant A[\sigma]$$

为了结构安全和免遭破坏，通常许用荷载需要取小取整。

下面通过几个例子来对轴向拉压杆的强度问题进行计算。

【例6-4】 如图6-19(a)所示的支架，杆AB和AC通过铰结点A连接，两杆是采用低碳钢制成的实心圆截面杆，两杆的直径$d = 50$ mm，材料的许用应力$[\sigma] = 160$ MPa，在荷载F的作用下，试校核各杆件的强度。

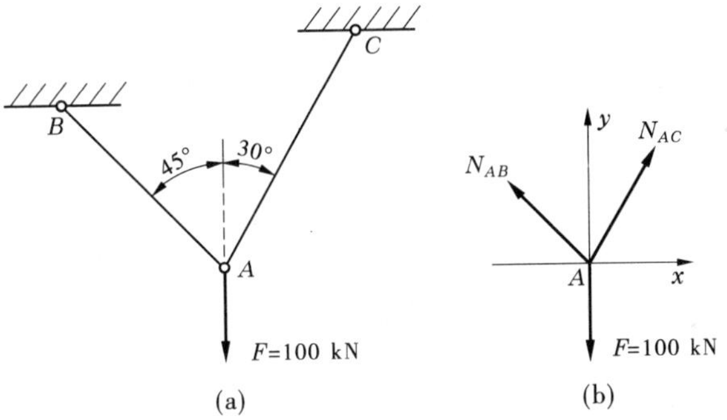

图6-19

解：(1)计算杆件AB和AC的轴力。首先利用截面法在AB和AC杆上任意位置切开，然后各取靠近A铰的部分为研究对象，绘制出背离切面的两杆轴力N_{AB}和N_{AC}，如图6-19(b)所示，最后利用平面汇交力系平衡的充要条件将两轴力求出。由平衡方程：

$$\sum X = 0, -N_{AB}\sin45° + N_{AC}\sin30° = 0$$

$$\sum Y = 0, N_{AB}\cos45° + N_{AC}\cos30° - F = 0$$

联立方程解得：

$$N_{AB} = 51.773 \text{ kN}, N_{AC} = 73.206 \text{ kN}$$

其实上述方法是取A铰为研究对象，为了反映各杆件对A铰的作用效应，以轴力代替各杆件作用于A铰，绘制出受力图。这样以来，可以将各轴力联系起来，建立平衡方程并求出各杆轴力，这种方法叫作结点法，该方法多使用于桁架结构。

(2)强度校核。

$$A = \pi d^2/4 = 3.14 \times (50)^2/4 = 1\,962.5(\text{mm}^2)$$

$$\sigma_{AB} = N_{AB}/A = 51.773 \times 10^3/1\,962.5 = 26.381(\text{N/mm}^2) = 26.381\ \text{MPa}$$

$$\sigma_{AC} = N_{AC}/A = 73.206 \times 10^3/1\,962.5 = 37.302(\text{N/mm}^2) = 37.302\text{MPa}$$

取支架工作时杆件上最大的工作应力与许用应力比较,即:

$$\sigma_{AC} = 37.302\ \text{MPa} < [\sigma] = 160\ \text{MPa}$$

则支架内所有的杆件均满足强度要求。

【例6-5】 如图6-20所示的支架,在B处承受荷载$F=20$ kN,BA为圆形截面的钢杆,其许用拉应力$[\sigma]_{\text{BA}}=160$ MPa;BC为正方形截面的木杆,其许用压应力$[\sigma]_{\text{BC}}=10$ MPa。试确定钢杆的直径和木杆截面的边长。

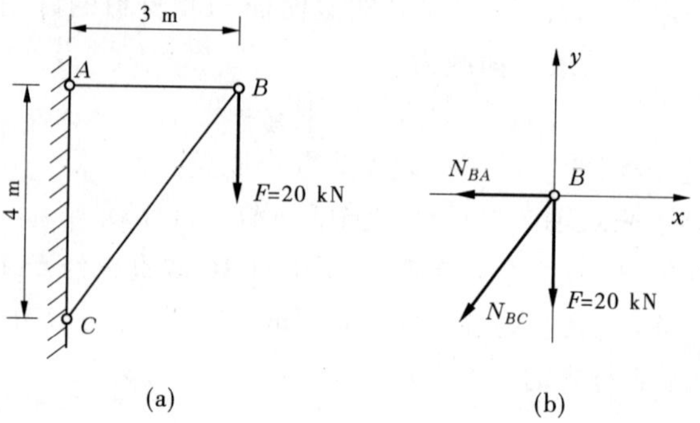

图6-20

解:(1)计算杆件BA和BC的轴力。利用结点法取铰结点B为研究对象,绘制B点的受力图,如图6-20(b)所示。利用汇交力系平衡的充要条件,列出平衡方程:

$$\sum Y = 0,\ -N_{BC} \times \frac{4}{5} - F = 0, N_{BC} = -25\ \text{kN}$$

$$\sum X = 0,\ -N_{BA} - N_{BC} \times \frac{3}{5} = 0, N_{BA} = 15\ \text{kN}$$

(2)确定钢杆的直径和木杆截面的边长

由强度条件可知:

$$A_{BA} \geqslant \frac{|N_{BA}|}{[\sigma]_{BA}} = \frac{25 \times 10^3}{160} = 156.25(\text{mm}^2)$$

$$A_{BC} \geqslant \frac{|N_{BC}|}{[\sigma]_{BC}} = \frac{15 \times 10^3}{10} = 1\,500(\text{mm}^2)$$

计算各杆尺寸取值范围:

钢杆直径 $d = \sqrt{\frac{4A}{\pi}} \geqslant \sqrt{\frac{4A_{BA}}{\pi}} = \sqrt{\frac{4 \times 156.25}{3.14}} = 14.1(\text{mm})$

木杆截面边长 $a = \sqrt{A} \geqslant \sqrt{A_{BC}} = \sqrt{1\,500} = 38.7(\text{mm})$

为了结构安全和制造简单,取钢杆直径$d=15$ mm,木杆截面边长$a=40$ mm。

【例6-6】 如图6-21(a)所示的支架,AB杆可视为刚性杆,CD杆的横截面面积$A=$

500 mm^2,材料的许用应力$[\sigma]=160$ MPa。试求 B 点承受的许用荷载$[F]$。

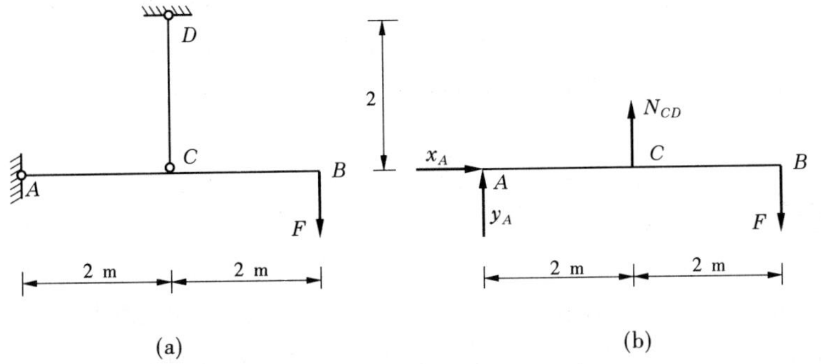

图 6-21

解:(1)确定杆 CD 的轴力。取 AB 杆为对象,绘制杆的受力图,如图 6-21(b)所示。利用平面一般力系平衡的重要条件,列出平衡方程:

$$\sum M_A=0, N_{CD}\times 2-F\times 4=0, N_{CD}=2F$$

(2)确定许用荷载。计算 CD 杆的许用荷载:

$$[N_{CD}]=A[\sigma]=500\times 160=80\times 10^3(\text{N})=80\text{ kN}$$

因为 CD 杆轴力和 B 点所承受荷载存在这样的关系:

$$[N_{CD}]=2[F]$$

所以 B 点的许用荷载:

$$[F]=[N_{CD}]/2=80/2=40(\text{kN})$$

则在 CD 杆保持刚性 AB 杆的平衡状态时 B 端所能承受的许用荷载为 40 kN。

任务5　轴向拉压杆件的变形计算

在轴向拉伸与压缩时,杆件的横截面上会产生内力和应力,由此也会引起杆件变形。如图 6-22 所示的杆件,实线代表变形前的形状,虚线代表变形后的形状。杆件在承受拉力和压力时,轴向(纵向)和横向尺寸均会发生变化。一般把杆件沿轴线方向伸长或缩短的变形称为轴向变形或纵向变形,同时把垂直于轴线方向尺寸减小或增大的变形称为横向变形。

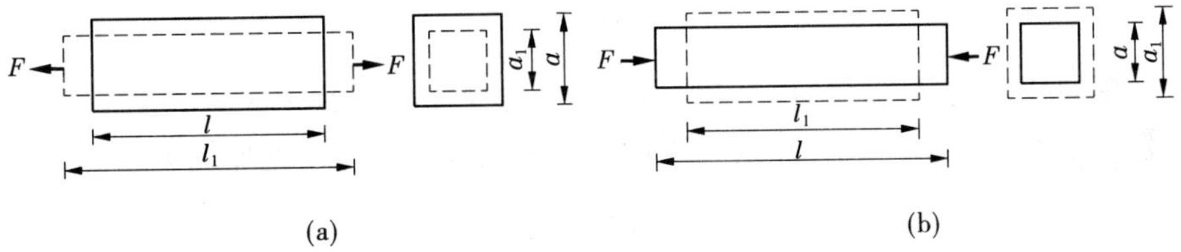

图 6-22

6.5.1　纵向变形

这里就图 6-22 展开计算,设杆件的原长为 l,变形后的长度为 l_1,则纵向变形量为:

$$\Delta l = l_1 - l$$

式中，Δl 为杆件的纵向变形，承受轴向拉力时为正，反之为负，单位是 m 或者 mm。

实践证明，工程中的常用材料，在弹性变形范围内，构件的绝对伸长或缩短量 Δl 与轴向荷载 F、杆长 l 和横截面面积 A 满足关系：

$$\Delta l = \frac{Fl}{EA} \tag{6-6}$$

该公式就是轴向拉伸或压缩时等截面直杆的轴向变形计算公式，称为胡克定律。公式表明变形与荷载和长度成正比，与 EA 成反比。式中，比例系数 E 是材料的弹性模量，此值与材料的性质有关，可由试验测定，单位与应力的单位相同为帕斯卡(Pa)。在轴向拉伸和压缩计算中，通常弹性模量 E 与截面面积 A 结合为 EA 使用，EA 为杆件的抗拉压刚度，它表示材料抵抗拉压变形的能力。

杆件的纵向变形并不能完全反映杆件的变形程度，它还与杆件的长度有关。为了消除尺寸的影响，用绝对伸长或缩短量 Δl 除以杆件的原长 l 来度量杆的变形程度，即单位长度的变形：

$$\varepsilon = \frac{\Delta l}{l}$$

式中，ε 为纵向线应变。在杆件拉伸时 ε 为正，反之为负。它是属于无量纲的值。

若将纵向变形计算公式 $\Delta l = \frac{Fl}{EA}$ 与正应力计算公式 $\sigma = \frac{F}{A}$ 代入公式(6-6)可得：

$$\sigma = E\varepsilon$$

该公式说明杆件处于弹性变形范围内，应力与应变成正比，也同时表明杆件在单向应力状态下的正应力与线应变之间的关系。

6.5.2 横向变形

这里就图 6-22 展开计算，设杆件变形前的横向尺寸 a，变形后为 a_1，则横向变形量为：

$$\Delta a = a_1 - a$$

式中，Δa 为杆件的横向变形，承受轴向压力时为正，反之为负，单位是 m 或者 mm。同纵向变形一样，相应单位长度的变形为：

$$\varepsilon' = \frac{\Delta a}{a}$$

式中，ε' 为横向线应变。在杆件压缩时 ε 为正，反之为负。它也是属于无量纲的值。

在弹性变形范围内，横向线应变与纵向线应变之间保持一定的比例关系：

$$\mu = \frac{|\varepsilon'|}{|\varepsilon|}$$

式中，μ 称为横向变形系数或泊松比，它也是反映材料弹性性质的常数。它是属于无量纲的值。此值与材料性质有关，可由试验测定。

由于杆件在拉伸时轴向伸长，横向收缩，在压缩时轴向压缩，横向膨胀，其横向与纵向的线应变总是正号和负号相反。当轴向拉压杆的应力在某范围内，横向线应变 $\varepsilon' =$

$-\mu\varepsilon$。泊松比 μ 与弹性模量 E 都是反映材料弹性性能的常数。工程中常用材料的 E 和 μ 值如表 6-2 所示。

表 6-2　常用材料的 E 和 μ 值

材料名称	E(GPa)	μ
低碳钢	196 ~ 216	0. 25 ~ 0. 33
16 Mn 钢	200 ~ 220	0. 25 ~ 0. 33
合金钢	186 ~ 216	0. 24 ~ 0. 33
铸铁	115 ~ 157	0. 23 ~ 0. 27
花岗岩	49	
混凝土	14. 5 ~ 36	0. 16 ~ 0. 18
木材	10 ~ 12	

【例 6-7】　如图 6-23(a)所示的阶梯形柱,材料的弹性模量为 200 GPa,各段的横截面面积分别为 $A_{AB}=1\ 000\ \text{mm}^2$、$A_{BC}=1\ 200\ \text{mm}^2$、$A_{CD}=1\ 400\ \text{mm}^2$。试绘制柱子的轴力图,并计算该柱子的总变形。

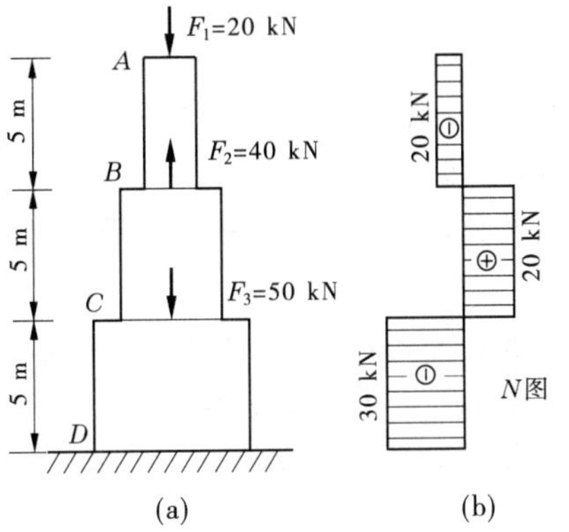

图 6-23

解:(1)绘制轴力图。利用截面法分别在 AB、BC 和 CD 段的任意位置切开,取上部为研究对象,画受力图,由竖直向上投影和为零的条件,列平衡方程,求解各段轴力值为:

$$N_{AB}=-20\ \text{kN}$$

$$N_{BC}=40-20=20\ (\text{kN})$$

$$N_{CD}=-50+40-20=-30(\text{kN})$$

轴力图如图 6-23(b)所示。

(2)计算总变形。因为各段的截面面积和轴力不等,因而必须利用胡克定律分段计算变形,然后计算总变形。各段的轴力变形分别为:

$$\Delta l_{AB}=\frac{N_{AB}l}{EA_{AB}}=\frac{-20\times10^3\times5\times10^3}{200\times10^3\times1\ 000}=-0.50(\text{mm})$$

$$\Delta l_{BC}=\frac{N_{BC}l}{EA_{BC}}=\frac{20\times10^3\times5\times10^3}{200\times10^3\times1\ 200}=0.42(\mathrm{mm})$$

$$\Delta l_{CD}=\frac{N_{CD}l}{EA_{CD}}=\frac{-30\times10^3\times5\times10^3}{200\times10^3\times1\ 400}=-0.54(\mathrm{mm})$$

则杆的总变形为：$\Delta l=\Delta l_{AB}+\Delta l_{BC}+\Delta l_{CD}=-0.50+0.42-0.54=-0.62(\mathrm{mm})$

思考题

6-1 什么是轴力？轴力的正负号是怎么规定的？

6-2 为什么在横截面上没有剪应力，而在斜截面上有剪应力？

6-3 轴向拉压杆中，在发生最大正应力的横截面上，其剪应力等于零。在发生最大剪应力的截面上，其正应力是否也为零？

6-4 为什么要研究材料的力学性质？拉伸图与应力应变图有什么关系和区别？

6-5 常温静荷载下如何划分材料为塑性还是脆性？塑性和脆性材料的力学性能有何区别？

6-6 怎么确定材料许用应力？安全因数的选择与哪些因素有关？

6-7 塑性材料和脆性材料的主要区别是什么？怎么解释塑性材料多用于抗拉构件，而脆性材料多用于抗压构件？

6-8 轴向拉压杆件的强度条件能解决哪些工程实际问题？

6-9 简述弹性模量和泊松比的联系和区别。

6-10 在工程中是否所有材料的应力、应变关系都符合胡克定律？胡克定律的使用条件是什么？

6-11 轴向拉压杆件的强度和变形与外力、内力、应力有什么关系？与材料的力学性能、截面的几何形状、截面的几何尺寸有什么关系？

6-12 简述由纵向变形推求横向变形的步骤。

习 题

6-1 如习题6-1图所示，试计算各指定截面的轴力，并绘制轴力图。

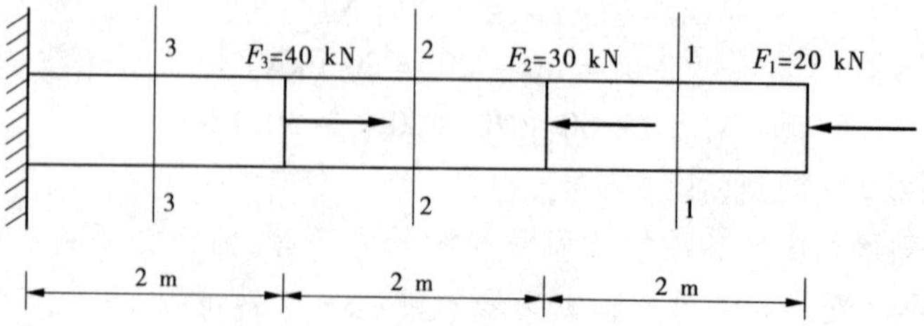

习题6-1图

6-2 如习题6-2图所示，若横截面面积 $A_{AB}=100\ \mathrm{mm}^2$，$A_{BC}=80\ \mathrm{mm}^2$，$A_{CD}=60\ \mathrm{mm}^2$ 试计算各横截面上的应力。

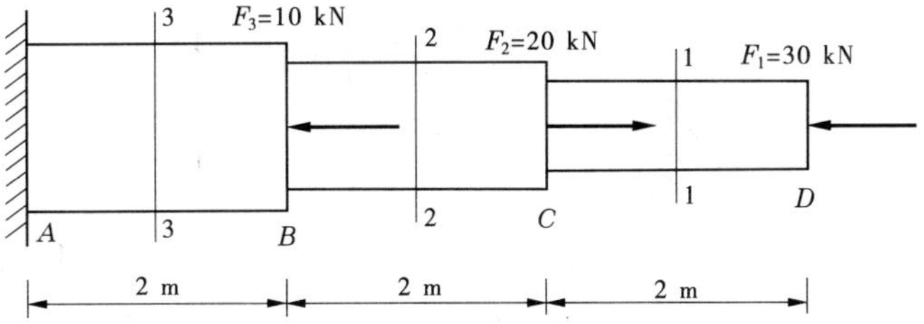

习题 6-2 图

6-3 如习题 6-3 图所示，石砌桥墩的墩身高 $h=10$ m，其横截面半径为 $r=1$ m。若荷载 $F=1\ 000$ kN，材料的密度 $\rho=2.5\ \mathrm{kg/m^3}$，试计算桥墩底部横截面上的压应力。

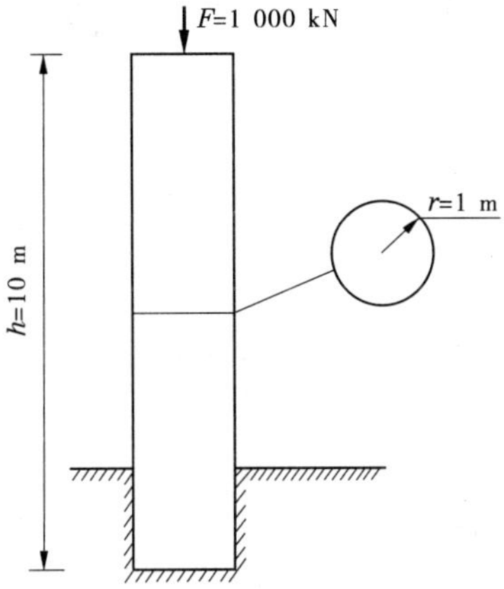

习题 6-3 图

6-4 如习题 6-4 图所示，拉杆承受轴向拉力 $F=10$ kN，杆的横截面面积 $A=100\ \mathrm{mm^2}$。若斜截面法线与轴线的夹角 $\alpha=30°$，试计算斜截面上的正应力和切应力，并用图表示其方向。

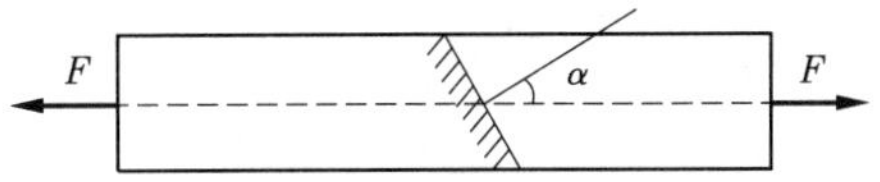

习题 6-4 图

6-5 如习题 6-5 图所示，杆 AB 为直径 $d=20$ mm 的圆截面钢杆，许用应力 $[\sigma]_{AB}=150$ MPa；杆 BC 为边长 $a=100$ mm 的正方形截面木杆，许用应力 $[\sigma]_{BC}=5.0$ MPa。若 B 处所挂重物的荷载 $F=30$ kN，试校核两杆的强度。

6-6 如习题 6-6 图所示，支架 B 点所挂重物的荷载 $F=50$ kN，若 CD 杆为圆截面钢杆，许用应力 $[\sigma]=120$ MPa，试计算钢杆 CD 的截面直径。

6-7 如习题 6-7 图所示，杆 AB 的许用应力 $[\sigma_1]=100$ MPa，杆 AC 的许用应力 $[\sigma_2]=150$ MPa，两杆截面面积均为 $A=200\ \mathrm{mm^2}$，试确定许用荷载 $[F]$。

6-8 如习题 6-8 图所示，混凝土柱的各段横截面面积分别为 $A_{\mathrm{I}}=100\ \mathrm{mm^2}$，$A_{\mathrm{II}}=120\ \mathrm{mm^2}$，$A_{\mathrm{III}}=140\ \mathrm{mm^2}$，弹性模量 $E=30$ GPa，试求柱的总变形。

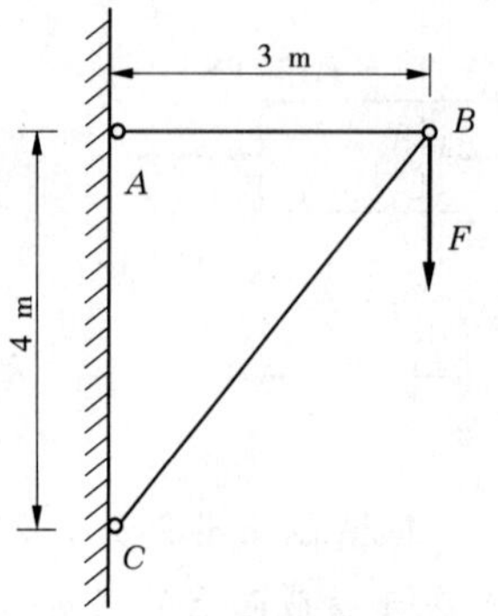

习题 6-5 图

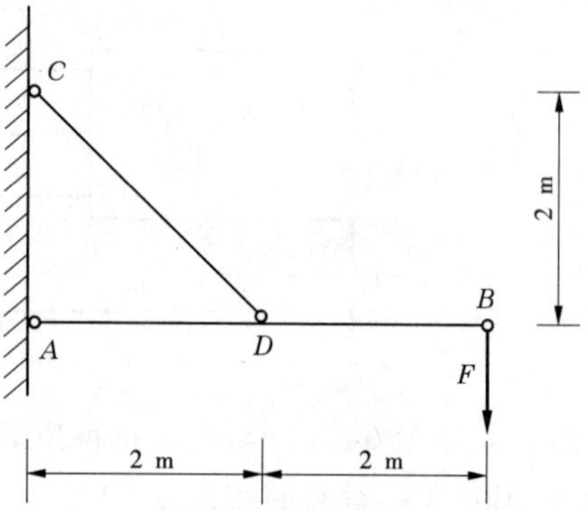

习题 6-6 图

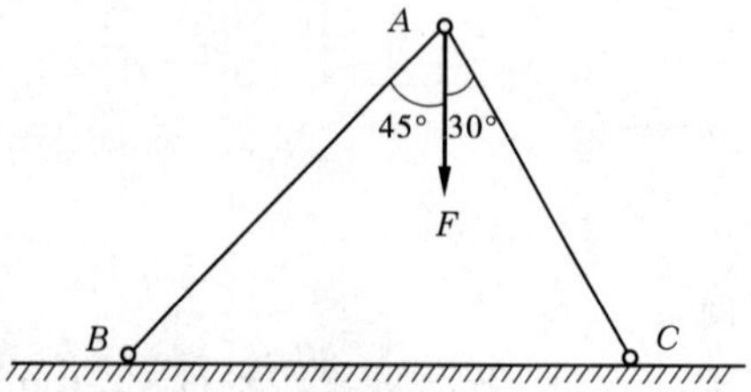

习题 6-7 图

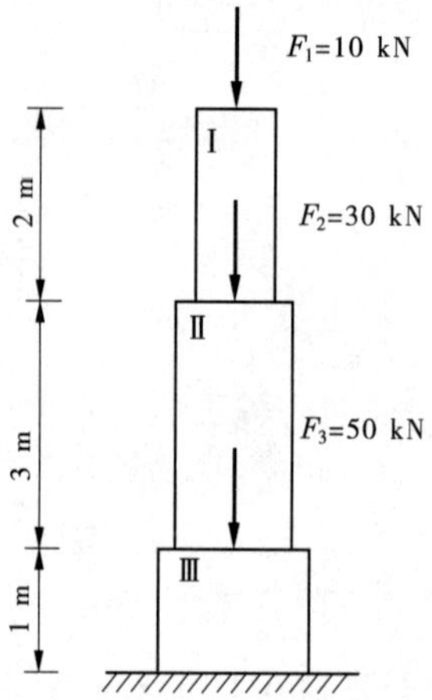

习题 6-8 图

6-9 如习题 6-9 图所示，钢杆的横截面面积 $A = 200\ \text{mm}^2$，材料的弹性模量 $E = 200$ GPa，试求钢杆的总变形。

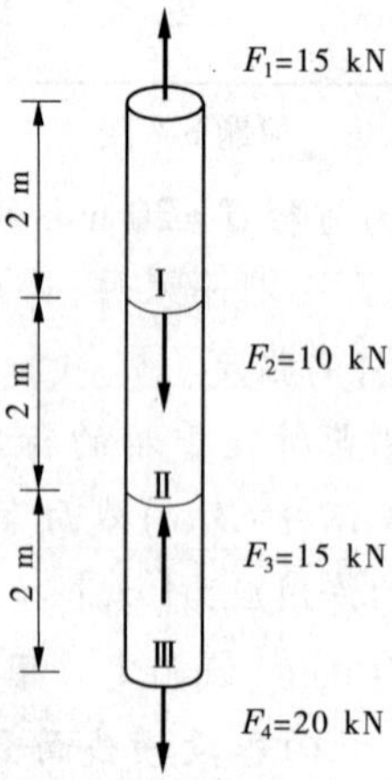

习题 6-9 图

项目7　平面弯曲

梁的弯曲变形特别是平面弯曲是工程中遇到的最多的一种基本变形,弯曲强度和刚度的研究在材料力学中占有重要位置。梁的内力分析及绘制内力图是计算梁的强度和刚度的首要条件,应熟练掌握。本章理论比较集中和完整地体现了材料力学研究问题的基本方法,学习中应注意理解概念,熟悉方法,掌握理论,解决实际问题。

任务1　梁的内力计算

7.1.1　弯曲变形与平面弯曲

在日常生活和工程实际中,经常会遇到直杆发生如下的变形情形,如公路桥梁,如图7-1(a)所示;火车轮轴,如图7-1(b)所示;摇臂钻床的横梁,如图7-1(c)所示等,它们具有这样的特点:所受的外力垂直于杆的轴线,变形前为直线的轴线变形后成为曲线,这种变形形式称为弯曲变形。以弯曲变形为主的杆件习惯上称为梁。

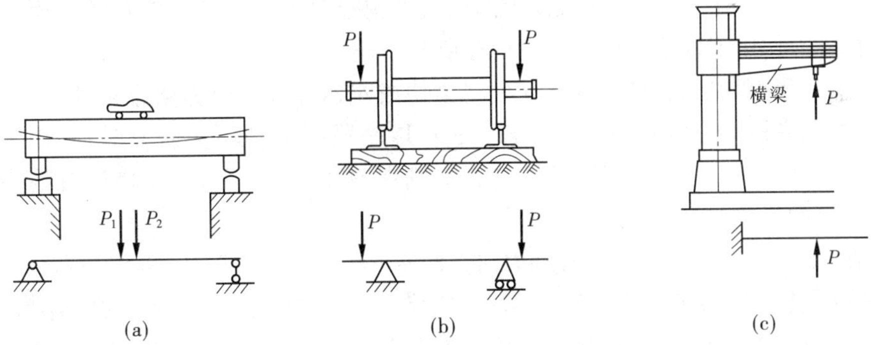

图7-1

工程中常见的梁的横截面一般都有一根对称轴,如图7-2所示。各横截面对称轴成一个纵向对称平面,并且当梁上所有外力均匀作用在纵向对称平面内时,梁变形后的轴线将在此纵向对称面内弯成一条平面曲线,如图7-3所示。这种梁的轴线弯曲后所在平面与外力所在平面相重合的弯曲变形称为平面弯曲。平面弯曲是最简单的弯曲变形,是一种基本变形。

7.1.2　静定梁及其分类

用静力平衡方程可以解出全部未知支座反力的梁,称为静定梁。静定梁有三种基本形式。

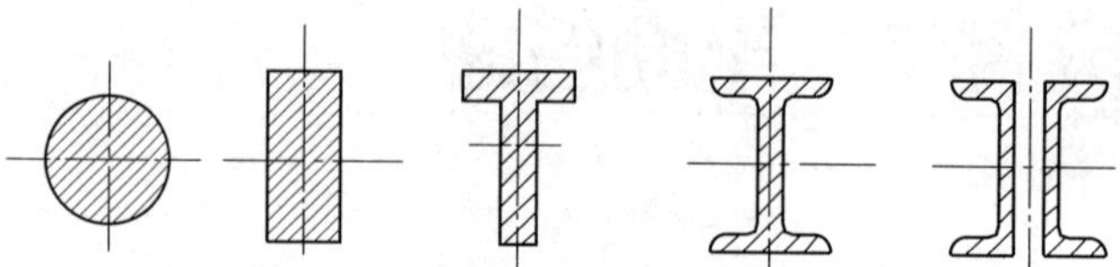

图 7-2

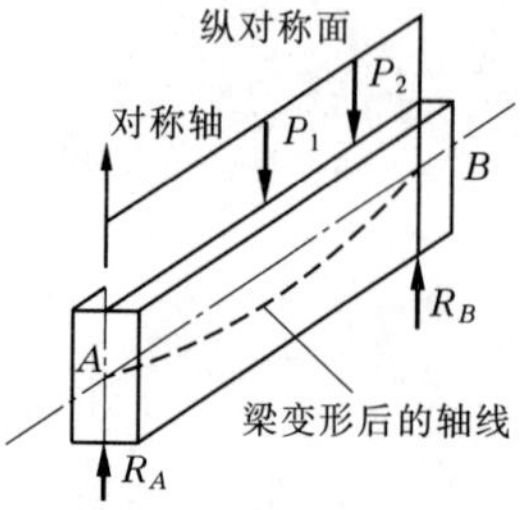

图 7-3

(1)简支梁。一端为固定铰支座,一端为可动铰支座,如图 7-4(a)所示。

(2)悬臂梁。一端为固定端支座,一端自由的梁,如图 7-4(b)所示。

(3)外伸梁。梁的一端或两端伸出支座之外,这样的梁称为外伸梁,如图 7-4(c)所示。

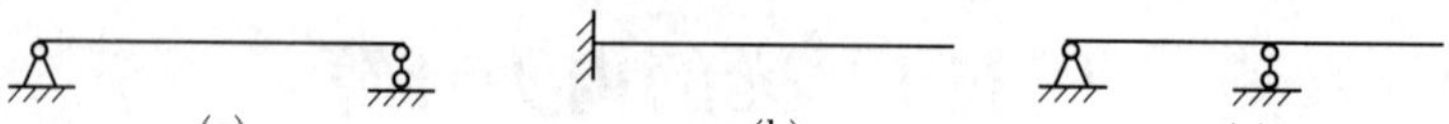

图 7-4

根据上述梁的分类,图 7-1(a)中的公路桥大梁可简化为简支梁;图 7-1(b)中的火车轮轴简化为外伸梁,图 7-1(c)中钻床的横梁可简化为悬臂梁。

7.1.3 弯曲内力

7.1.3.1 弯曲内力——剪力和弯矩的概念

梁在外力作用下,其任一横截面上的内力可用截面法来确定。图 7-5(a)所示的简支梁 AB,在外力作用下处于平衡状态。现在研究梁任一横截面 $m—m$ 上的内力。

首先,利用截面法,在截面 $m—m$ 处将梁切成左、右两段,因为梁原来处于平衡状态,被截出的左、右段梁也应保持平衡状态。若任取一段(如左段)为研究对象,在左段梁上作用有已知外力 Y_A 和 F_1,如图 7-5(b)所示,则在截面 $m—m$ 上,一定作用有某些内力来维持这段梁的平衡。

现在,如果将左段梁上的所有外力向截面 $m—m$ 的形心 C 简化,得到一垂直于梁轴的主矢 Q'和主矩 M'。由此可见,为了维持左段梁的平衡,横截面 $m—m$ 上必然同时存在两个内力分量:与主矢 Q'平衡的内力 Q 和与主矩 M'平衡的内力偶矩 M。内力 Q 位于所切开横截面 $m—m$ 上,称为剪力;内力偶矩 M 称为弯矩。所以,当梁弯曲时,横截面上一般将同时存在剪力和弯矩两个内力分量。显然,已知梁截面上的内力种类,就可以在研究对象上标记这些内力后,利用平衡条件求解这些内力。

根据左段梁的平衡条件,由平衡方程

$$\sum Y = 0, Y_A - F_1 - Q = 0$$

得

$$Q = Y_A - F_1 \tag{7-1}$$

再由平衡方程

$$\sum M_C = 0 \qquad M + F_1(x - a) - Y_A x = 0$$

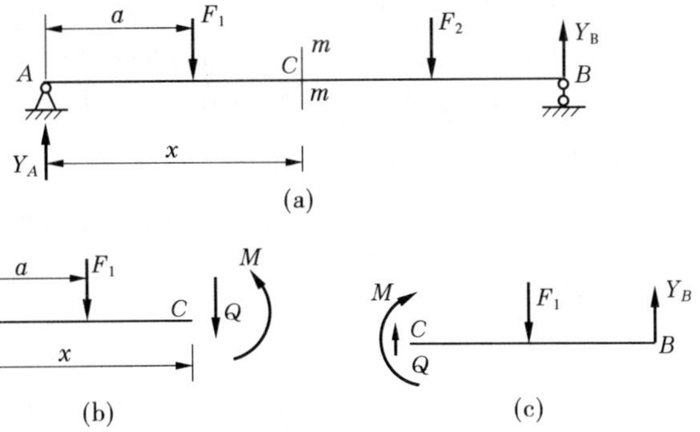

图7-5

得 $$M = -F_1(x-a) + Y_Ax \tag{7-2}$$

同样,如果以右段梁为研究对象,如图7-5(c)所示,并根据其平衡条件计算截面 m—m 上的内力,将得到与式(7-1)数值相同的剪力和式(7-2)数值相同的弯矩,但其方向则分别与图7-5(b)所示的 Q、M 相反。

剪力的常用单位为牛(N)或千牛(kN),弯矩的常用单位为牛米(N·m)或者千牛米(kN·m)。

7.1.3.2 剪力和弯矩的符号规定

在材料力学中,一般需根据内力引起梁的变形情况来规定剪力和弯矩的正负号。其目的是使不论选取梁的左段还是右段,在计算同一截面的剪力和弯矩时取得一致的符号。

剪力符号规定为:当截面上的剪力 Q 绕所取的研究对象顺时针方向转动时为正,如图7-6(a)所示;反之,如图7-6(b)所示为负。

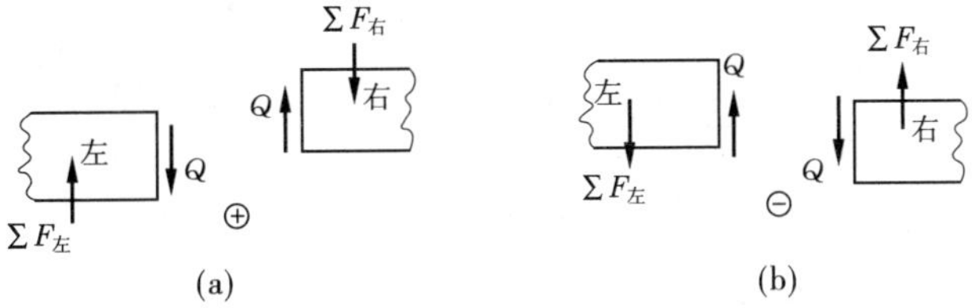

图7-6

弯矩符号规定为:当截面上的弯矩 M 使所取的研究对象产生向下凹(下部受拉、上部受压)的变形时为正,如图7-7(a)所示;反之为负,如图7-7(b)所示。

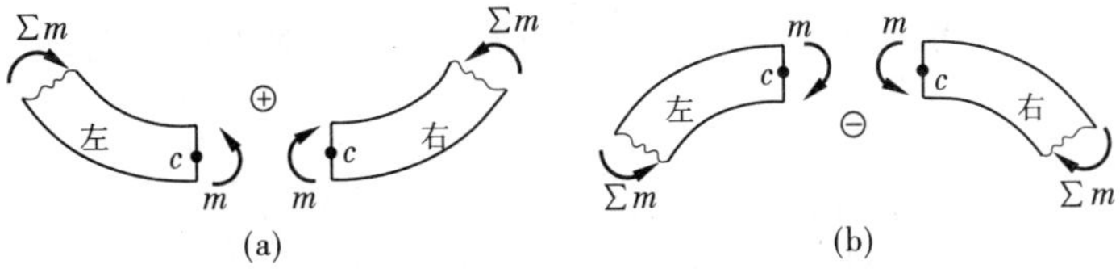

图7-7

7.1.3.3 利用截面法计算指定梁截面上的内力

其计算步骤一般为:

(1)计算梁的支座反力;

(2)在需要计算内力的横截面处,假想将梁切开,并任选一段为研究对象;

(3)画所选梁段的受力图。这时剪力和弯矩的方向都按规定的正方向画出,即假设这些内力均为正方向。当由平衡方程解得内力为正号时,表示实际方向与假设方向一致,即内力为正值;若解得内力为负号,表示实际方向与假设方向相反,即内力为负值。

(4)通常由平衡方程 $\sum Y=0$,计算剪力 Q。以所切横截面的形心 C 为矩心,由平衡方程 $\sum M_C=0$,计算弯矩 M。

【例 7-1】 如图 7-8 所示的简支梁,其上作用集中力 $F=8$ kN,均布载荷 $q=12$ kN/m,图中尺寸单位为 m,试求梁截面 1—1 和截面 2—2 的弯矩和剪力。

解:(1)求支反力。取全梁为研究对象,由静力平衡方程式

$$\sum M_B=0,\ -R_A\times 6-F\times 4.5+q\times 3\times 1.5=0$$

得

$$R_A=\frac{8\times 4.5+12\times 3\times 1.5}{6}=15(\text{kN})$$

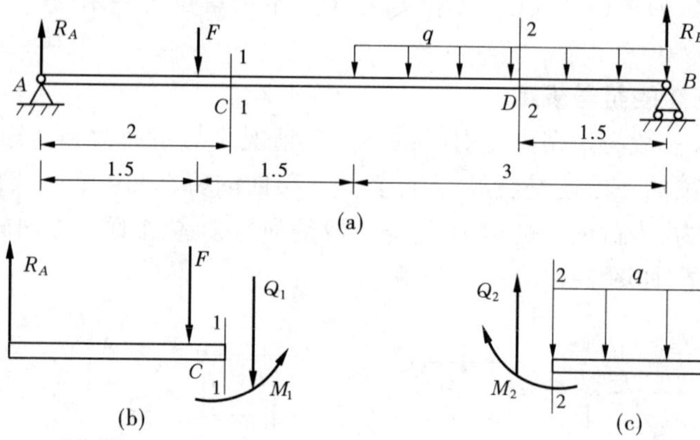

图 7-8

由 $$\sum Y=0,R_A+R_B-F-q\times 3=0$$

得 $$R_B=8+12\times 3-15=29(\text{kN})$$

其指向如图 7-8(a)所示,均为向上。

(2)求截面 1—1 上的内力。假想沿 1—1 截面将梁切开,取左段为研究对象,将所切截面上的内力用一个正剪力 Q_1 和一个正弯矩 M_1 代替,如图 7-8(b)所示。由静力学平衡条件

$$\sum Y=0,R_A-F-Q_1=0$$

得 $$Q_1=R_A-F=15-8=7(\text{kN})$$

由 $$\sum M_C=0,\ -R_A\times 2+F\times 0.5+M_1=0$$

得 $$M_1=R_A\times 2-F\times 0.5=15\times 2-8\times 0.5=26(\text{kN}\cdot\text{m})$$

剪力 Q_1 及弯矩 M_1 都是正号。

(3)求截面 2—2 的内力。假想沿 2—2 截面将梁切开,取右段梁为研究对象,将所切

截面上的内力用一个正剪力 Q_2 和一个正弯矩 M_2 代替，如图7-8(c)所示。由静力学平衡条件

$$\sum Y = 0, Q_2 - q \times 1.5 + R_B = 0$$

得
$$Q_2 = q \times 1.5 - R_B = 12 \times 1.5 - 29 = -11(\text{kN})$$

$$\sum M_D = 0, -M_2 - q \times 1.5 \times 0.75 + R_B \times 1.5 = 0$$

得 $M_2 = R_B \times 1.5 - q \times 1.5 \times 0.75 = 29 \times 1.5 - 12 \times 1.5 \times 0.75 = 30(\text{kN} \cdot \text{m})$

剪力 Q_2 为负值，弯矩 M_2 为正值。

7.1.4 根据外力计算梁的内力

7.1.4.1 梁的内力计算

从上述例题计算过程中，可以得到以下两个规律。

(1)梁横截面上的剪力 Q，在数值上等于该截面一侧(左侧或右侧)所有外力在截面上投影的代数和，即：

取左段梁建立投影方程： $Q = \sum F_{左}$

取右段梁建立投影方程： $Q = \sum F_{右}$

计算时，若外力绕截面产生顺时针方向转动趋势时，外力在等式右边取正号；反之取负号。此规律可简化为“左上右下为正，反之为负”，如图7-6所示。

(2)横截面上的弯矩 M，在数值上等于截面一侧(左侧或右侧)梁上所有外力对该截面形心力矩的代数和。即：

取左段梁建立力矩方程： $M = \sum M_{C(F左)}$

取右段梁建立力矩方程： $M = \sum M_{C(F右)}$

计算时，若外力或外力偶使截面产生向下凹的变形趋势，外力矩或外力偶矩在等式右边取正号；反之取负号。此规律可简化为“左顺右逆为正，反之为负”。如图7-7所示。

7.1.4.2 根据外力求指定截面上的内力

【例7-2】 如图7-9所示，悬臂梁作用有均布载荷 q 及力偶 $M = qa^2$，求 A 点右侧截面、C 点左侧和右侧截面、B 点左侧截面的剪力和弯矩。

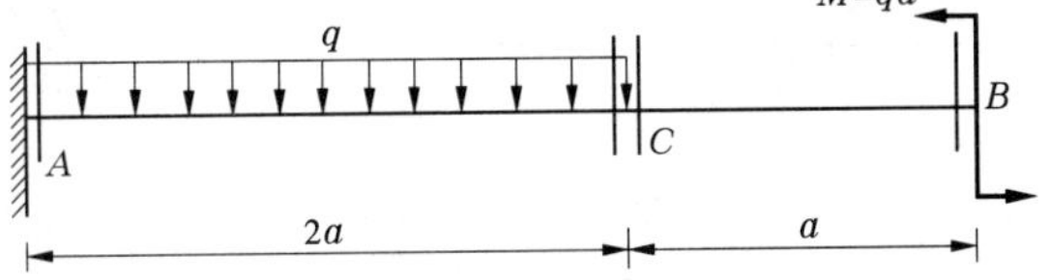

图7-9

解：对于悬臂梁不必求支座反力，可由自由端开始分析。

截面 $B_{左}$ 上的内力，由截面右侧梁段得：$M_{B左} = qa^2$。

截面 $C_{右}$ 上的内力，由截面右侧梁段得：$M_{C右} = qa^2$。

截面 $C_{右}$ 上的内力，由截面右侧梁段得：$M_{C右} = qa^2$。

截面 $A_{右}$ 上的内力,由截面右侧梁段得:$M_{A右} = qa^2 - q \times 2a \times a = -qa^2$。

任务2 梁的内力图

7.2.1 内力方程作梁的剪力图和弯矩图

7.2.1.1 剪力方程和弯矩方程

一般情况下,梁各截面上的内力是不相同的,即梁横截面剪力和弯矩是随截面的位置而变化的,如果沿梁轴线方向选取 x 表示横截面的位置,则梁各个横截面上的剪力和弯矩可表示为坐标 x 的函数,即

$$Q = Q(x), M = M(x)$$

这两个函数表达式分别称为剪力方程和弯矩方程。

7.2.1.2 剪力图和弯矩图

为了能形象地表明剪力和弯矩沿梁轴线的变化情况,以 x 为横坐标,以 Q 或 M 为纵坐标,分别绘出 $Q = Q(x)$ 和 $M = M(x)$ 的图线,这种曲线称为梁的剪力图和弯矩图。在土建工程中规定:正值的剪力画在 x 轴的上方,负值的剪力画在 x 轴的下方,并标正、负号;正值的弯矩画在 x 轴的下方,负值的弯矩画在 x 轴的上方,即弯矩图画在受拉的一侧,一般不标注正、负号。

利用剪力图和弯矩图能方便地确定梁上最大剪力和最大弯矩,找出梁上危险截面所在的位置。

以下讨论剪力图、弯矩图的具体作法。

【例7-3】 如图7-10(a)所示,一悬臂梁 A 端固定,B 端受集中力 F 作用。画出此悬臂梁的剪力图和弯矩图。

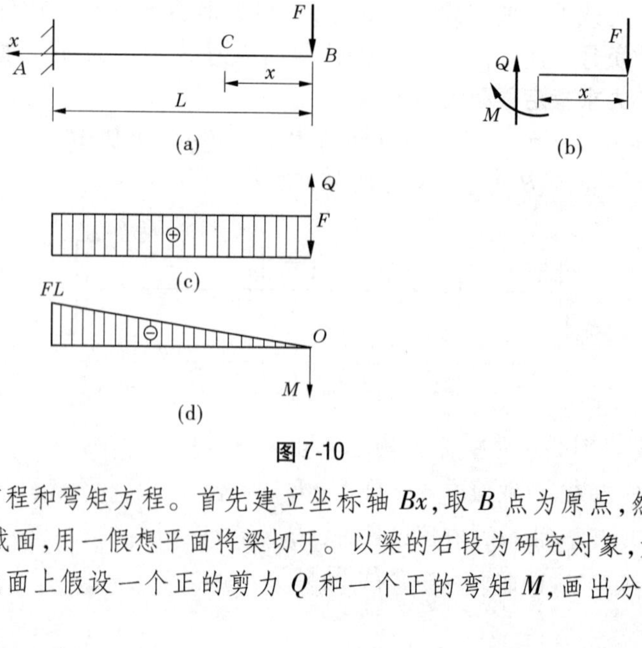

图7-10

(1)列剪力方程和弯矩方程。首先建立坐标轴 Bx,取 B 点为原点,然后在梁上取横坐标为 x 的任意截面,用一假想平面将梁切开。以梁的右段为研究对象,如图7-10(b)所示,并在所切的截面上假设一个正的剪力 Q 和一个正的弯矩 M,画出分离段的受力图。

根据平衡条件

$$\sum Y = 0, Q - F = 0$$

得

$$Q(x) = F \quad (0 < x < L) \tag{1}$$

由

$$\sum M_x = 0, -M - Fx = 0$$

得

$$M(x) = -Fx \quad (0 \leqslant x \leqslant L) \tag{2}$$

式(1)和式(2)即为剪力方程和弯矩方程。

(2)画剪力图和弯矩图。由剪力方程式(1)看出,各横截面上的剪力均等于F。故剪力图是一条平行于x轴的直线,Q为正,应画在x轴的上方,如图7-10(c)所示。

从梁的弯矩方程(2)可见,梁在各横截面的弯矩为z的一次函数,弯矩图应为一斜直线。

只要确定直线上的两个点,便可画出此直线。

$$x = 0, M_B = 0$$

$$x = L, M_A = -FL$$

根据这两个数据作出弯矩图,如图7-10(d)所示。

从弯矩图可以看出,在悬臂梁的固定端处弯矩值最大,$|M|_A = |M|_{\max} = FL$。

内力图特征:无荷载作用的梁段上,剪力图为水平线,弯矩图为斜直线。

【例7-4】 如图7-11(a)所示,一简支梁AB受均布荷载q作用。试列出该梁的剪力方程和弯矩方程,并绘出剪力图和弯矩图。

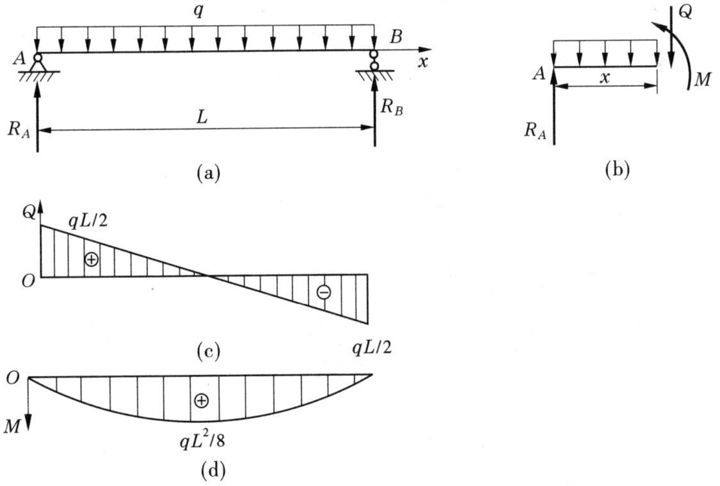

图7-11

解:(1)首先求约束力。利用荷载与支座反力的对称性,可直接得到约束力为

$$R_A = R_B = \frac{qL}{2}$$

方向向上。

(2)按图7-11(b)所示,列剪力方程和弯矩方程。由内力计算法则可得剪力方程

$$Q(x) = R_A - qx = \frac{qL}{2} - qx \quad (0 < x < L) \tag{1}$$

弯矩方程

$$M(x) = R_A x - qx\frac{x}{2} = \frac{qL}{2}x - \frac{q}{2}x^2 \quad (0 \leqslant x \leqslant L) \tag{2}$$

(3)作剪力图和弯矩图。由剪力方程(1)可知,梁的剪力是 x 的一次函数,剪力图应为一条斜直线。

$$x = 0, Q(x) = \frac{qL}{2}; x = L, Q(x) = -\frac{qL}{2}$$

剪力图如图7-11(c)所示。

由弯矩方程(2)可知,该梁的弯矩是 x 的二次函数,故弯矩图应为一条二次抛物线。先确定抛物线上三个特征点的弯矩:

$$x = 0 \text{ 或 } x = L, M(x) = 0; x = \frac{L}{2}, M(x) = \frac{1}{8}qL^2$$

根据梁的载荷与支座反力均具有对称性这一个特性,则弯矩图也必然为对称的,对称点即其抛物线的顶点在 $x = L/2$ 处。

作弯矩图,如图7-11(d)所示。由剪力图和弯矩图可见,在梁的两端支座处剪力值为最大 $|Q|_{max} = qL/2$;在梁跨度中点处,横截面上有最大弯矩值 $M_{max} = qL^2/8$,而 $Q = 0$。

内力图特征:在均布荷载 q 作用梁段,剪力图为直线;弯矩图为二次抛物线,曲线方向与 q 方向指向相同;在剪力为零的截面,弯矩有极值。

在以上的例题中,由于梁上没有外力突变,所以只要把梁分为一段,就可以通过平衡方程得到剪力方程和弯矩方程。但当作用在梁上的外力发生突变时,突变处应是梁的分段处。

【例7-5】 如图7-12(a)所示,简支梁 AB 在 C 点处受集中荷载 F 的作用,试列出梁的剪力方程和弯矩方程,并作此梁的剪力图和弯矩图。

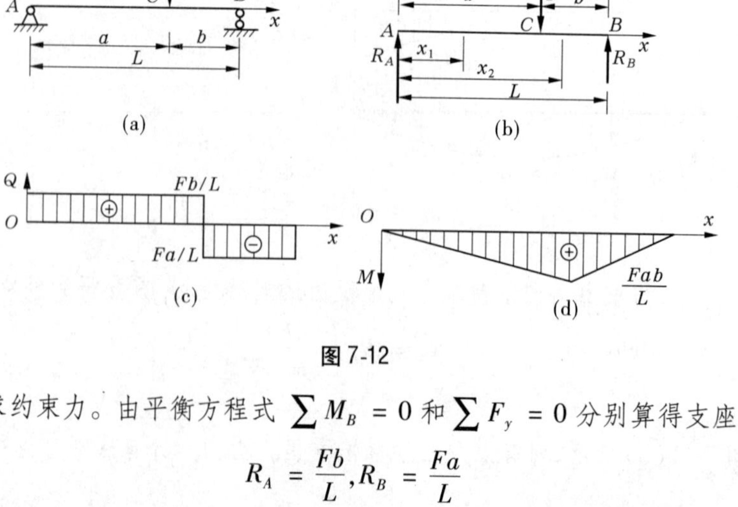

图7-12

解:(1)求约束力。由平衡方程式 $\sum M_B = 0$ 和 $\sum F_y = 0$ 分别算得支座反力

$$R_A = \frac{Fb}{L}, R_B = \frac{Fa}{L}$$

(2)列剪力方程及弯矩方程。

一找。以梁的左端 A 为原点,选取如图 7-12(b)所示的坐标系。由于 C 截面处有集中力 F 作用,故 C 点应为分段点。AC 和 CB 两段梁上各截面的剪力和弯矩不同,必须分段列出。

二查。在 AC 段内,取与原点距离为 x_1 的任意截面,该截面左段一侧的外力为 R_A,外力对截面形心的矩为 $R_A x_1$。

三判定。由于 R_A 向上和 $R_A x_1$ 顺时针转向,根据平衡条件求得该截面的剪力和弯矩分别为

$$Q(x_1) = R_A = \frac{Fb}{L} \quad (0 < x_1 < a)$$

$$M(x_1) = R_A x_1 = \frac{Fb}{L}x_1 \quad (0 \leqslant x_1 \leqslant a)$$

以上两式表示 AC 段内任一截面上的剪力和弯矩,即为 AC 段的剪力方程和弯矩方程。

对于 CB 段内的剪力和弯矩,取截面右段为研究对象,坐标原点不变,根据平衡条件得 CB 段的剪力方程和弯矩方程

$$Q(x_2) = -R_B = -\frac{Fa}{L} \quad (a < x_2 < L)$$

$$M(x_2) = R_B(L - x_2) = \frac{Fa}{L}(L - x_2) \quad (a \leqslant x_2 \leqslant L)$$

(3)绘剪力图及弯矩图。由 $Q(x_1)$ 和 $Q(x_2)$ 可以作出剪力图,如图 7-12(c)所示。$Q(x_1)$,$Q(x_2)$ 表示在 AC 段和 CB 段内梁各截面的剪力均为常数,分别等于 Fb/L 和 Fa/L,所以两段中的剪力图是与 z 轴平行的直线,正值画在 x 轴的上方,负值画在下方。从剪力图看出,当 $a > b$ 时,全梁的最大剪力出现在 CB 段,$|Q|_{max} = Fa/L$。

由 $M(x_1)$ 和 $M(x_2)$ 可知,AC 段和 CB 段内的弯矩皆为 x 的一次函数,表明弯矩均为一条斜线,因而每条直线只要确定两点,便可完全确定。例如

$$x_1 = 0, M_1 = 0; x_1 = a, M_1 = \frac{Fab}{L}$$

$$x_2 = a, M_2 = \frac{Fab}{L}; x_2 = L, M_2 = 0$$

分别连接与 M_1,M_2 相应的两点,便得到 AC 及 CB 段的弯矩图,如图 7-12(d)所示。从弯矩图中可看出,最大弯矩发生在集中力 F 作用的截面 C 处,$M_{max} = Fab/L$。若 $a = b = L/2$,即集中载荷作用在梁跨度中点时,则最大弯矩值 $M_{max} = FL/4$。

内力图特征:在集中力作用截面,剪力图有突变,突变的绝对值为 F;弯矩图有尖角,尖角的指向与 F 相同。

【例 7-6】 如图 7-13(a)所示的简支梁,在 C 点处受一集中力偶 M_0 作用。试作此梁的剪力图和弯矩图。

解:(1)计算支座反力。梁 AB 受力如图 7-13(c)所示,R_A,R_B 成力偶且与 M_0 平衡。列平衡方程

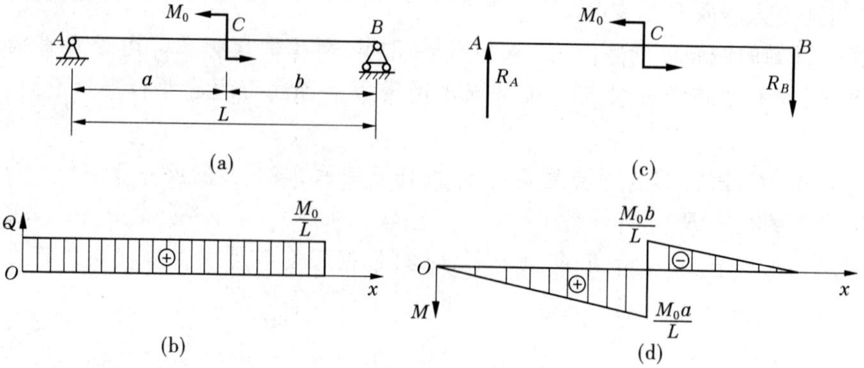

图 7-13

$$\sum M_B = 0,\ -R_AL + M_0 = 0, R_A = \frac{M_0}{L}$$

$$\sum F_y = 0, R_B = R_A = \frac{M_0}{L}$$

(2)剪力方程与弯矩方程。选梁左端 A 为坐标原点，由于 C 截面有集中力偶 M_0 作用，所以 C 为分段点，分别在 AC 与 CB 段内取截面。根据计算规则，由截面一侧的外力可列出剪力方程与弯矩方程。

AC 段的剪力方程与弯矩方程分别为

$$Q(x_1) = \frac{M_0}{L} \quad (0 < x_1 \leqslant a)$$

$$M(x_1) = \frac{M_0}{L}x_1 \quad (0 \leqslant x_1 < a)$$

CB 段的剪力方程和弯矩方程分别为

$$Q(x_2) = \frac{M_0}{L} \quad (a \leqslant x_2 < L)$$

$$M(x_2) = \frac{M_0}{L}x_2 - M_0 \quad (a \leqslant x_2 \leqslant L)$$

(3)画剪力图及弯矩图。从剪力方程可知全梁各截面上的剪力相等，均为同一常数 M_0/L，故剪力为平行于 x 轴的直线，如图 7-13(b)所示，最大剪力 $Q_{max} = M_0/L$。

从弯矩方程可知梁各截面的弯矩为 x 的一次函数。计算各控制点处的弯矩值：

AC 段 $\quad x_1 = 0, M_1 = 0; x_1 = a, M_1 = \frac{M_0a}{L}$

CD 段 $\quad x_2 = a, M_2 = -\frac{M_0b}{L}; x_2 = L, M_2 = 0$

弯矩图如图 7-13(d)所示。由图可见，在 $a > b$ 情况下，集中力偶作用处的左侧横截面上的弯矩值为最大，$|M|_{max} = M_0a/L$。

内力图特征：在集中力偶作用处，剪力图不受影响；弯矩图发生突变，突变值等于该力偶矩的大小。

从以上绘制剪力图及弯矩图的过程,可归纳出绘制剪力图及弯矩图的步骤。

(1)建立直角坐标系。沿平行于梁轴线的方向,以各横截面的所在位置为横坐标 x,以对应各横截面上的剪力值或弯矩值为纵坐标,建立直角坐标系。

(2)寻找分段点。即寻找剪力和弯矩图形的不连续点,一般以载荷变化点为分界点,确定剪力方程和弯矩方程的适用区间,即划定剪力图和弯矩图各自的分段连续区间。

(3)计算控制点的内力值。分段点左右两侧面的剪力和弯矩值一般是不相同的,需要分别计算出来。假想在分段点把梁切开,将梁分成两段,分段点也称为控制点。计算控制点内力值,实际上就是求各段连续内力曲线开区间的端点值。

(4)确定每段内力图的形状。由每段剪力方程和弯矩方程 z 的幂次,可判断出该段剪力图和弯矩图的图形形状。

(5)连线作图。在所划定的各段连续区间内,依据内力图的形状,连接各相应的控制点,即可作出整个梁的剪力图和弯矩图。

(6)注明数据和符号。在所绘制的剪力图和弯矩图中,注明各控制点的内力坐标值和各段剪力和弯矩的正负号。

(7)确定剪力图和弯矩图中绝对值最大的剪力值和弯矩值及相应截面的位置。

7.2.2　微分法作梁的剪力图和弯矩图

7.2.2.1　荷载集度、剪力和弯矩之间的微分关系

在例7-4中,梁的剪力方程和弯矩方程分别为

$$Q = \frac{qL}{2} - qx, M = \frac{qL}{2}x - \frac{q}{2}x^2$$

可以看出,弯矩、剪力与分布荷载之间存在着微分关系。现在就来推导这三者之间的普遍的微分关系。

如图7-14(a)所示,梁上作用有任意的分布荷载,其集度为 $q = q(x)$,并规定 $q(x)$ 指向向上为正。在距 O 端距离为 x 处,截出微段梁 dx 来研究,如图7-14(b)所示。

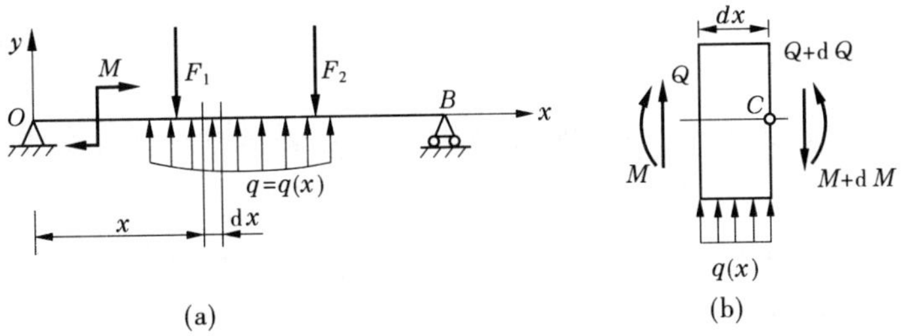

图7-14

设此微段梁左边截面上的剪力和弯矩分别为 Q 和 M,右边截面上的剪力和弯矩分别为 $Q + dQ$ 和 $M + dM$;作用在此微段梁荷载为均布荷载,设以上各力皆为正向,根据平衡条件

$$\sum Y = 0, Q + q\mathrm{d}x - (Q + \mathrm{d}Q) = 0$$

得
$$\frac{\mathrm{d}Q}{\mathrm{d}x}=q \tag{7-3}$$

由
$$\sum M_c=0$$

得
$$-M-Q\mathrm{d}x-q\mathrm{d}x\frac{\mathrm{d}x}{2}+(M+\mathrm{d}M)=0$$

略去高阶微量 $q\mathrm{d}x\frac{\mathrm{d}x}{2}$

$$\frac{\mathrm{d}M}{\mathrm{d}x}=Q \tag{7-4}$$

将式(7-4)代入式(7-3),可得

$$\frac{\mathrm{d}^2M}{\mathrm{d}x^2}=q \tag{7-5}$$

以上三式表示了弯矩、剪力与分布荷载之间存在着的微分关系。

7.2.2.2 荷载集度、剪力和弯矩之间微分关系的应用

由式(7-3)、式(7-4)、式(7-5)可以看出,梁上的载荷和剪力、弯矩之间存在如下一些关系。

在无分布荷载作用的梁段上,由于 $q(x)=0$,$\frac{\mathrm{d}Q}{\mathrm{d}x}=q(x)=0$,因此 $Q(x)=$ 常数,即剪力图为一水平直线。由于 $Q(x)=$ 常数,$\frac{\mathrm{d}M}{\mathrm{d}x}=Q(x)=$ 常数,$M(x)$ 是 x 的一次函数,弯矩图是斜直线,其斜率则随 Q 值而定。

对于有均布荷载作用的梁段,由于 $q(x)=$ 常数,则$\frac{\mathrm{d}^2M(x)}{\mathrm{d}x^2}=\frac{\mathrm{d}Q}{\mathrm{d}x}=$常数,故在这一段内 $Q(x)$是 x 的一次函数,而 $M(x)$是 x 的二次函数,因而剪力图是斜直线而弯矩图是抛物线。具体地说,当分布荷载向上,即 $q>0$ 时,$\frac{\mathrm{d}^2M(x)}{\mathrm{d}x^2}>0$,弯矩图为凹曲线;反之,当分布荷载向下,即 $q<0$ 时,弯矩图为凸曲线。

若在梁的某一截面上 $Q(x)=0$,即$\frac{\mathrm{d}M}{\mathrm{d}x}=0$,亦即弯矩图的斜率为零,则在这一截面上弯矩为一极值。

在集中力作用处,剪力 Q 有一突变(其突变的数值即等于集中力),因而弯矩图的斜率也发生一突然变化,成为一个转折点。

在集中力偶作用处,弯矩图将发生突变,突变的数值即等于力偶矩的数值。

$|M|_{\max}$不但可能发生在 $Q=0$ 的截面上,也可能发生在集中力作用处,或集中力偶作用处,所以求$|M|_{\max}$时,应考虑上述几种可能性。

在几种荷载作用下剪力图和弯矩图的特征见表 7-1。为了进一步加深印象和便于记忆,用下面的口诀表述:

表 7-1　在几种荷载作用下剪力图和弯矩图的特征

一段梁上的外力情况	向下的均布荷载 q	无荷载	集中力 F C	集中力偶 m C
剪力图上的特征	向下倾斜的直线 ⊕ 或 ⊖	水平直线一般为 ⊕ 或 ⊖	在C处的突变 C	在C处无变化 C
弯矩图上的特征	下凸二次抛物线 或	一般为斜直线 或	在C处有折角 或	在C处有突变 C m
最大弯矩所在截面上的可能位置	在$F_s=0$的截面上		在剪力突变的截面上	在C截面左侧或右侧截面上

Q 图：没有荷载水平线，均布荷载斜直线；

力偶荷载无影响，集中荷载有突变。

M 图：没有荷载斜直线，均布荷载抛物线；

集中荷载有尖点，力偶荷载有突变。

7.2.2.3　用简捷法绘制梁的剪力图和弯矩图

利用梁的剪力、弯矩与荷载集度间的微分关系绘制梁的内力图，因这种方法简便、快捷而称之简捷法。同时，我们还可以用这些规律来校核用其他方法作出的内力图的正确性。一般取梁的端点、支座及荷载变化处（集中力处、集中力偶处、均布荷载起始处）为控制截面，求这些控制截面的剪力和弯矩，再按内力图的特征画图即可。具体步骤为：

(1)计算支座约束力，应用平衡方程求解。

(2)将梁分段，在集中力处、分布荷载起始处、集中力偶处划分，一般分界截面即梁的控制截面。

(3)求各控制截面内力值，应用外力求内力的方法计算。

(4)画内力图，根据各梁段内力图特征逐段进行。

(5)校核内力图并确定最大值。

下面举例说明。

【例 7-7】　计算如图 7-15(a)所示梁的内力图。

解：(1)求支座约束力。由平衡方程 $\sum M_A = 0$ 及 $\sum F_y = 0$ 可得

$$F_{Ay} = 15\ \text{kN}\quad F_{By} = 11\ \text{kN}$$

(2)将梁分段，根据控制截面定义将梁分为 EA、AC、CD、DB、BF 五段。

(3)分段作内力图。

作梁剪力图：

EA 段　水平直线：　$Q_E = Q_{A左} = -6\ \text{kN}$

AC 段　向下斜的直线：$Q_{A右} = -6+15 = 9(\text{kN})$，$Q_C = -6+15-2\times4 = 1(\text{kN})$

CD 段　水平直线：　$Q_{D左} = -6+15-2\times4 = 1(\text{kN})$

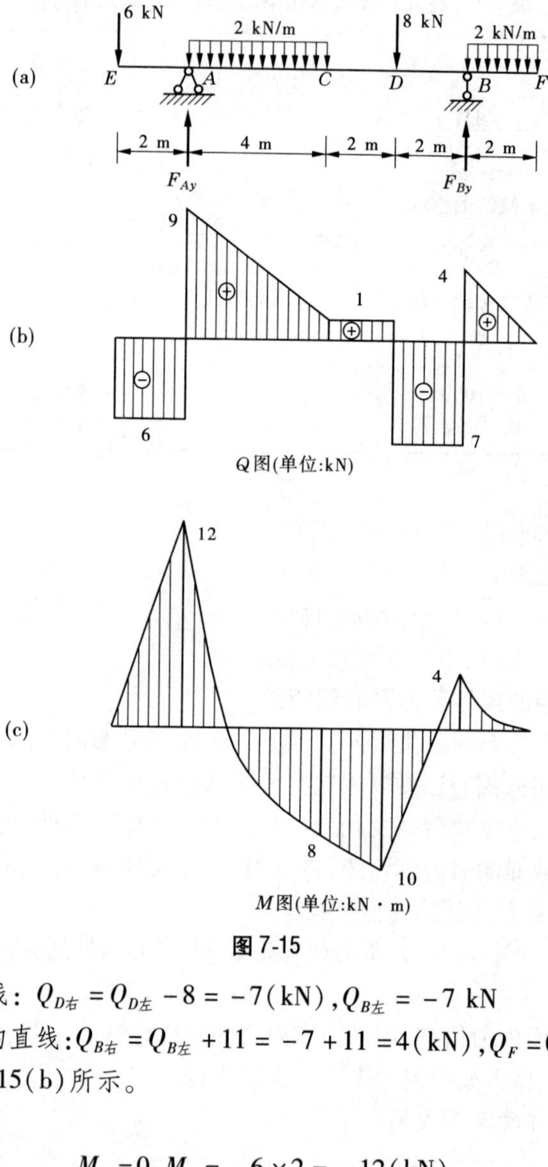

图 7-15

DB 段　水平直线：$Q_{D右} = Q_{D左} - 8 = -7(\text{kN}), Q_{B左} = -7\ \text{kN}$

BF 段　向下斜的直线：$Q_{B右} = Q_{B左} + 11 = -7 + 11 = 4(\text{kN}), Q_F = 0$

梁剪力图如图 7-15(b)所示。

作梁弯矩图：

EA 段　斜直线：　$M_E = 0, M_A = -6 \times 2 = -12(\text{kN})$

AC 段　抛物线：$M_c = -6 \times 6 + 15 \times 4 - 2 \times 4 \times 2 = 8(\text{kN} \cdot \text{m})$

CD 段　斜直线：　$M_D = -2 \times 2 \times 3 + 11 \times 2 = 10(\text{kN} \cdot \text{m})$

DB 段　斜直线：　$M_B = -2 \times 2 \times 1 = -4(\text{kN} \cdot \text{m})$

BF 段　抛物线：　$M_F = 0$

由于在剪力图中 *AC* 段中没有剪力为零的点，故此在这两段中没有极值。作出弯矩图如图 7-15(c)所示。

【例 7-8】 如图 7-16(a)所示，试作梁的内力图。

解：(1)求支座约束力。由平衡方程得

$$F_{Ay} = 7\ \text{kN}, F_{By} = 5\ \text{kN}$$

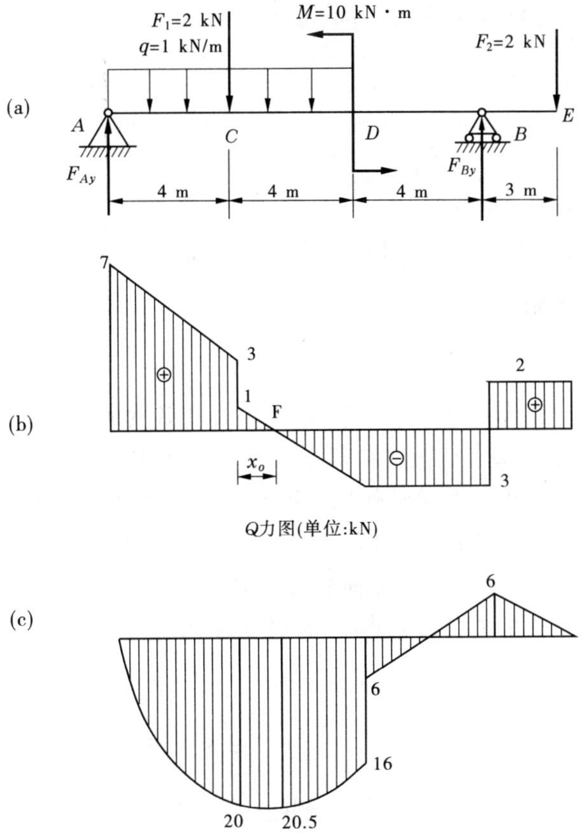

Q力图(单位:kN)

M矩图(单位:kN · m)

图 7-16

(2)将梁分段。根据控制截面定义将梁分为 AC、CD、DB、BE 四段。

(3)分段作内力图。

作剪力图:

AC 段　向下斜的直线:$Q_A = F_{Ay} = 7\ \text{kN}, Q_{C左} = F_{Ay} - 4q = 3\ \text{kN}$

CD 段　向下斜的直线 :$Q_{C右} = 1\ \text{kN}, Q_D = -3\ \text{kN}$

DB 段　水平直线 :$Q_{B左} = F_2 - F_{By} = -3\ \text{kN}$

EB 段　水平直线 : $Q_{B右} = F_2 = 2\ \text{kN}$,其中 F 点剪力为零,M 有极值,令其距 C 截面的距离为 x_0 ,则 $x_0 = \dfrac{|Q_C|}{|q|} = \dfrac{1}{1} = 1(\text{m})$ 。

作弯矩图:

AC 段　抛物线:

$$M_A = 0$$

$$M_C = 4F_{Ay} - \frac{q}{2} \times 4^2 = 20(\text{kN} \cdot \text{m})$$

CD 段　抛物线:

$$M_{D左} = F_{Ay} \times 8 - q \times 8 \times \frac{8}{2} - F_1 \times 4 = 16(\text{kN} \cdot \text{m})$$

$$M_{\max}=M_F=F_{Ay}\times5-q\times5\times\frac{5}{2}-F_1\times1=20.5(\text{kN}\cdot\text{m})$$

DB 段　斜直线：

$$M_{D右}=-7F_2+4F_{By}=6(\text{kN}\cdot\text{m})$$
$$M_B=-3F_2=-6(\text{kN}\cdot\text{m})$$

BE 段　斜直线：$M_E=0$

剪力图与弯矩图如图 7-16(b)、(c)所示。

7.2.3　叠加法作弯矩图

7.2.3.1　叠加原理

材料在弹性范围内，在小变形条件下，梁在多种荷载共同作用下产生的某量值(支座约束力、变形、某截面内力等)等于各荷载单独作用时所引起的该量值的叠加(代数和)。运用叠加原理，先求每一种荷载单独作用下引起的约束力或内力，然后代数相加，即得所有荷载共同作用下产生的约束力和内力，这种方法称为叠加法。

图 7-17(a)所示悬臂梁，将其所受荷载可看成集中力 (F) 和分布力 (q) 单独作用状态的叠加，固定端支座约束力可看成集中力产生的约束力 ($F_{A1}=F, M_{A1}=F\times l$) 和分布力产生的约束力 ($F_{A2}=ql, M_{A2}=\frac{ql^2}{2}$) 的叠加，即

$$F_A=F_{A1}+F_{A2}=F+ql$$
$$M_A=M_{A1}+M_{A2}=Fl+\frac{ql^2}{2}$$

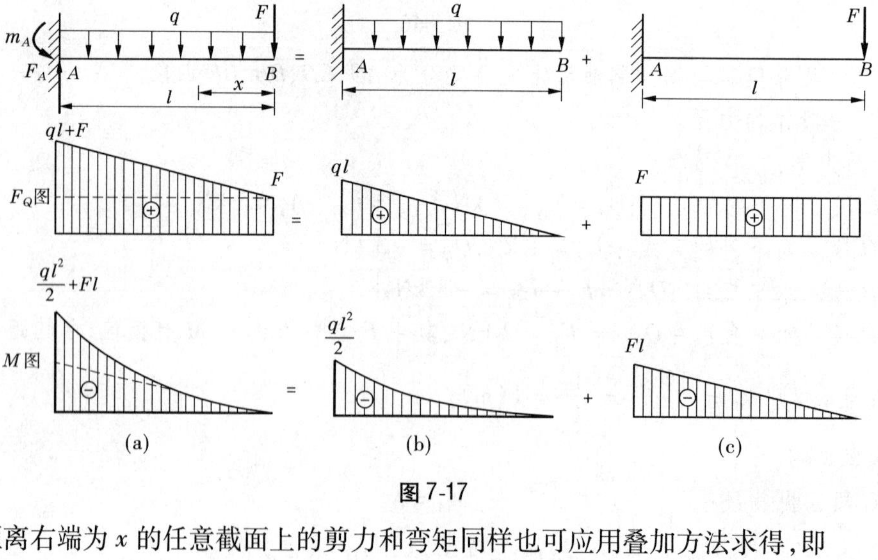

图 7-17

距离右端为 x 的任意截面上的剪力和弯矩同样也可应用叠加方法求得，即

$$Q=F_{Q1}+F_{Q2}=F+qx$$
$$M=M_1+M_2=-Fx-\frac{1}{2}qx^2$$

将其内力图叠加，就可得到梁上同时作用集中力 F 和均布荷载 q 时的剪力图和弯矩图。

注意：内力图的叠加是将对应截面上的内力值代数相加，而不是内力图形的简单几何拼合。一般情况下，叠加法不用来画剪力图（过程不够简单），常用来绘制弯矩图。

表 7-2　静定梁在简单荷载作用下的 $F_Q(Q)$ 图、M 图

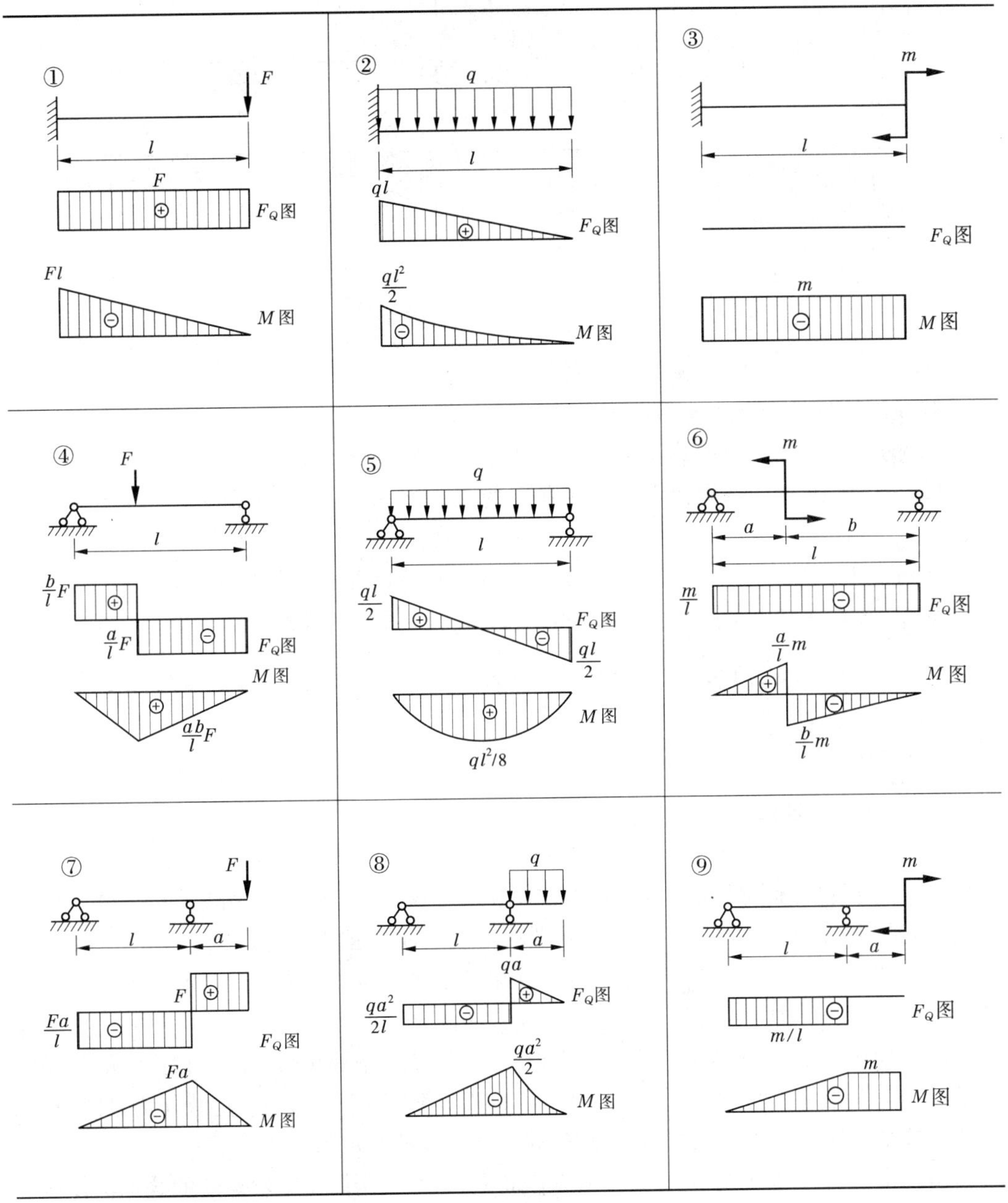

7.2.3.2　叠加法绘制内力图

叠加法绘内力图的步骤：

(1)荷载分组。把梁上作用的复杂荷载分解为几组简单荷载单独作用情况。

(2)分别作出各简单荷载单独作用下梁的剪力图和弯矩图。各简单荷载作用下单跨静定梁的内力图可查表 7-2。

(3)叠加各内力图上对应截面的纵坐标代数值,得梁原荷载作用下的内力图。

【例 7-9】 如图 7-18(a)所示,运用叠加法画出简支梁的弯矩图。

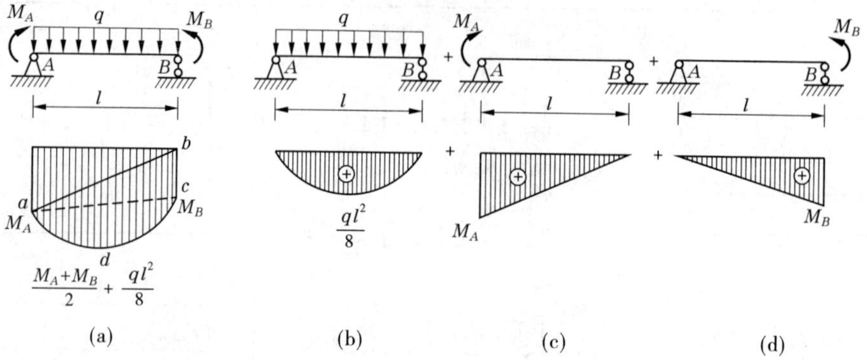

图 7-18

解:(1)将荷载分解为 q、M_A、M_B 单独作用情况。

(2)分别作出各简单荷载单独作用下梁的弯矩图,如图 7-18(b)、(c)、(d)所示。

(3)叠加各单独荷载弯矩图上对应截面的纵坐标代数值,得梁原荷载作用下的弯矩图。

先画出 M_A 单独作用下梁的弯矩图,再以 ab 为基线(画成虚线),画 M_B 单独作用下梁的弯矩图,在 B 端向下量取 $bc = M_B$,再以 ac 为基线,画均布荷载 q 单独作用下梁的弯矩图,在跨中向下量取$\frac{ql^2}{8}$于 d 点,用曲线连接 adc 即为最终弯矩图。由图示几何关系可知,梁跨中弯矩值为$\frac{M_A + M_B}{2} + \frac{ql^2}{8}$。

7.2.3.3 区段叠加法

对于复杂荷载作用梁段,也可以运用叠加法作内力图。图 7-19(a)所示简支梁,梁上承受集中力 F 和均布荷载 q 作用,如果已求出该梁截面 A、B 的弯矩分别为 M_A、M_B,则可取出 AB 梁段为脱离体,由其平衡条件分别求出截面 A、B 的剪力 Q_A、Q_B,如图 7-19(b)所示。此梁段的受力图与图 7-19(c)所示简支梁的受力图完全相同,所以由简支梁平衡条件可求出其支座反力 $F_A = Q_A$、$F_B = Q_B$。因此,区段 AB 梁段的弯矩图可用对应简支梁弯矩图的叠加法作出,其过程同例 7-9 完全相同。用叠加法画梁段的弯矩图时,一般先确定两端截面的弯矩值,如 BD 梁段,先求出 M_B 和 M_D,将两端截面弯矩的连线作为基线,在此基线上叠加区段间作用荷载时的弯矩图,即得该梁段的弯矩图。

由以上分析可知,任意梁段都可以看作简支梁,都可用简支梁弯矩图的叠加法作该梁段的弯矩图。这种作图方法称为区段叠加法。运用区段叠加法作静定梁的弯矩图,应先将梁分段。分段的原则是:分界截面的弯矩值易求;所分梁段对应简支梁的弯矩图易画,可通过表 7-2 查到。

【例 7-10】 如图 7-20(a)所示,运用叠加法作外伸梁的弯矩图。

解:(1)梁的受力如图 7-20(b)所示,由平衡条件求得支座约束力分别为

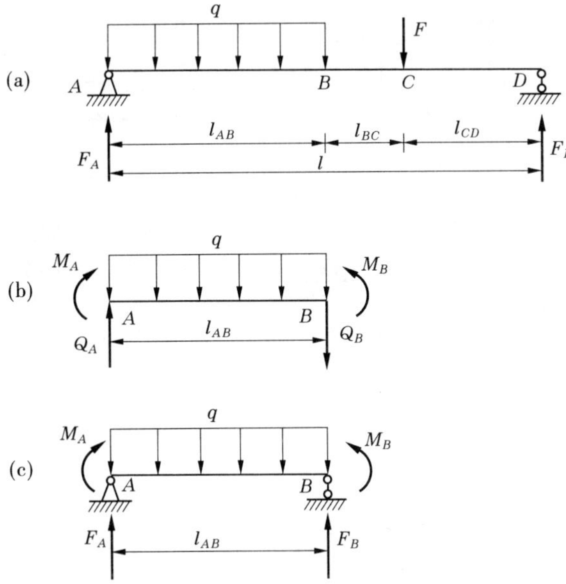

图7-19

$$F_A = 15\ \text{kN} \qquad F_B = 11\ \text{kN}$$

(2)将梁划分为 CA、AD、DB、BH 等四个梁段,即可视为四个简支梁,各控制面弯矩值分别为:

$$M_C = 0$$

$$M_A = -6 \times 2 = -12(\text{kN}\cdot\text{m})$$

$$M_D = -6 \times 6 + 15 \times 4 - 2 \times 4 \times 2 = 8(\text{kN}\cdot\text{m})$$

$$M_B = -2 \times 2 \times 1 = -4(\text{kN}\cdot\text{m})$$

$$M_H = 0$$

由各控制面弯矩作出直线弯矩图如图7-20(c)所示。因在 AD 和 BH 梁段还有均布荷载,DB 段有集中力,通过查表7-2可知均布荷载作用在简支梁上产生的弯矩图和集中力作用在简支梁上产生的弯矩图如图7-20(d)所示。将图7-20(c)和图7-20(d)叠加得图7-20(e),即为图7-20(a)所示外伸梁的弯矩图。

其中 AD、BH 段中点和 E 点的弯矩值分别为:

$$M_{AD中} = \frac{M_A + M_D}{2} + \frac{ql_{AD}^2}{8} = \frac{-12+8}{2} + \frac{2 \times 4^2}{8} = 2(\text{kN}\cdot\text{m})$$

$$M_{BH中} = \frac{M_B + M_H}{2} + \frac{ql_{BH}^2}{8} = \frac{-4+0}{2} + \frac{2 \times 2^2}{8} = -1(\text{kN}\cdot\text{m})$$

$$M_E = \frac{M_D + M_B}{2} + \frac{Fl_{DB}}{4} = \frac{8-4}{2} + \frac{8 \times 4}{4} = 10(\text{kN}\cdot\text{m})$$

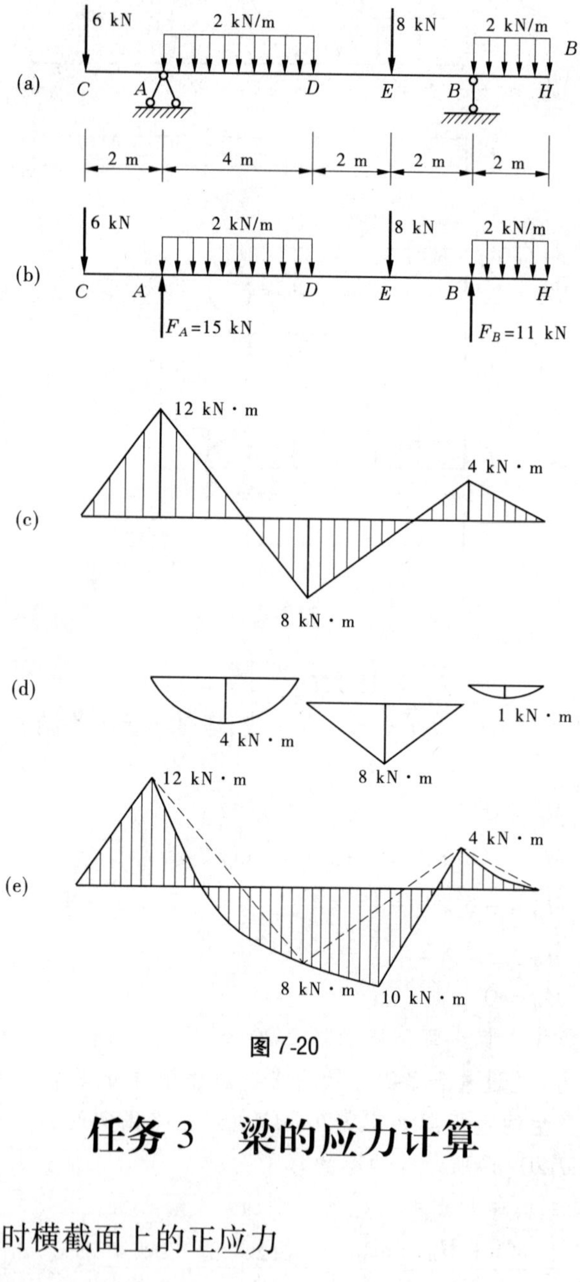

图 7-20

任务3　梁的应力计算

7.3.1　平面弯曲时横截面上的正应力

梁发生平面弯曲时横截面上一般产生剪力 Q 和弯矩 M。梁发生平面弯曲时,横截面上的剪力 Q 和弯矩 M 分别代表梁横截面上分布内力的合力,显然,只有横截面上切向分布的内力才能组成剪力 Q,而横截面上法向分布的内力才能组成弯矩 M。所以,梁的横截面上将产生连续分布的剪应力和正应力。本节将介绍梁横截面上应力的分布规律以及应力与内力之间的定量关系,由此来建立梁的强度条件。

7.3.1.1　纯弯曲梁横截面上的正应力

对于平面弯曲梁,根据其横截面上内力存在形式不同可分为纯弯曲和横力弯曲。纯弯曲是指梁段的各个横截面上只有弯矩而无剪力，如图7-21中 CD 梁段。横力弯曲是指梁段的各个横截面既有剪力又有弯矩，如图7-21中 AC、DB 梁段。由于梁的正应力与弯矩有关，为了使正应力的研究不受剪应力的影响，先取纯弯曲梁段来研究其横截面上的正应力。

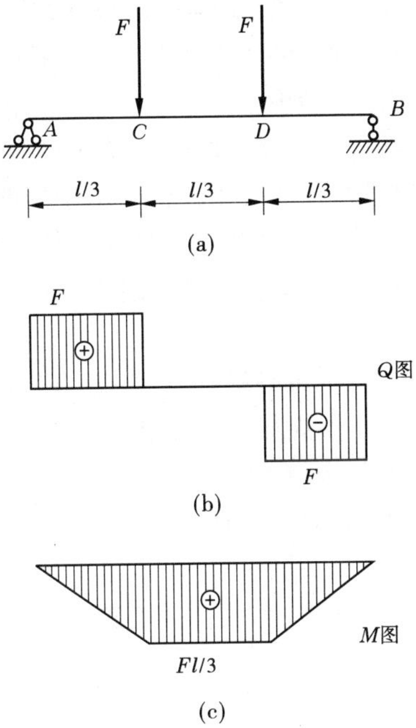

图7-21

取一矩形等截面梁，在梁未承受荷载之前，在其表面上做两种标记，一种是与梁轴平行的纵向线；另一种是与纵向线相垂直的横向线，如图7-22(a)所示。然后，在梁的两端施加一对大小相等，方向相反的力偶，梁将发生纯弯曲变形，如图7-22(b)所示。受力后可观察到下列现象：

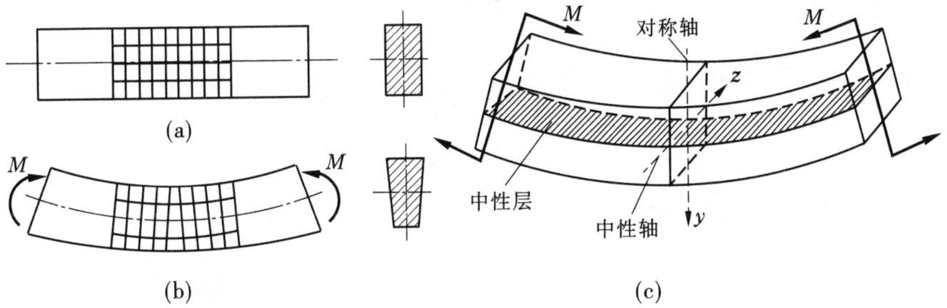

图7-22

(1)横向线仍为直线，但转过了一个小角度；

(2)纵向线变为曲线，但仍与横向线保持垂直；

(3)位于凹边的纵向线缩短，凸边的纵向线伸长；

(4)观察横截面情况，在梁宽方向，它的上部伸长，下部缩短，分别和梁的纵向缩短

(上部)或伸长(下部)存在简单的比例关系。

根据上述表面变形现象,对梁的变形和受力作如下假设。

(1)弯曲的平面假设。梁的各个横截面在变形后仍保持为平面,并且仍然垂直于变形后的梁的轴线,只是绕横截面上的某轴转过了一个角度。

(2)单向受力假设。纵向"纤维"之间互不牵扯,每根纤维都只产生轴向拉伸或压缩。

实践表明,以上述假设为基础导出的应力和变形公式符合实际情况。同时,在纯弯曲情况下,由弹性理论也得到了相同的结论。

由上述假设可以建立起梁的变形模式,如图 7-22(c)所示。设想梁由许多层纵向纤维组成,变形后,梁的上层纤维缩短,下层纤维伸长。由于变形的连续性,其中必有一层纤维既不伸长,也不缩短,这层纤维称为中性层。中性层与横截面的交线称为中性轴,中性轴与横截面对称轴垂直。梁纯弯曲时,横截面就是绕中性轴转动,并且每根纵向纤维都处于轴向拉伸或压缩的简单受力状态。

在材料的弹性受力范围内,正应力与纵向应变成正比。可见,横截面上正应力的分布规律与各点的变形规律一样:上、下边缘的点应力最大,中性轴上为零,其余各点的应力大小与到中性轴的距离成正比,如图 7-23所示。

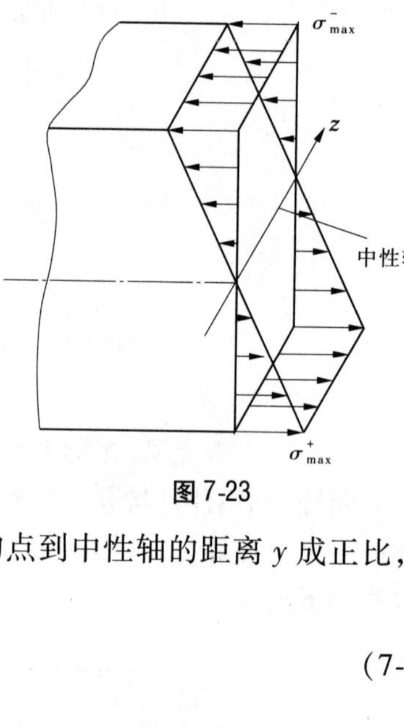

图 7-23

为解决梁的强度问题,在求得梁的内力后,必须进一步研究横截面上的应力分布规律。

7.3.1.2 梁的正应力计算公式

由单向受力假设,梁横截面上各点的正应力计算式可表示为

$$\sigma = E\varepsilon \tag{7-6}$$

其中,ε 表示梁内任意一根纤维的线应变,它与所计算的点到中性轴的距离 y 成正比,与反映梁弯曲程度的曲率 $1/\rho$ 成正比,即

$$\varepsilon = \frac{1}{\rho}y \tag{7-7}$$

于是,正应力计算式可表示为

$$\sigma = E\frac{y}{\rho} \tag{7-8}$$

梁的曲率 $1/\rho$ 与截面的弯矩成正比;与截面的抗弯刚度 EI_z 成反比,即

$$\frac{1}{\rho} = \frac{M}{EI_z} \tag{7-9}$$

将式(7-9)代入式(7-8)得正应力计算公式为

$$\sigma = \frac{My}{I_z} \tag{7-10}$$

式中,M 为所求应力点所在横截面上的弯矩;y 为所求的应力点相对中性轴的坐标;I_z 为截面对中性轴的惯性矩。

式(7-10)表明:梁横截面上任一点的正应力与该截面的弯矩 M 及该点到中性轴的距

离 y 成正比，与该截面对中性轴的惯性矩成反比；正应力沿截面高度成线性分布，中性轴上各点的正应力为零。

用式(7-10)计算梁的正应力时，弯矩 M 及某点到中性轴的距离 y 均以绝对值代入，而正应力的正负号则由梁的变形确定：以中性轴为界，梁变形后的凸出边为拉应力，取正号；凹入边为压应力，取负号。

7.3.1.3 正应力的计算公式适应条件

(1)由正应力计算公式的推导可知，它的适用条件是：纯弯曲梁；梁的最大正应力不超过材料的比例极限。

(2)对于横力弯曲梁，由于横截面上切应力的作用，梁受载后，横截面将发生翘曲；同时，由于剪力的作用，梁各纵向纤维不再是单向受力，而在各纵向纤维之间还存在着挤压。因此，在推导纯弯曲梁横截面上正应力时的平面假设和单向受力假设已不再成立。但是由弹性力学的精确分析证明对于梁跨度 l 与截面高度 h 之比 l/h 大于 5 的细长梁，应用式(7-10)计算梁的正应力，误差很小，满足工程精度所允许的范围。因此，式(7-10)也可应用于 l/h 大于 5 的横力弯曲的细长梁。

(3)梁的正应力计算公式虽然用的是矩形截面梁，但公式在推导过程中，并不涉及矩形截面的几何性质。所以，只要发生平面弯曲的梁，式(7-8)均适用。

【例 7-11】 如图 7-24 所示的悬臂梁，试求梁 1—1 截面上 a、b 两点的正应力。

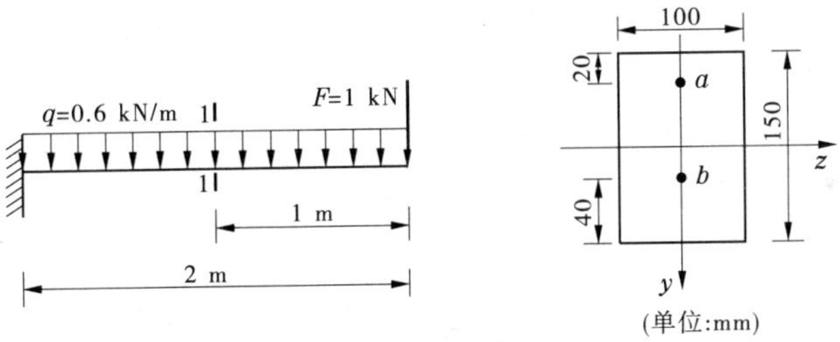

图 7-24

解：(1)计算 1—1 截面上的弯矩。应用截面法，求得该截面上的弯矩为

$$M_1 = -1\times 1 - 0.6\times 1\times 0.5 = -1.3(\text{kN}\cdot\text{m})$$

(2)确定中性层的位置，并计算惯性矩。因为截面有两根对称轴，如果力沿着 y 轴方向，则中性轴必为另一根对称轴 z，矩形截面对中性轴的惯性矩为

$$I_z = \frac{bh^3}{12} = \frac{100\times 150^3}{12} = 2.8125\times 10^7(\text{mm}^4)$$

(3)计算 a、b 两点的正应力

$$\sigma_a = \frac{M_1 y_a}{I_z} = \frac{-1.3\times 10^6\times(-55)}{2.8125\times 10^7} = 2.54(\text{MPa})$$

$$\sigma_b = \frac{M_1 y_b}{I_z} = \frac{-1.3\times 10^6\times 35}{2.8125\times 10^7} = -1.62(\text{MPa})$$

由应力的正负号可知，1—1 截面上点 a 处为拉应力，点 b 处为压应力。

7.3.2 梁的剪应力

在荷载作用下，梁的横截面上不仅有正应力还有剪应力，剪应力是剪力在横截面上的分布集度。

剪应力在横截面上的分布情况比较复杂，本书只介绍几种常见截面形式的剪应力最大值计算。

7.3.2.1 矩形截面梁的剪应力

如图7-25(a)所示矩形截面梁横截面上剪应力的一些规律是：

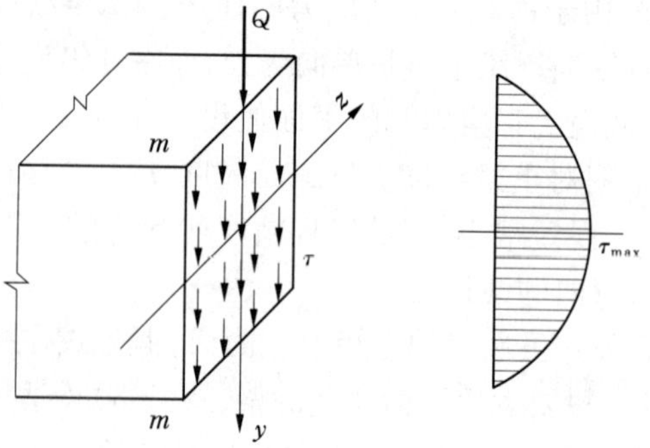

图7-25

(1)剪应力 τ 的方向与剪力 Q 相同；

(2)与中性轴距离相等的各点剪应力相等；

(3)剪应力沿截面高度 h 按抛物线分布，如图7-25(b)所示，在截面的上、下边缘剪应力为零，中性轴上剪力最大。

$$\tau_{\max} = 1.5\frac{Q}{A} \tag{7-11}$$

式(7-11)说明：矩形截面梁横截面上的最大剪应力为该截面的平均剪应力的1.5倍。

7.3.2.2 其他截面梁的剪应力

(1)工字形截面梁的剪应力。工字形截面梁如图7-26所示，其上、下腹板和中间翼缘均由窄长的矩形组成。

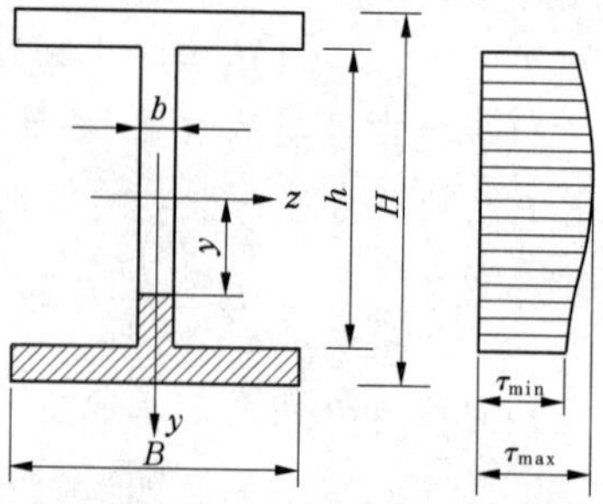

图7-26

翼缘面积上的切应力基本沿水平方向，且数值很小，可略去不计。

中间腹板部分是窄长矩形，所以矩形截面剪应力分布规律在这部分是适用的。在中性轴上的剪应力最大，其值为：

$$\tau_{\max} = \frac{QS_z}{I_z b} \tag{7-12}$$

式中，Q 为横截面上的剪力；S_z 为中性轴以上(或以下)部分截面(包括翼缘)对中性轴的面积矩；I_z 为工字形截面对中性轴的惯性矩；b 为腹板宽度。

(2)圆形及圆环形截面。圆形及圆环形截面上的切应力情况比较复杂。但最大切应力仍发生在中性轴上各点处,并且切应力方向都与剪力 Q 的方向平行,且各点处的切应力均相等(见图7-27),其值为:

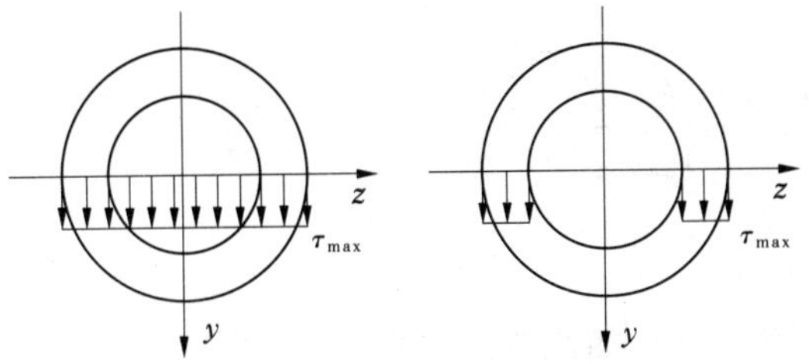

(a) (b)

图7-27

圆形 $$\tau_{max}=\frac{4}{3}\times\frac{Q}{A} \tag{7-13}$$

圆环形 $$\tau_{max}=2\times\frac{Q}{A} \tag{7-14}$$

式中,Q 为所求点横截面上的剪力;A 为横截面的面积。

任务4 梁的强度计算

7.4.1 梁的正应力强度计算

有了梁的正应力计算公式后,便可以计算梁中最大的正应力,建立正应力强度条件,对梁进行强度计算。弯曲变形的梁,最大弯矩 M_{max} 所在的截面是危险截面,该截面上距中性轴最远的边缘 y_{max} 处的正应力最大,是危险点。

$$\sigma_{max}=\frac{M_{max}y_{max}}{I_z}=\frac{M_{max}}{\frac{I_z}{y_{max}}}$$

由于 I_z、y_{max} 都是与截面的几何尺寸有关的量,若令 $W_z=\frac{I_z}{y_{max}}$,则正应力最大值计算式可写为

$$\sigma_{max}=\frac{M_{max}}{W_z} \tag{7-15}$$

式中,W_z 为抗弯截面系数,是衡量截面抗弯强度的一个几何量,单位一般用 mm^3 或 m^3。

对于宽为 b、高为 h 的矩形截面:

$$W_z=\frac{I_z}{y_{max}}=\frac{\frac{bh^3}{12}}{\frac{h}{2}}=\frac{bh^2}{6}$$

对于半径为 R 的圆截面:

$$W_z=\frac{I_z}{y_{max}}=\frac{\frac{\pi R^4}{4}}{R}=\frac{\pi R^3}{4}$$

对于内半径为 r,外半径为 R 的圆环形截面:

$$W_z=\frac{I_z}{y_{max}}=\frac{\frac{\pi R^4}{4}(1-\alpha^4)}{R}=\frac{\pi R^3}{4}(1-\alpha^4)$$

式中,$\alpha=\frac{r}{R}$。

关于各种型钢截面惯性矩 I_z 和抗弯截面系数 W_z 的数值,可从附录中查到。

保证梁内最大正应力不超过材料的容许应力,就是梁的强度条件,可分为两种情况表达如下:

(1)材料的抗拉和抗压能力相同,正应力强度条件为:

$$\sigma_{max}=\frac{M_{max}}{W_z}\leqslant[\sigma] \tag{7-16}$$

(2)材料的抗拉和抗压能力不同时,常将梁的截面做成上、下与中性轴不对称的形式,如T形、槽形截面等,这时,梁的正应力强度条件为:

$$\sigma_{max}^{+}=\frac{|M|_{max}}{W_1}\leqslant[\sigma_1] \tag{7-17}$$

$$\sigma_{max}^{-}=\frac{|M|_{max}}{W_2}\leqslant[\sigma_y] \tag{7-18}$$

式中,$W_1=\frac{I_z}{y_1}$,$W_2=\frac{I_z}{y_2}$,y_1 为梁的受拉边缘到中性轴的距离;y_2 为梁的受压边缘到中性轴的距离;σ_{max}^{+} 为最大拉应力;σ_{max}^{-} 为最大压应力;$[\sigma_1]$ 为容许的最大拉应力;$[\sigma_y]$ 为容许的最大压应力。

运用正应力的强度条件,可解决梁的三类强度计算问题:

(1)校核强度。已知梁的横截面形状及尺寸、材料的许用应力$[\sigma]$及所受荷载,校核梁是否满足正应力强度条件。应当指出,如果工作应力 σ_{max}超过了许用应力$[\sigma]$,但只要不超过许用应力的5%,在工程计算中仍然是允许的。

$$\sigma_{max}=\frac{M_{max}}{W_z}\leqslant[\sigma]$$

(2)截面设计。已知梁所承受的荷载及材料的许用应力$[\sigma]$,设计梁所需的横截面尺寸,即利用强度条件计算所需的抗弯截面系数。然后,根据梁的截面形状,再由 W_z 进一步确定截面的具体尺寸或型钢号。

$$W_z\geqslant\frac{M_{max}}{[\sigma]} \tag{7-19}$$

(3)计算容许荷载。已知梁的横截面尺寸及材料的许用应力$[\sigma]$,根据强度条件计算梁所能承受的最大弯矩,再由 M_{max}与荷载之间的关系,计算梁所能承受的最大荷载。

$$M_{max}\leqslant W_z[\sigma] \tag{7-20}$$

【例7-12】 如图7-28所示的20a工型钢，跨度$L=5$ m，跨中承受集中荷载$F=30$ kN作用。已知容许正应力$[\sigma]=170$ MPa，不计梁的自重，试校核梁的正应力强度。

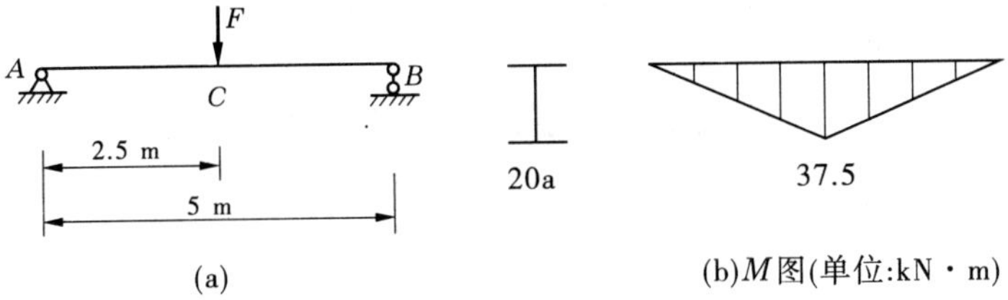

图7-28

解：(1)最大弯矩发生在跨中截面，其值为

$$M_{\max}=\frac{1}{4}FL=\frac{1}{4}\times 30\times 5=37.5(\mathrm{kN\cdot m})$$

(2)计算抗弯截面系数W_z。由附录中型钢表查得工字钢20a的抗弯截面系数

$$W_z=237\ \mathrm{cm}^3$$

(3)校核正应力强度。

$$\sigma_{\max}=\frac{M_{\max}}{W_z}=\frac{37.5\times 10^6}{237\times 10^3}=158.2(\mathrm{MPa})<[\sigma]=170(\mathrm{MPa})$$

此梁满足正应力强度要求。

【例7-13】 如图7-29(a)所示为普通热轧工型钢制成的简支梁。受$F=120$ kN集中力作用，钢材的许用正应力$[\sigma]=150$ MPa，许用切应力$[\tau]=100$ MPa，试选择该梁工型钢型号。

解：(1)求支座约束力。由静力平衡方程求得支座约束力分别为：

$$Y_A=80\ \mathrm{kN},Y_B=40\ \mathrm{kN}$$

(2)梁的内力图如图7-29(b)、(c)所示。由内力图可知梁内最大剪力和最大弯矩分别为：

$$Q_{\max}=80\ \mathrm{kN},\quad M_{\max}=80\ \mathrm{kN\cdot m}$$

(3)按正应力强度条件选择截面。由正应力强度条件得：

$$W_z\geqslant\frac{M_{\max}}{[\sigma]}=\frac{80\times 10^6}{150}=533\times 10^3(\mathrm{mm}^3)$$

查型钢表得，选28b号工型钢，其弯曲截面系数为$W_z=534.4\ \mathrm{cm}^3$，比计算所需的W_z略大，故可选用28b号工型钢。

【例7-14】 如图7-30所示的矩形截面简支木梁，梁上作用有均布荷载，已知：$L=4$ m，$b=120$ mm，$h=180$ mm，弯曲时木梁的容许正应力$[\sigma]=12$ MPa，求梁的容许荷载$[q]$。

解：(1)计算抗弯截面系数W_z和最大弯矩$M_{\max}$：

$$W_z=\frac{bh^2}{6}=\frac{120\times 180^2}{6}=6.48\times 10^5(\mathrm{mm}^3)$$

$$M_{\max}\leqslant W_z[\sigma]$$

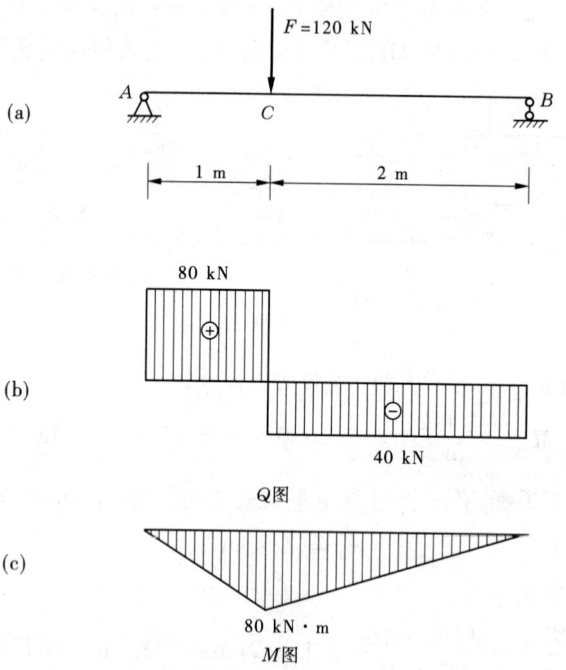

图 7-29

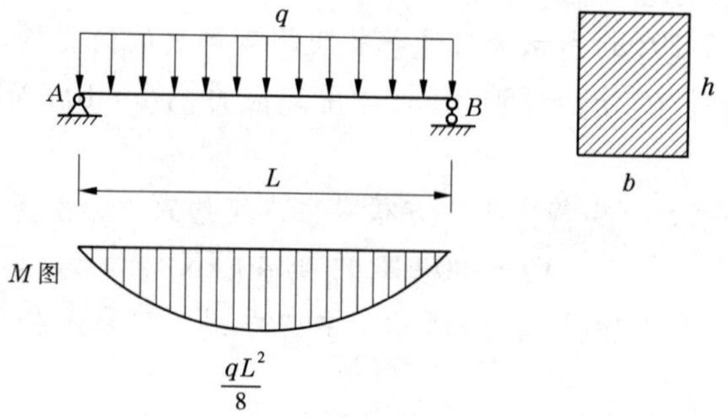

图 7-30

$$M_{max} \leqslant 6.48 \times 10^5 \times 12 = 7.78 \times 10^6 (\mathrm{N \cdot mm}) = 7.78 (\mathrm{kN \cdot mm})$$

(2)计算容许荷载[q]

$$\frac{[q]L^2}{8} \leqslant 7.78$$

$$[q] \leqslant \frac{8 \times 7.78}{4^2} = 3.89 (\mathrm{kN/m})$$

【例 7-15】 如图 7-31(a)所示的 T 形截面铸铁梁。若已知此截面对形心轴 z 的惯性矩 $I_z = 763\ \mathrm{cm}^4$,且 $y_1 = 52$ mm,$y_2 = 88$ mm;铸铁的许用拉应力$[\sigma_1] = 30$ MPa,许用压应力$[\sigma_y] = 90$ MPa。试校核梁的正应力强度。

解:(1)求支座反力。由静力平衡方程求得支座反力分别为:

$$F_{Ay} = 2.5\ \mathrm{kN}, F_{By} = 10.5\ \mathrm{kN}$$

(2)该梁内力图如图 7-31(b)所示。截面 C、B 为危险截面,且两截面弯矩值分别为:

$$M_C = 2.5\ \text{kN}\cdot\text{m}, M_B = 4\ \text{kN}\cdot\text{m}$$

(3)强度校核。截面 C 产生最大正弯矩,最大拉应力发生在截面的下边缘,最大压应力发生在截面的上边缘,其值分别为:

$$\sigma_{l\max} = \frac{M_C y_2}{I_z} = \frac{2.5\times10^6\times88}{763\times10^4} = 28.8(\text{MPa}) < [\sigma_l] = 30(\text{MPa})$$

$$\sigma_{y\max} = \frac{M_{zC} y_1}{I_z} = \frac{2.5\times10^6\times52}{763\times10^4} = 17.1(\text{MPa}) < [\sigma_y] = 90(\text{MPa})$$

B 截面产生最大负弯矩,最大拉应力发生在截面的上边缘,最大压应力发生在截面的下边缘,其值分别为:

$$\sigma_{l\max} = \frac{M_B y_2}{I_z} = \frac{4\times10^6\times52}{763\times10^4} = 27.26(\text{MPa}) < [\sigma_l] = 30(\text{MPa})$$

$$\sigma_{y\max} = \frac{M_B y_2}{I_z} = \frac{4\times10^6\times88}{763\times10^4} = 46.13(\text{MPa}) < [\sigma_y] = 90(\text{MPa})$$

显然,此梁强度符合要求。

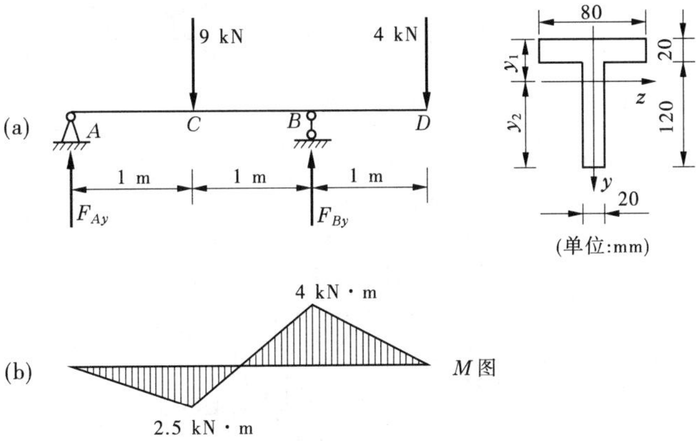

图 7-31

7.4.2 梁的剪应力强度计算

就全梁而言,最大切应力一般发生在最大剪力 $Q_{\max}$ 所在截面的中性轴上各处。为了保证梁安全正常工作,梁不但要满足正应力强度条件,同时还要满足剪应力强度条件,即梁内的最大剪应力值不能超过材料在纯剪切时的许用剪应力$[\tau]$,即

$$\tau_{\max} \leqslant [\tau] \tag{7-21}$$

在梁的强度计算中,必须同时满足正应力和切应力两个强度条件。但对于梁的跨度比截面高度大得多的细长梁,正应力强度条件是梁强度计算的控制条件。因此,按照正应力强度条件所设计的截面(或确定的荷载),常可使剪应力远小于许用剪应力。所以,只需按正应力强度条件进行计算即可。

因为薄壁截面梁腹板较薄,使得中性轴处的剪应力值较大;因为短粗梁或集中荷载作用在支座附近的梁,通常引起梁的最大弯矩较小,而剪力值较大;因木梁在横力弯曲时,中性层处将产生较大的剪应力值,由于木材在顺纹方向的抗剪能力较差,因而可能使木梁在顺纹方向发生剪切破坏。对于以上这几种梁,不但要考虑正应力强度条件,而且还要考虑剪应力强度条件。

【例 7-16】 如图 7-32(a)所示的外伸工型钢梁,型号为 22a。已知 $F=30$ kN,$q=6$ kN/m,材料的许用应力值分别为:$[\sigma]=170$ MPa,$[\tau]=100$ MPa,试校核梁的强度。

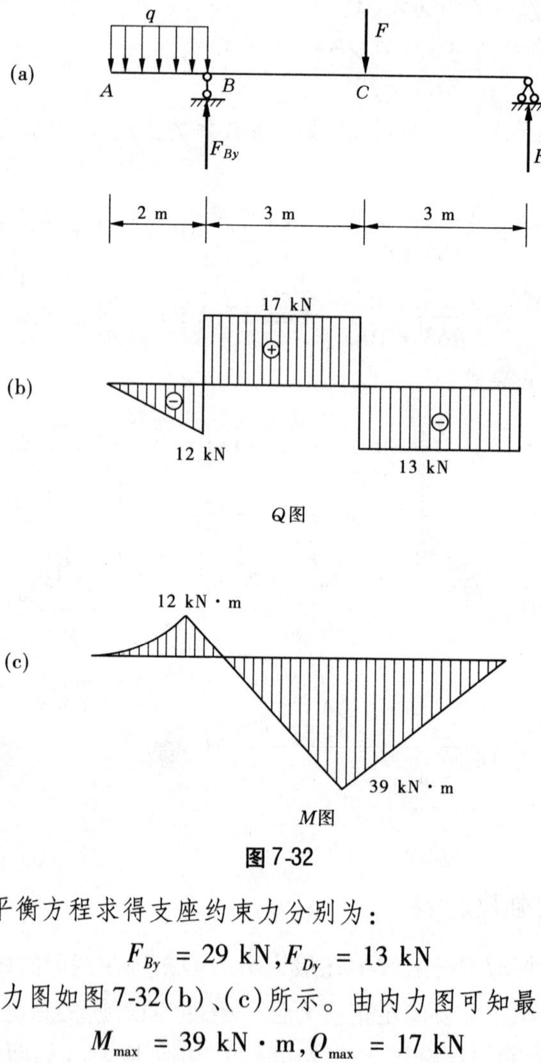

图 7-32

解:(1)由静力平衡方程求得支座约束力分别为:

$$F_{By}=29\text{ kN},F_{Dy}=13\text{ kN}$$

(2)绘制梁的内力图如图 7-32(b)、(c)所示。由内力图可知最大的内力值为:

$$M_{\max}=39\text{ kN}\cdot\text{m},Q_{\max}=17\text{ kN}$$

(3)强度校核。由型钢表查得,22a 工型钢弯曲截面系数 $W_z=309.8\text{ cm}^3$,惯性矩 $I_z=3\ 406\text{ cm}^4$,腹板厚度 $b=8$ mm,对中性轴的最大静距为 $S_{\max}=177.7\text{ cm}^3$。

正应力强度校核:

$$\sigma_{\max}=\frac{M_{\max}}{W_z}=\frac{39\times10^6}{309.8\times10^3}=126(\text{MPa})<[\sigma]=170\text{ MPa}$$

切应力强度校核:

$$\tau_{\max}=\frac{Q_{\max}S_{\max}}{I_z\text{b}}=\frac{17\times10^3\times177.7\times10^3}{3\ 406\times10^4\times8}=11.1(\text{MPa})<[\tau]=100\text{ MPa}$$

此梁强度符合要求。

7.4.3 提高梁弯曲强度的措施

所谓提高梁的强度,是指用尽可能少的材料,使梁能承受尽可能大的荷载,达到既经济又安全,以及减轻重量等目的。

在一般情况下,梁的强度主要是由正应力强度条件控制的。所以要提高梁的强度,应该在满足梁承载能力的前提下,尽可能减小梁的弯曲正应力。由正应力强度条件

$$\sigma_{max} = \frac{M_{max}}{W_z} \leqslant [\sigma]$$

可见,在不改变所用材料的前提下,应从减小最大弯矩 M_{max} 和增大抗弯截面模量 W_z 两方面考虑。

7.4.3.1 减小最大弯矩 M_{max}

(1)合理安排梁的支承。例如,均布荷载作用下的简支梁(见图7-33(a)),跨中最大弯矩为 $M_{max} = 0.125ql^2$,若将梁支座的位置向中间移动0.2l,此梁改为外伸梁(见图7-33(b)),则最大弯矩减少为 $M_{max} = 0.025ql^2$,仅为前者的1/5,也就是说,若按图7-33(b)布置支座,荷载还可以增加四倍。因此,工程中龙门吊车的大梁、锅炉筒体等一般多采用外伸梁形式。

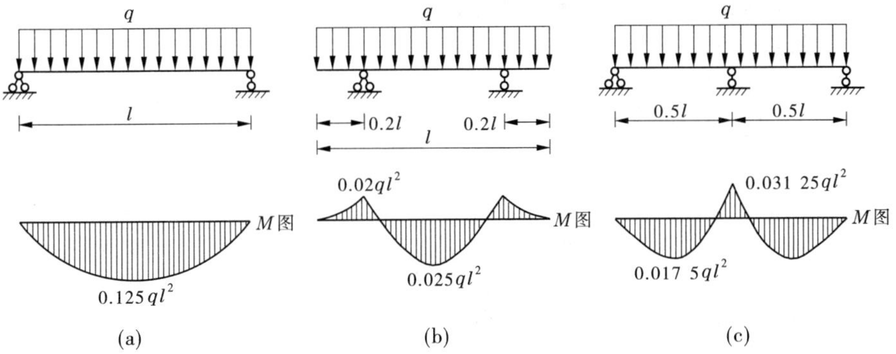

图7-33

此外,还可以采用增加支座的方法来提高梁的承载能力。例如在图7-33(a)所示的简支梁的中间增加一个支座(见图7-33(c)所示),最大弯矩为 $|M_{zmax}| = 0.031\ 25ql^2$,此弯矩仅为原简支梁的最大弯矩的1/4。

(2)合理布置荷载。在工作条件允许的情况下,可采用将荷载分散布置的方法,或者将荷载靠近支座布置,都可以降低梁的最大 M_{max}。例如图7-34(a)所示简支梁,将荷载作用点靠近支座布置(见图7-34(b)所示),或者将其分散布置(见图7-34(c)所示),都将显著地降低最大弯矩值。我国现存的古建筑中的一些屋架,也就是用分散荷载这种方法提高木梁的强度。

7.4.3.2 选择合理的截面形状

弯曲截面系数是与截面形状、大小有关的几何量。在材料相同的情况下,梁的自重与截面面积 A 成正比。为了减轻自重,就必须合理设计梁的截面形状。从弯曲强度方面考

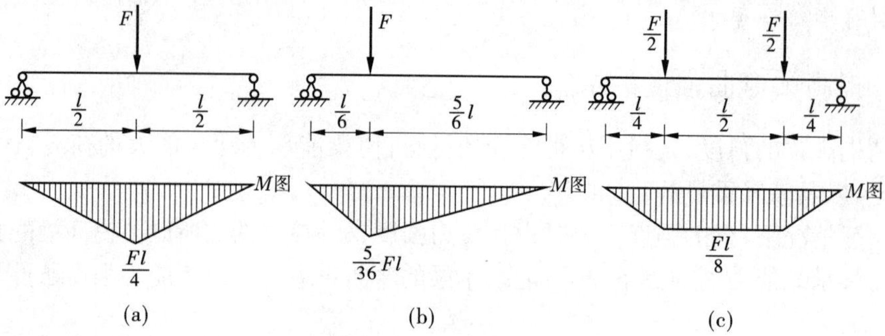

图 7-34

虑，梁的合理截面形状指的是在截面面积相同时，具有较大的弯曲截面系数 W_z 的截面。例如一个高为 h、宽为 b 的矩形截面梁($h>b$)，截面竖放(见图 7-35(a))比横放(见图 7-35(b))抗弯强度大，这是由于竖放时的弯曲截面系数比横放时的弯曲截面系数大。

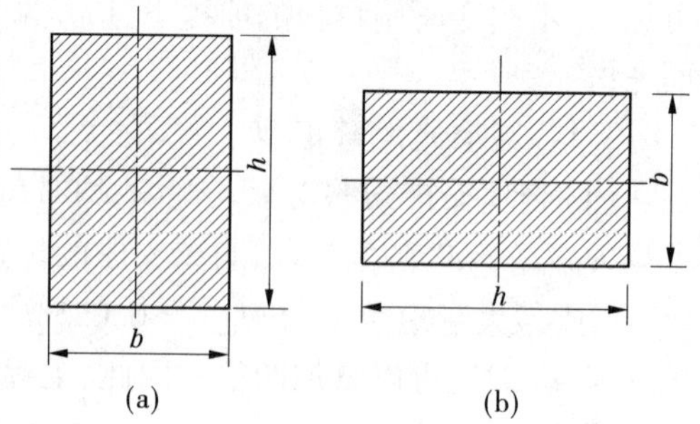

图 7-35

比较各种不同形状截面的合理性和经济性，可能通过 W_z/L 来进行。比值越大，表示这种截面在截面面积相同时承受弯曲的能力越大，其截面形状越合理。例如：

直径为 h 的圆形截面

$$\frac{W_z}{A}=\frac{\pi h^3/32}{\pi h^2/4}=\frac{h}{8}=0.125h$$

高为 h、宽为 b 的矩形截面

$$\frac{W_z}{A}=\frac{bh^2/6}{bh}=0.167h$$

高为 h 的槽形及工字形截面

$$\frac{W_z}{A}=(0.27\sim 0.3)h$$

可见，工字形截面、槽形截面较合理，圆形截面最不合理。其原因只要从横截面上正应力分布规律来分析就清楚了。正应力强度条件主要是控制最大弯矩截面上离中性轴最远处各点的最大正应力，而中性轴附近处的正应力很小，材料没有充分发挥作用。若将中性轴附近的一部分材料转移到离中性轴较远的边缘上，既充分利用了材料，又提高了弯曲截面系数 w_0 的值。例如，工型钢截面设计符合这一要求，而圆形截面的材料比较集中在中性轴附近，所以工字形截面比圆形截面合理。

应该指出，合理的截面形状还应考虑材料的性质。对于抗拉和抗压强度相同的塑性材料，应采用对称于中性轴的截面，如矩形、工字形等。对于抗拉和抗压强度不同的脆性材料，应采用对中性轴不对称的截面，并使中性轴靠近受拉一侧，如 T 形、槽形等。

7.4.3.3 采用变截面梁

在一般情况下，梁各截面的弯矩大小是随截面的位置变化的，等截面梁是根据危险截面上的最大弯矩来确定截面尺寸的，所以只有弯矩最大值所在的截面上，最大应力才有可能接近许用应力，而其他截面上，弯矩很小，应力也较低，材料未充分利用。为了节约材料，减轻自重，在弯矩较大的截面，采用大截面，在弯矩较小的截面，采用小截面，使梁的截面尺寸随弯矩的大小而变化，这种截面尺寸沿梁轴变化的梁称为变截面梁。从弯曲强度方面考虑，最理想的变截面梁，是使所有横截面上的最大正应力均等于许用应力，这种梁称为等强度梁。即：

$$\sigma_{\max} = \frac{M(x)}{W_z(x)} = [\sigma]$$

等强度梁是一种理想的变截面梁，但这种梁的加工制作比较困难，因此在工程中通常采用较简单的变截面梁。如工业厂房中的鱼腹式吊车梁（见图 7-36（a）），阳台或雨篷的悬臂梁（见图 7-36（b））。显然，这些变截面梁都是近似的等强度梁。

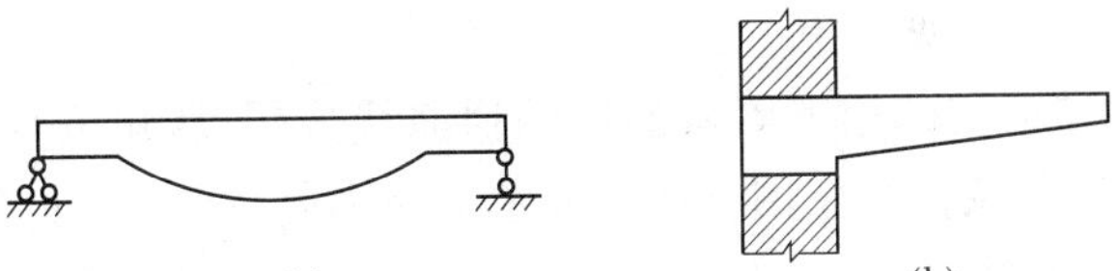

图 7-36

任务 5　梁的变形计算

7.5.1　梁的挠度和转角

在外力作用下，梁可产生弯曲变形，如果弯曲变形过大，就会影响梁的正常工作。例如，吊车梁弯曲变形过大，吊车行走时会引起振动，楼面梁弯曲变形过大，引起楼面裂缝等。因此，必须研究梁在外力作用下的变形，以便将梁的变形限制在容许的范围内，保证梁的正常工作。

图 7-37 表示一具有纵向对称面的梁 AB，xAy 坐标系在梁的纵向对称面内。在力 F 作用下，梁产生弹性弯曲变形，轴线在 xAy 平面内变成一条光滑连续的平面曲线 AB'，该曲线称为弹性挠曲线（简称挠曲线）。与此同时，梁的横截面将产生两种位移——线位移和角位移，即挠度和转角。

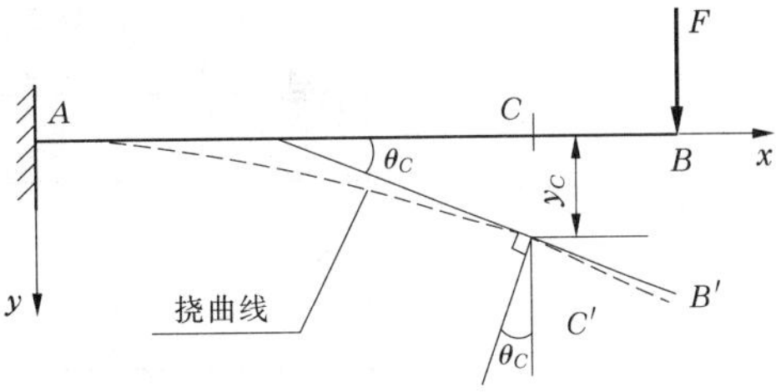

图 7-37

7.5.1.1　挠度

梁上任意一横截面的形心在垂直于梁原轴线方向的线位移，称为该截面的挠度，用符号 y 表示，如图 7-37 所示的 C 处截面的挠度为 y_C。挠度与坐标轴 y 轴的正方向一致时为正，反之为负。规定 y 轴正向向下。

梁的挠曲线可用方程 $y=f(x)$ 表示，称为梁的挠曲线方程，它表示梁的挠度沿梁长度变化的规律。用挠曲线方程可以求出梁任一横截面沿 y 轴方向的线位移。

7.5.1.2 转角

横截面绕其中性轴转过的角度称为该截面的转角,用符号 θ 表示,单位为弧度 rad,规定顺时针转向为正。如图 7-37 所示的截面 C 处的转角为 θ_C 。

不同截面的转角值不同,它也是关于 x 的函数,可表示为 $\theta = f(x)$,称为梁的转角方程,它表示转角沿梁的变化规律。

7.5.2 叠加法计算梁的变形

求梁的变形方法较多,本书仅介绍一种简单的方法,叠加法求梁的变形。

当梁的弯曲变形很小,材料服从胡克定律时,梁的挠度和转角与梁上作用的荷载呈线性关系。当梁上有几个荷载同时作用时,可分别计算每一个荷载单独作用时所引起梁的变形,然后代数相加,即得到在这些荷载共同作用下梁所产生的变形。这种方法称为叠加法。

表 7-3 列出了简单荷载作用下等截面梁的挠曲线方程、转角方程和最大挠度。计算时,可根据梁的支座情况及荷载作用方式查表求出单个荷载作用时的挠度和转角。

【例 7-17】 等直悬臂梁 AB,已知梁的抗弯刚度为 EI,如图 7-38 所示。试用叠加法求自由端的转角和挠度。

解: 悬臂梁上作用两种荷载:均布荷载 q 及集中荷载 F。

(1) 集中荷载 F 单独作用时,B 端的转角和挠度可直接由表 7-3 查出。得到自由端的转角和挠角分别为

$$\theta_{BF} = \frac{FL^2}{2EI}, y_{BF} = \frac{FL^3}{3EI}$$

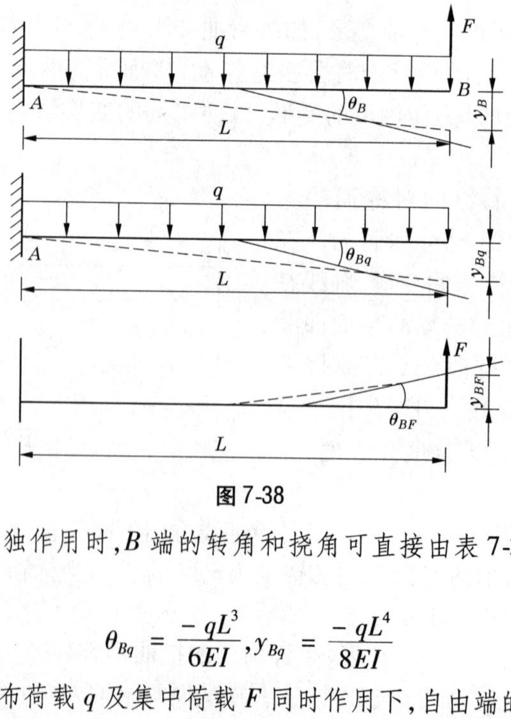

图 7-38

(2) 均布荷载 q 单独作用时,B 端的转角和挠角可直接由表 7-3 查出,得到自由端的转角和挠度分别为

$$\theta_{Bq} = \frac{-qL^3}{6EI}, y_{Bq} = \frac{-qL^4}{8EI}$$

(3) 由叠加法求均布荷载 q 及集中荷载 F 同时作用下,自由端的转角和挠度分别为

$$\theta_B = \theta_{BF} + \theta_{Bq} = \frac{FL^2}{2EI} - \frac{qL^3}{6EI}$$

$$y_B = y_{BF} + y_{Bq} = \frac{FL^3}{3EI} - \frac{qL^4}{8EI}$$

表 7-3　梁在简单荷载作用下的变形

序号	梁的简图	挠曲线方程	梁端面转角(绝对值)	最大挠度(绝对值)
1	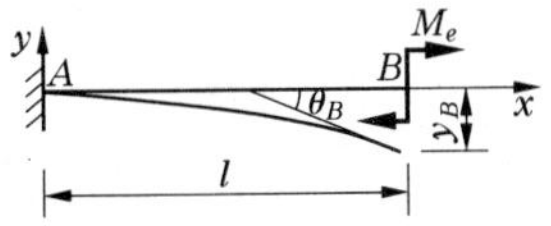	$y=-\frac{M_e x^2}{2EI}$	$\theta_B=\frac{M_e l}{EI}$(↷)	$y_B=\frac{M_e l^2}{2EI}$(↓)
2	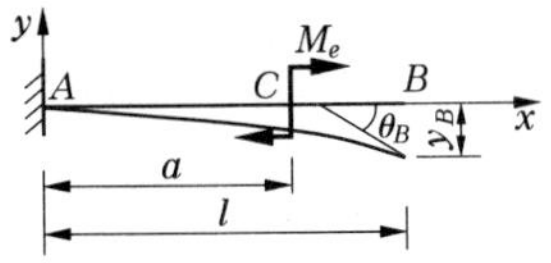	$y=-\frac{M_e x^2}{2EI}$ $(0\leqslant x\leqslant a)$ $y=-\frac{M_e a}{EI}\left[(x-a)+\frac{a}{2}\right]$ $(a\leqslant x\leqslant l)$	$\theta_B=\frac{M_e a}{EI}$(↷)	$y_B=\frac{M_e a}{EI}\left(l-\frac{a}{2}\right)$(↓)
3	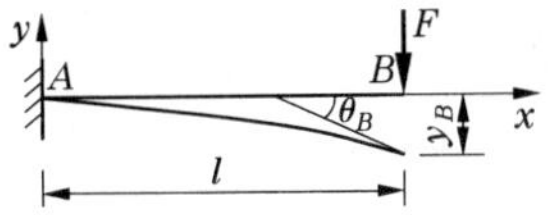	$y=-\frac{Fx^2}{6EI}(3l-x)$	$\theta_B=\frac{Fl^2}{2EI}$(↷)	$y_B=\frac{Fl^3}{3EI}$(↓)
4	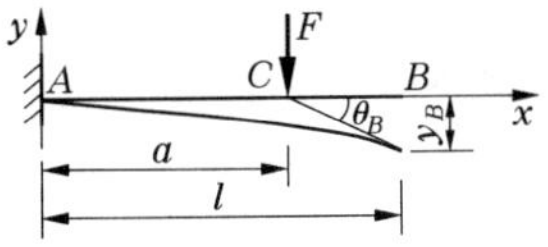	$y=-\frac{Fx^2}{6EI}(3a-x)$ $(0\leqslant x\leqslant a)$ $y=-\frac{Fa^2}{6EI}(3x-a)$ $(a\leqslant x\leqslant l)$	$\theta_B=\frac{Fa^2}{2EI}$(↷)	$y_B=\frac{Fa^2}{6EI}(3l-a)$(↓)
5	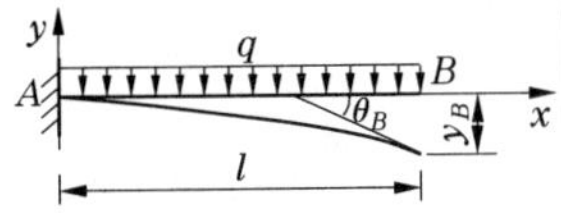	$y=-\frac{qx^2}{24EI}(x^2-4lx+6l^2)$	$\theta_B=\frac{ql^3}{6EI}$(↷)	$y_B=\frac{ql^4}{8EI}$(↓)
6	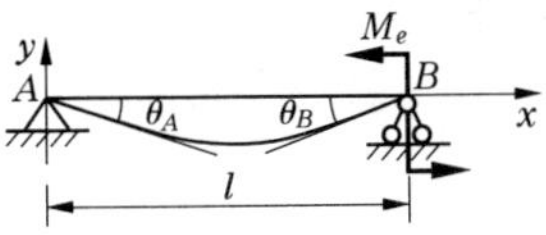	$y=-\frac{M_e x}{6lEI}(l^2-x^2)$	$\theta_A=\frac{M_e l}{6EI}$(↷) $\theta_B=\frac{M_e l}{3EI}$(↶)	$y_{max}=\frac{M_e l^2}{9\sqrt{3}EI}$(↓) $x=\frac{l}{\sqrt{3}}$ $y_{\frac{l}{2}}=\frac{M_e l^2}{16EI}$(↓)
7	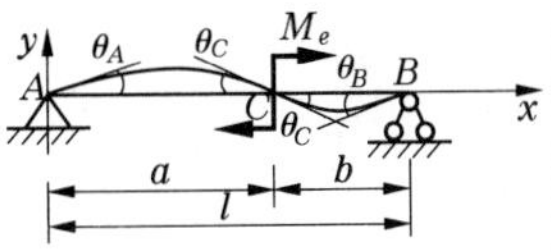	$y=\frac{M_e x}{6lEI}(l^2-3b^2-x^2)$ $(0\leqslant x\leqslant a)$ $y=\frac{M_e}{6lEI}[-x^3+3l(x-a)^2+$ $(l^2-3b^2)x]$ $(a\leqslant x\leqslant l)$	$\theta_A=\frac{M_e}{6lEI}(l^2-3b^2)$(↶) $\theta_B=\frac{M_e}{6lEI}(l^2-3a^2)$(↶) $\theta_C=\frac{M_e}{6lEI}(3a^2+3b^2-l^2)$(↷)	$y_{max}=\frac{(l^2-3b^2)\frac{3}{2}}{9\sqrt{3}lEI}$ $x=\left(\frac{l^2-3b^2}{3}\right)^{\frac{1}{2}}$ $y_{max}=\frac{-(l^2-3a^2)\frac{1}{2}}{9\sqrt{3}lEI}$ $x=\left(\frac{l^2-3a^2}{3}\right)^{\frac{3}{2}}$

续表 7-3

序号	梁的简图	挠曲线方程	梁端面转角(绝对值)	最大挠度(绝对值)
8	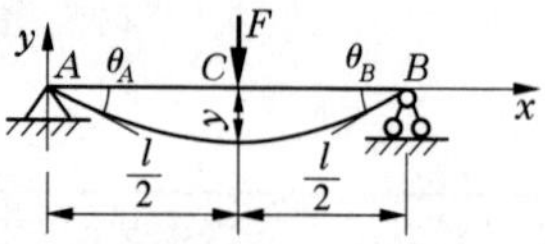	$y=-\frac{Fx}{48EI}(3l^2-4x^2)$ $\left(0\leqslant x\leqslant\frac{l}{2}\right)$	$\theta_A=\frac{Fl^2}{16EI}$(↷) $\theta_B=\frac{Fl^2}{16EI}$(↶)	$y_{\frac{1}{2}}=\frac{Fl^3}{48EI}$(↓)
9	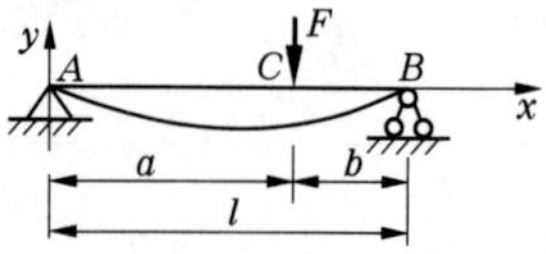	$y=-\frac{Fbx}{6lEI}(l^2-x^2-b^2)$ $(0\leqslant x\leqslant a)$ $y=-\frac{Fb}{6lEI}\left[\frac{l}{b}(x-a)^3+(l^2-b^2)x-x^3\right]$ $(a\leqslant x\leqslant l)$	$\theta_A=\frac{Fab(l+b)}{6lEI}$(↷) $\theta_B=\frac{Fab(l+a)}{6lEI}$(↶)	$y_{max}=\frac{Fb(l^2-b^2)}{9\sqrt{3}lEI}\times\frac{3}{2}$(↓) $x=\sqrt{\frac{l^2-b^2}{3}}$ $y_{\frac{1}{3}}=\frac{Fb(3l^2-4b^2)}{48EI}$(↓)
10	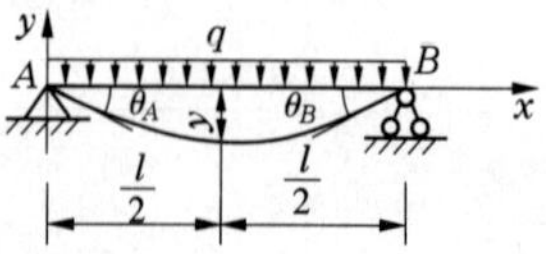	$y=-\frac{qx}{24EI}(l^3-2lx^2+x^3)$	$\theta_A=\frac{ql^3}{24EI}$(↷) $\theta_B=\frac{ql^3}{24EI}$(↶)	$y_{max}=\frac{5ql^4}{384EI}$(↓)
11	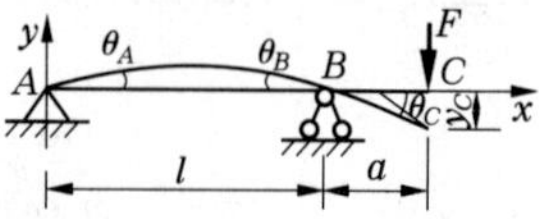	$y=\frac{Fax}{6lEI}(l^2-x^2)$ $(0\leqslant x\leqslant l)$ $y=-\frac{F(x-l)}{6EI}[a(3x-l)-(x-l)^2]$ $(l\leqslant x\leqslant l+a)$	$\theta_A=\frac{Fal}{6EI}$(↶) $\theta_B=\frac{Fal(l+a)}{3EI}$(↷) $\theta_C=\frac{Fa}{6EI}(2l+3a)$(↷)	$y_C=\frac{Fa^2}{3EI}(l+a)$(↓) $y_{max}=\frac{Fal^2}{9\sqrt{3}EI}$(↓) $x=\frac{l}{\sqrt{3}}$
12	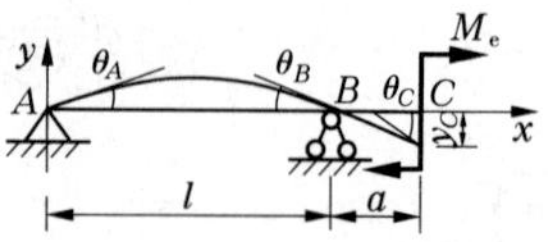	$y=-\frac{M_ex}{6lEI}(x^2-l^2)$ $(0\leqslant x\leqslant l)$ $y=-\frac{M_e}{6EI}(3x^2-4xl+l^2)$ $(l\leqslant x\leqslant(l+a))$	$\theta_A=\frac{M_el}{6EI}$(↶) $\theta_B=\frac{M_el}{3EI}$(↷) $\theta_C=\frac{M_e}{3EI}(l+3a)$(↷)	$y_C=\frac{M_ea}{6EI}(2l+3a)$(↓) $y_{max}=\frac{Mel^2}{9\sqrt{3}EI}$(↑) $x=\frac{l}{\sqrt{3}}$
13	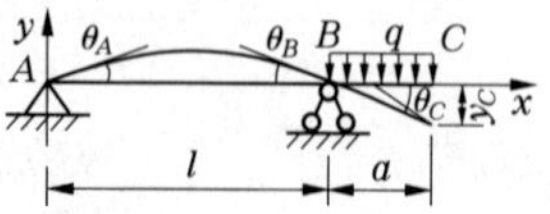	$y=\frac{qa^2}{12EI}\left(lx^2-\frac{x^3}{l}\right)$ $(0\leqslant x\leqslant l)$ $y=-\frac{qa^2}{12EI}\left[\frac{x^3}{l}-\frac{(2l+a)(x-l)^3}{al}+\frac{(x-l)^4}{2a^2}-lx\right]$ $(l\leqslant x\leqslant l+a)$	$\theta_A=\frac{qa^2l}{12EI}$(↶) $\theta_B=\frac{qa^2l}{6EI}$(↷) $\theta_C=\frac{qa^2}{6EI}(l+a)$(↷)	$y_C=\frac{qa^3}{24EI}(3a+4l)$(↓) $y=\frac{qa^2l^2}{18\sqrt{3}EI}$(↑) $x=\frac{l}{\sqrt{3}}$

7.5.3 梁的刚度计算

7.5.3.1 梁的刚度计算

梁的刚度条件是指梁的最大挠度与最大转角分别不超过各自的许用值。在有些情况下,只限制某些截面的挠度或转角不超过许用值。以[θ]表示许用转角,则梁的转角刚度条件为

$$|\theta|_{max} \leqslant [\theta] \tag{7-22}$$

在土建工程中,对梁进行刚度计算时,通常只对挠度进行计算。梁的挠度容许值通常用许可挠度与梁跨长的比值 $\left[\frac{f}{l}\right]$ 作为标准。则梁的刚度条件为

$$\frac{|y|_{max}}{l} \leqslant \left[\frac{f}{l}\right] \tag{7-23}$$

按照梁的工程用途,在有关设计规范中,对 $\left[\frac{f}{l}\right]$ 有具体规定。在土建工程中,$\left[\frac{f}{l}\right]$ 的值常限制在$\frac{1}{250}\sim\frac{1}{1\ 000}$范围内。

应用梁的刚度条件可进行梁的刚度校核、设计截面和计算许用荷载。但是,对于土建工程中的梁,强度条件能满足要求时,一般情况下,刚度条件也能满足要求。所以,先由强度条件进行强度计算,再由刚度条件校核,若刚度不满足,则按刚度条件重新设计。

【例7-18】 如图7-39(a)所示的简支梁,用32a工型钢制成。已知 $q=8$ kN/m,$l=6$ m,$E=200$ GPa,$\left[\frac{f}{l}\right]=\frac{1}{400}$。试校核梁的刚度。

解:(1)梁的受力如图7-39(b)所示。由平衡方程 $\sum M_B(F)=0$、$\sum M_A(F)=0$ 求得支座约束力为:

$$Y_A = Y_B = \frac{ql}{2} = 24(\text{kN})$$

作梁的弯矩图如图7-39(c)所示。梁的最大弯矩发生在跨中,值为

$$M_{max} = \frac{ql^2}{8} = 36(\text{kN}\cdot\text{m})$$

(2)刚度条件校核。查型钢表得 $I_z=11\ 075.5\ \text{cm}^4$。由表7-3查得该梁的最大挠度为

$$y_{max} = \frac{5ql^4}{384EI}$$

则
$$\frac{y_{max}}{l} = \frac{5ql^3}{384EI} = \frac{5\times 8\times 6^3\times 10^9}{384\times 200\times 10^3\times 11\ 075.5\times 10^4} = \frac{1}{985}$$

因为 $\frac{y_{max}}{l} = \frac{1}{985} < \left[\frac{f}{l}\right] = \frac{1}{400}$,所以梁的刚度满足要求。

7.5.3.2 提高梁刚度的措施

分析表7-3中各梁最大挠度的计算公式,发现梁的最大挠度f与荷载、梁的跨度、支座条件、梁的截面惯性矩、材料的弹性模量有关。为了提高梁的刚度,可以从下面几个方面

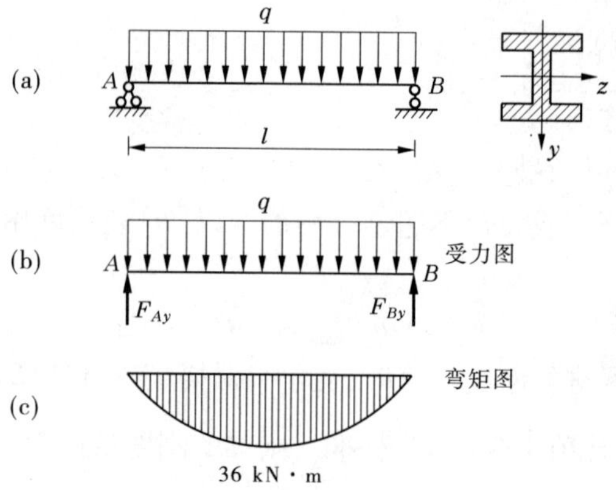

图 7-39

入手。

(1)增大梁的抗弯刚度 EI。梁的变形与梁的抗弯刚度 EI 成反比,增大梁的抗弯刚度 EI 将使梁的变形减小,从而提高其刚度。增大梁的抗弯刚度 EI 值主要是设法增大梁截面的惯性矩 I 值。在截面面积不变的情况下,采用材料尽量远离中性轴的截面形状,比如采用工字形、箱形、圆环形等截面,可显著增大惯性矩。

(2)减小梁的跨度 l。梁的变形与其跨度的 n 次幂成正比。设法减小梁的跨度 l,将有效地减小梁的变形,从而提高其刚度。在结构构造允许的情况下,可采用两种办法减小 l 值。

第一,增加中间支座。如图 7-40(a)所示简支梁跨中的最大挠度为

$$f_a = \frac{5ql^4}{384EI}$$

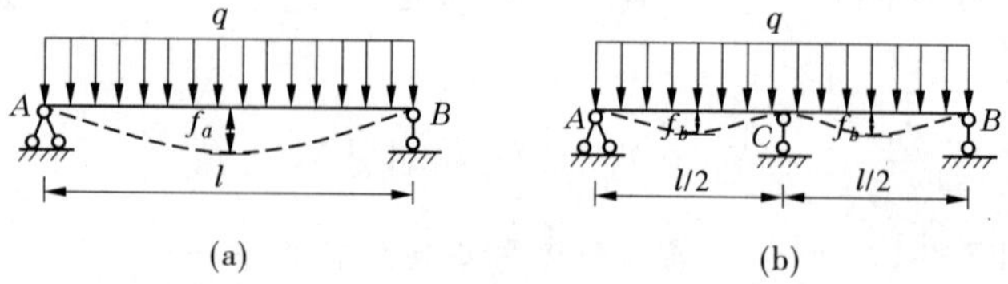

图 7-40

图 7-40(b)所示在跨中增加一中间支座,则梁的最大挠度约为原梁的$\frac{1}{38}$,即$f_b = \frac{1}{38}f_a$

第二,两端支座内移。将图 7-41(a)所示简支梁的支座向中间移动而变成外伸梁(见图 7-41(b)),一方面减小了梁的跨度,从而降低梁跨中的最大挠度;另一方面在梁外伸部分的荷载作用下,使梁跨中产生向上的挠度(见图 7-41(c)),从而使梁中段在荷载作用下产生的向下的挠度(见图 7-41(d))被抵消一部分,减小了梁跨中的最大挠度值。

(3)改善荷载的作用情况。在结构允许的情况下,合理地调整荷载的位置及分布情况,以降低弯矩,从而减小梁的变形,提高其刚度。如图 7-42(a)所示简支梁,将跨中的集中力分散作用(见图 7-42(b)),甚至改为分布荷载,则使最大弯矩降低,从而减小梁的变形,提高了梁的刚度。

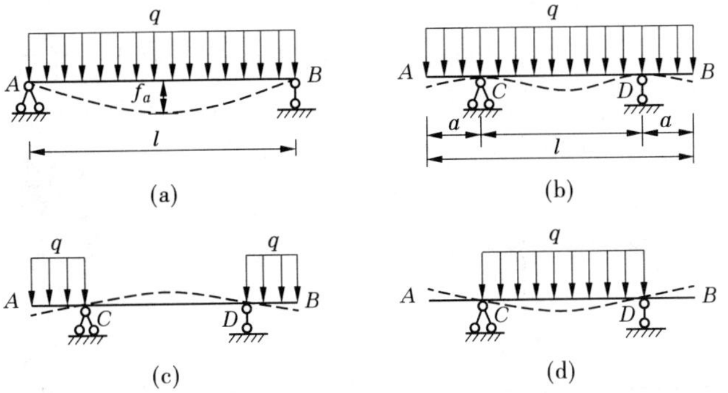

图 7-41

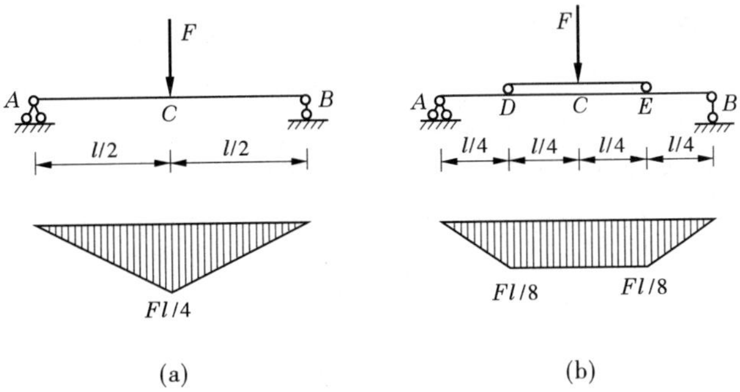

图 7-42

思考题

7-1 平面弯曲梁的受力特点和变形特点是什么?

7-2 剪力和弯矩的正负号的物理意义是什么? 与理论力学中力和力偶的正负号规定有何不同? 在思考题 7-2(a)图中截取右段梁为研究对象时,①横截面上所设 Q 和 M 的正负号怎么确定? ②利用静力平衡条件列 $\sum Y = 0$ 和 $\sum M_0 = 0$ 时,Q 和 M 分别代表什么? ③由平衡方程解得 $Q = -qa, M = qa^2$,结果中的正、负号说明什么? ④Q、M 的实际方向应为什么? ⑤如所设 Q、M 方向与思考题 7-2(b) 图所示的相反,上述问题又如何? ⑥截取右段梁为研究对象,横截面上的 Q 和 M 与 P 有关,这是否说明与支座 A 的约束力和分布荷载无关?

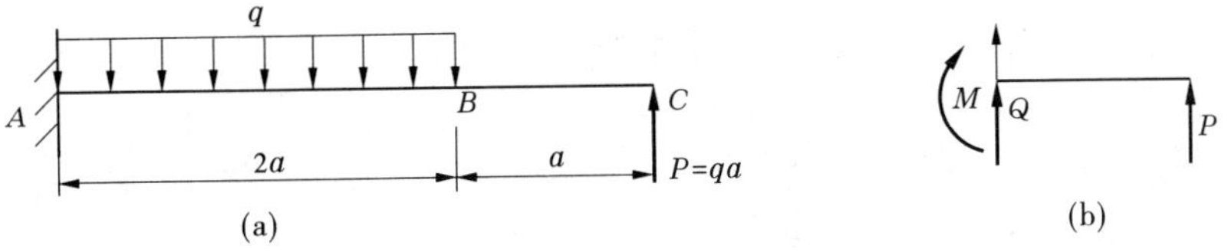

思考题 7-2 图

7-3 荷载、剪力、弯矩之间有何关系? 作内力图时如何运用?

7-4 判断下述说法是否正确：

(1)作用分布荷载的梁，求其内力时可用静力等效的集中力代替分布荷载。

(2)梁内最大剪力作用面上亦必有最大弯矩。

(3)集中力作用处，剪力有突变，弯矩图出现尖角。

(4)集中力偶作用处，剪力有突变，弯矩图出现尖角。

7-5 在什么条件下梁只发生平面弯曲？

7-6 什么是中性轴和中性层？

7-7 提高梁弯曲强度有哪些措施？

7-8 梁截面合理设计的原则是什么？何为变截面梁？如何改变梁的受力情况？

7-9 什么是梁的挠度和转角？

7-10 挠度和转角的正负号是如何规定的？习惯用哪些单位？

7-11 什么是梁的抗弯刚度？它的大小与哪些因素有关？

7-12 用叠加法求梁的变形的主要步骤和方法有哪些？

7-13 提高梁的抗弯刚度主要有哪些措施？

习　题

7-1 如习题 7-1 图所示，试求各梁指定截面上的剪力和弯矩。

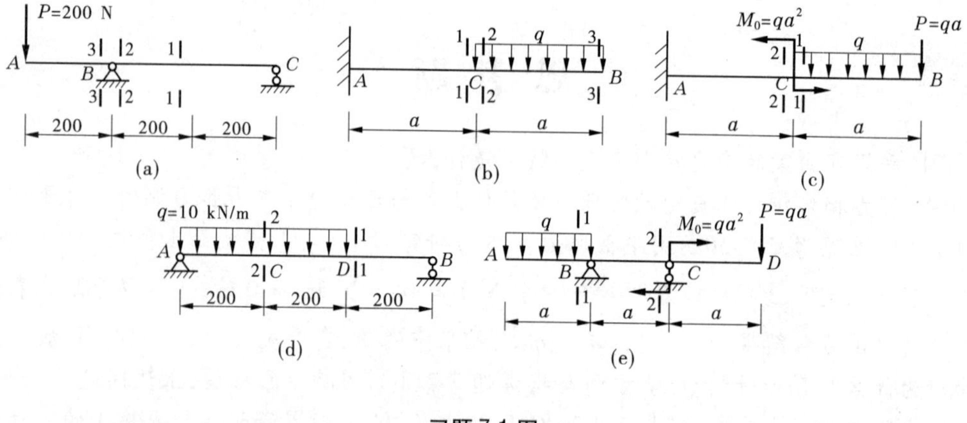

习题 7-1 图

7-2 如习题 7-2 图所示，试利用剪力图、弯矩图的规律（q、Q、M 间的微分关系以及图形的突变规律等）作出如下所示各梁的 Q、M 图。

7-3 如习题 7-3 图所示，试用叠加法作图示各梁的弯矩图。

7-4 如习题 7-4 图所示的某矩形截面梁，在纵向对称平面内受弯矩 $M=20\ \text{kN}\cdot\text{m}$ 作用，试计算将矩形截面“立放”和将矩形“平放”时，截面上 a、b、c、d 四点的正应力。

7-5 如习题 7-5 图所示，试求下列各梁的最大正应力及其所在位置。

7-6 如习题 7-6 图所示，试求梁内最大拉应力和最大压应力，并指出它们分别发生在何处。

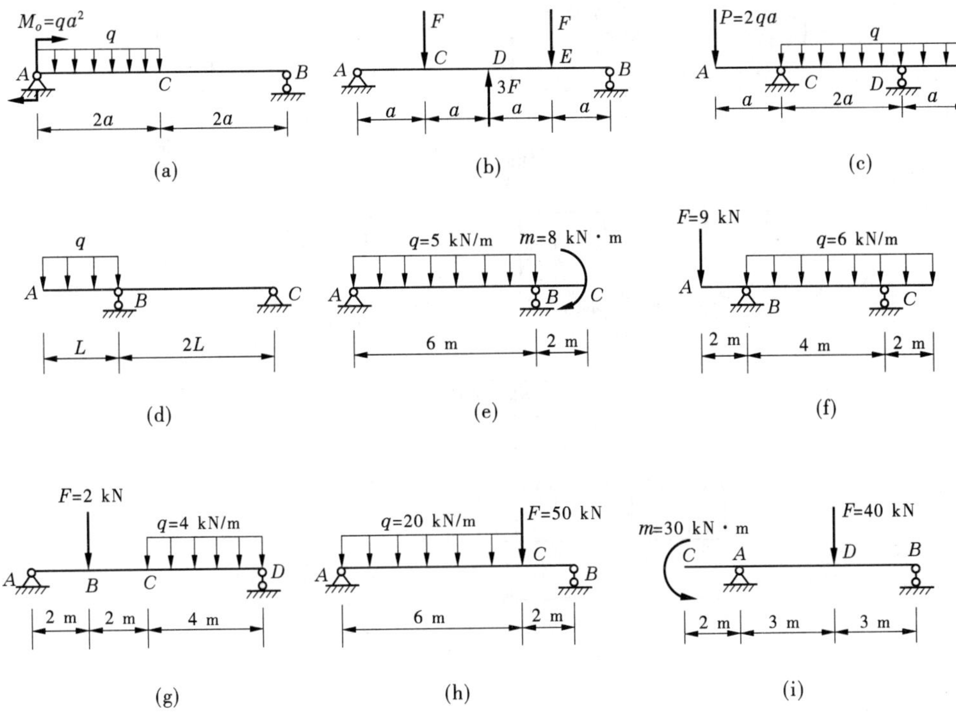

习题 7-2 图

7-7 如习题 7-7 图所示的矩形截面木梁，试求在离右支座 0.5 m 的截面上与梁的底边相距 40 mm 处 a 点的切应力，并求此截面上中性轴处的最大切应力。

7-8 如习题 7-8 图所示的外伸梁，采用矩形截面，$b \times h = 60\ \text{mm} \times 120\ \text{mm}$，已知荷载 $q = 1.5\ \text{kN/m}$，材料的弯曲许用正应力$[\sigma] = 12\ \text{MPa}$。校核梁的正应力强度。

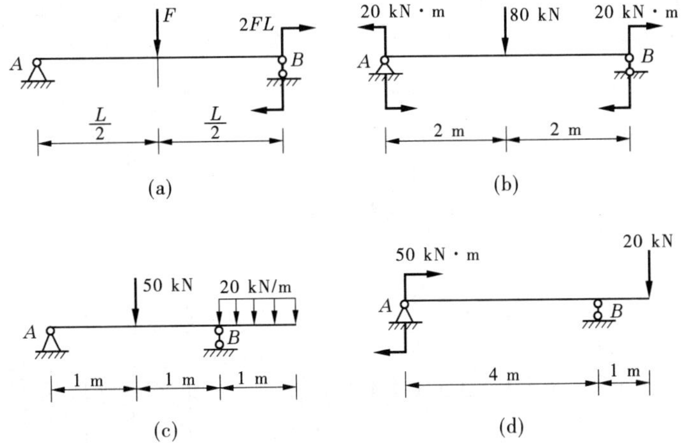

习题 7-3 图

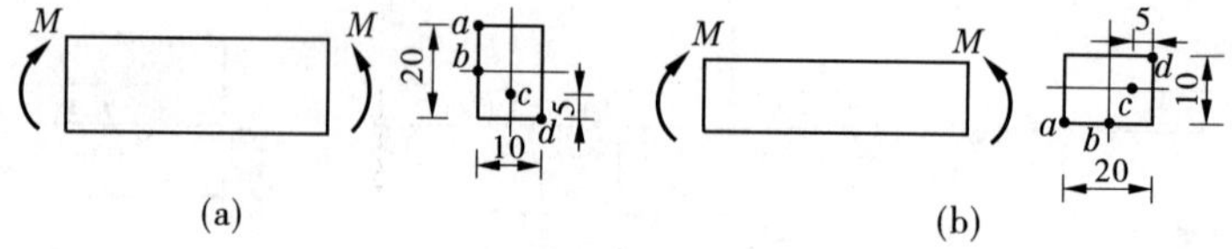

习题 7-4 图

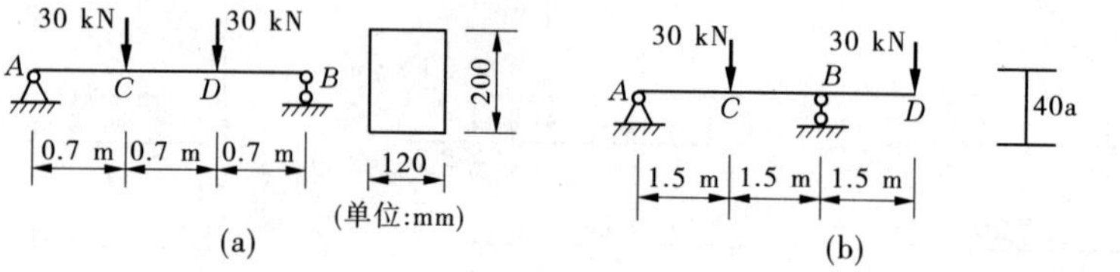

习题 7-5 图

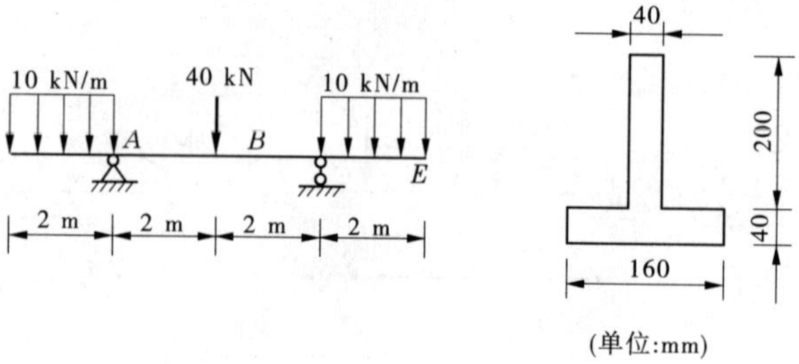

习题 7-6 图

7-9 如习题 7-9 图所示的 20a 工型钢梁。若$[\sigma]=160$ MPa,试求许用载荷$[P]$。

7-10 如习题 7-10 图所示的外伸梁,承受荷载 $F=15$ kN 作用,材料的许用正应力$[\sigma]=160$ MPa,试选择工型钢型号。

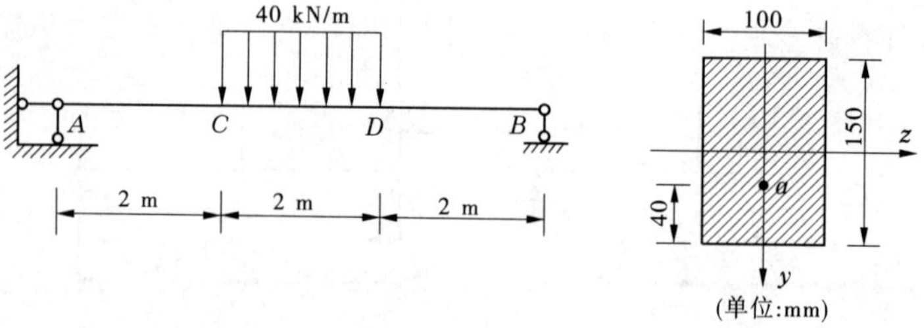

习题 7-7 图

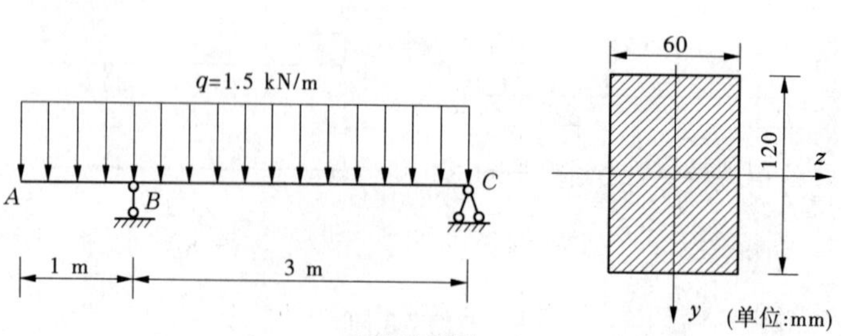

习题 7-8 图

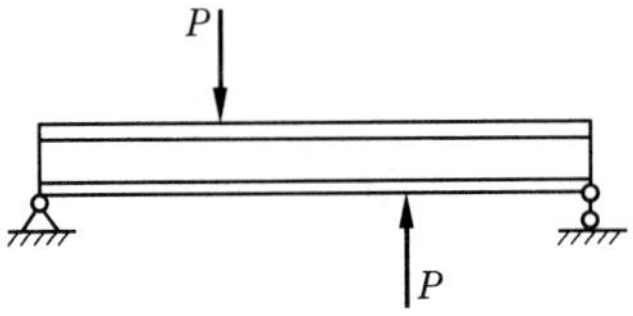

习题7-9图

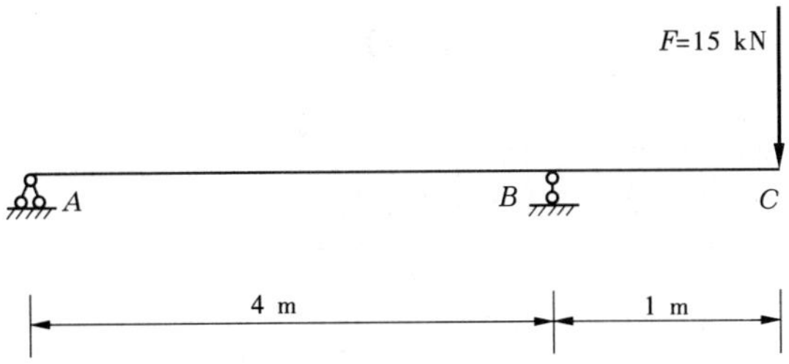

习题7-10图

7-11 如习题7-11图所示的工型钢外伸梁，已知 $L=8$ m，$F=40$ KN，$q=5$ kN/m，材料的容许正应力[σ] = 160 MPa，容许剪应力[τ] = 100 MPa，已选用工字钢22a，试校核此梁是否安全。

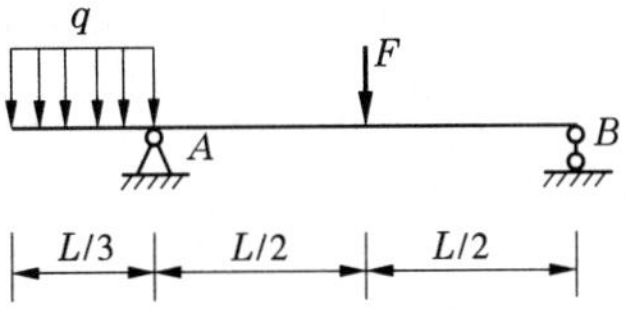

习题7-11图

7-12 如习题7-12图所示，试用叠加法计算各梁指定截面的挠度和转角，各梁 EI 为常数。

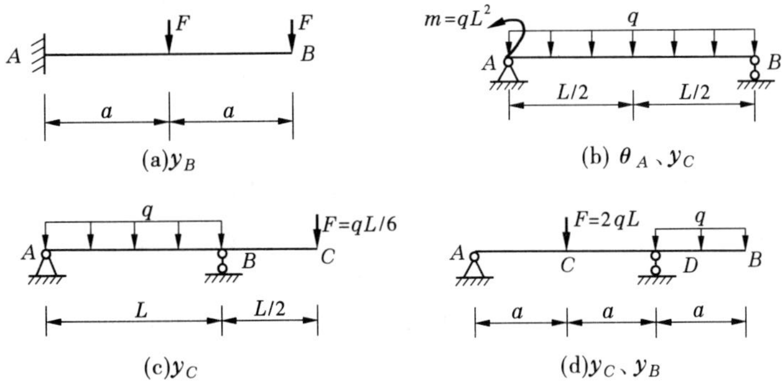

习题7-12图

7-13 如习题7-13图所示的工字形截面悬臂梁，在自由端作用有集中力 $F=8$ kN，梁长 $l=6$ m，工型钢采用32a，材料弹模 $E=200$ GPa，$\left[\dfrac{f}{l}\right]=\dfrac{1}{400}$，校核梁的刚度。

7-14 如习题7-14图所示的工型钢简支梁。已知：$q=4$ kN/m，$M=4$ kN·m，材料弯曲许用应力[σ] = 160 MPa，许用挠度$\left[\dfrac{f}{l}\right]=\dfrac{1}{400}$，$E=200$ GPa。试按强度条件选择型号，并校核梁的刚度。

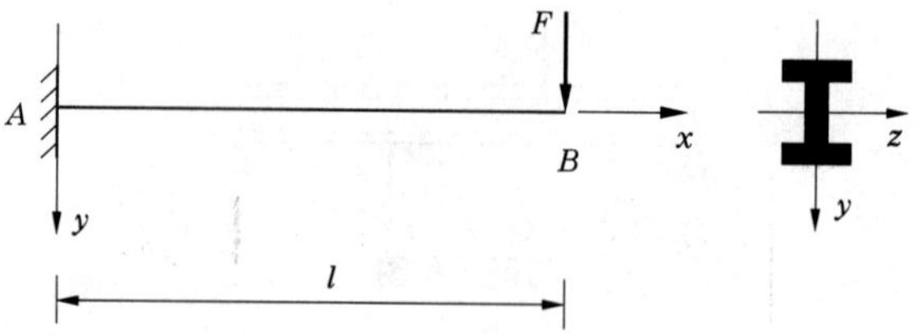

习题 7-13 图

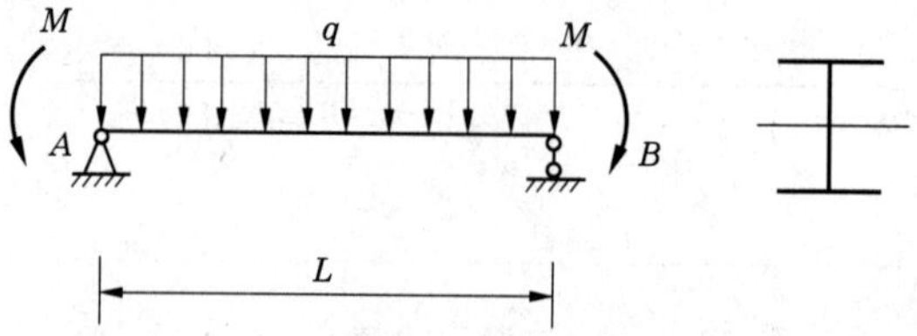

习题 7-14 图

7-15 如习题 7-15 图所示的圆形截面简支梁，材料为木材，已知$[\sigma]=12$ MPa，$E=10^4$ MPa，$\left[\dfrac{f}{l}\right]=\dfrac{1}{400}$。试求梁的截面直径 D。

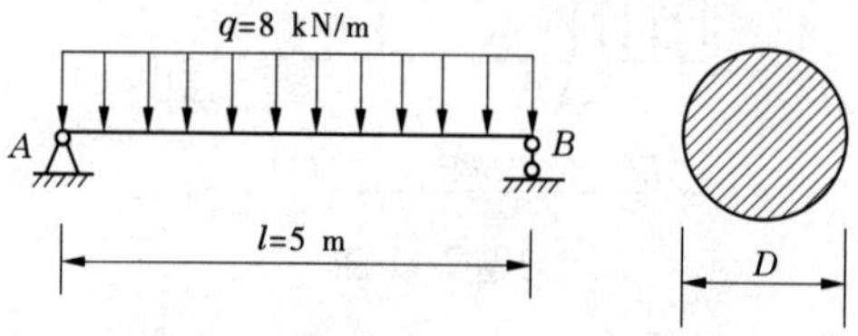

习题 7-15 图

项目8 组合变形

前面几章研究了构件拉压、剪切和弯曲等基本变形时的强度和刚度计算，但在实际工程中，很多构件往往同时产生两种或两种以上的基本变形。这类变形形式就称为组合变形。

任务1 组合变形的概述

图8-1(a)所示的烟囱，除由自重引起的轴向压缩外，还有因水平方向的风力作用而产生的弯曲变形；图8-1(b)所示的厂房柱由于受到偏心压力的作用，使得柱子产生压缩和弯曲变形；图8-1(c)所示的屋架檩条，荷载不作用在纵向对称平面内，所以檩条的弯曲不是平面弯曲，檩条的变形是由两个互相垂直的平面弯曲组合而成。

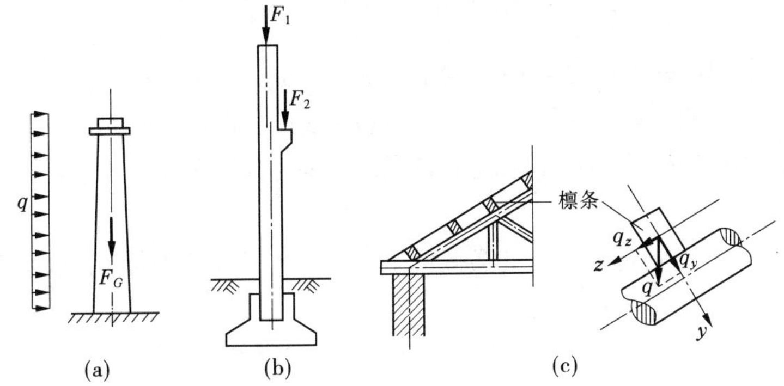

图8-1

本章着重讨论斜弯曲；拉压与弯曲的组合、偏心拉压、弯曲与扭转的组合。其他形式的组合变形，其分析方法与上述几种情况相同。

一般说来，组合变形问题的分析是比较复杂的，但在杆件服从胡克定律且为小变形的情况下，其计算可根据叠加原理简化进行。因此，组合变形的一般计算方法是：

(1)将杆件的组合变形分解为几种基本变形。

(2)计算杆件在每一种基本变形情况下所产生的变形及应力。

(3)将同一点的应力和变形叠加，可得到杆件在组合变形下任一点的应力和变形。

任务2 斜弯曲

8.2.1 斜弯曲的概念

工程中的有些杆件,它所受的外力虽然与杆轴垂直,而外力的作用平面却不与杆的纵向对称平面重合,试验和理论分析结果表明,在这种情况下,杆的挠曲轴所在平面与外力作用平面之间有一定夹角,即挠曲轴不在外力作用平面内。这种弯曲称为斜弯曲。

8.2.2 斜弯曲的强度计算

以图8-2(a)所示矩形截面悬臂梁为例,讨论斜弯曲问题的特点和强度计算方法。

(1)外力分析。设坐标系如图8-2(a)所示,将力F沿截面的两个对称轴y和z分解为两个分力,得

$$F_y = F\cos\varphi, \quad F_z = F\sin\varphi$$

分力F_y将使梁在xOy平面内产生平面弯曲,分力F_z将使梁在xOz平面内产生平面弯曲。这样,就将斜弯曲分解为两个相互垂直平面内的平面弯曲。

(2)内力分析。在xOy平面内的平面弯曲,中性轴为z轴,因此该平面弯曲的弯矩记为M_z;同理,在xOz平面内的平面弯曲,中性轴为y轴,弯矩记为M_y。两个平面弯曲的弯矩方程分别为

$$M_z = -F_y(l-x) = -F\cos\varphi(l-x) \quad (0 \leqslant x \leqslant l)$$

$$M_y = F_z(l-x) = F\sin\varphi(l-x) \quad (0 \leqslant x \leqslant l)$$

每一平面弯曲,当受拉侧在坐标轴的正向一侧时,弯矩为正,反之为负。弯矩图分别如图8-2(b)、(c)所示。

(3)应力分析。距固定端为x的横截面上任意一点K处(坐标y、z),由M_z和M_y所引起的正应力分别为:

$$\sigma_{Mz} = \frac{M_z y}{I_z} \qquad \sigma_{My} = \frac{M_y z}{I_y}$$

作各平面弯曲截面上正应力分布图,作此图的目的是以后便于判定危险点。对于图8-2(a)所示梁,在xOy平面内及在xOz平面内弯曲时,在截面上正应力分布图分别如图8-2(d)、(e)所示。

根据叠加原理,截面上某点的正应力σ为

$$\sigma = \sigma_{Mz} + \sigma_{My} = \frac{M_z y}{I_z} + \frac{M_y z}{I_y} \tag{8-1}$$

式(8-1)中的弯矩(M_z,M_y)和坐标(z,y)按代数值代入,计算结果为正,说明为拉应力;反之为压应力。

(4)强度计算。进行强度计算时,首先确定危险截面及危险点的位置。图8-1(a)所示的悬臂梁,固定端截面的弯矩最大,是危险截面。由M_z产生的最大拉应力发生在该截面的AB边上;由M_y产生的最大拉应力发生在该截面的BD边上;可见,悬臂梁的最大拉

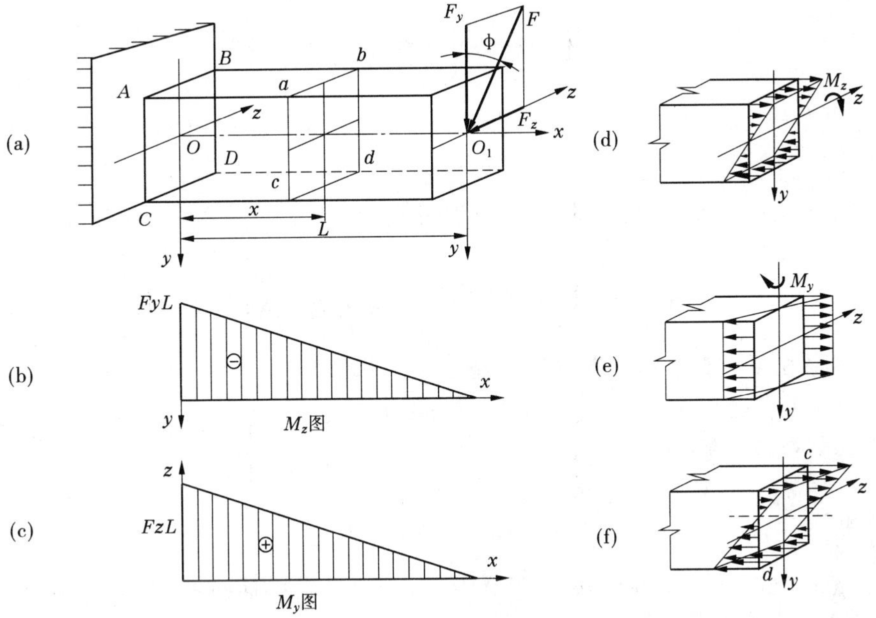

图 8-2

应力发生在 AB 边和 BD 边的交点 B 处。同理，最大压应力发生在 C 点。此时 B、C 两点就是危险点。因为最大拉应力值等于最大压应力值，这里不再区分拉压，统称为最大应力，即

$$\sigma_{\max}=\frac{|M_z|}{W_z}+\frac{|M_y|}{W_y} \tag{8-2}$$

若材料的抗拉和抗压强度相等，则斜弯曲的强度条件为

$$\sigma_{\max}\leqslant[\sigma]$$

根据这一强度条件，同样可以进行强度校核、截面设计和确定许用荷载。在设计截面尺寸时，因为有 W_z 和 W_y 两个未知量，所以需假定一个比值 W_z/W_y。对于矩形截面，一般取 $W_z/W_y=h/b=1.2\sim2$；对于工字形截面，一般取 $W_z/W_y=8\sim10$；对于槽形截面，一般取 $W_z/W_y=6\sim8$。

【例 8-1】 如图 8-3 所示，采用**工**型钢 32a 制成的梁 AB，已知 $F=30$ kN，$\varphi=15°$，$L=4$ m，$[\sigma]=160$ MPa，试校核该**工**型钢梁的强度。

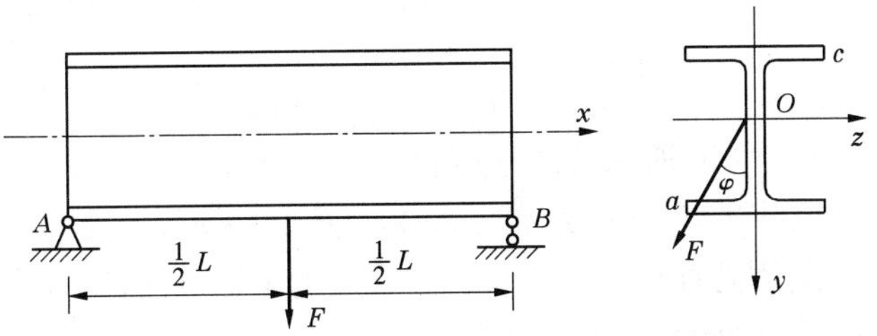

图 8-3

解：(1) 外力分析。由于外力 F 通过截面形心，且与形心主轴 y 呈 15°角（$\varphi=15°$），故

梁是斜弯曲。将力 F 沿形心主轴 y、z 方向分解,得

$$F_y = F\cos\varphi = 30 \times \cos 15° = 29(\text{kN})$$

$$F_z = F\sin\varphi = 30 \times \sin 15° = 7.76(\text{kN})$$

(2)内力分析。在梁跨中截面上,由 F_y 和 F_z 在 xOy 平面和 xOz 平面内引起的最大弯矩分别是

$$M_{z\max} = \frac{F_y L}{4} = \frac{29 \times 4}{4} = 29(\text{kN} \cdot \text{m})$$

$$M_{y\max} = \frac{F_z L}{4} = \frac{7.76 \times 4}{4} = 7.76(\text{kN} \cdot \text{m})$$

(3)校核强度。查型钢表得,32a 工型钢 $W_z = 692.5\ \text{cm}^3$,$W_y = 70.6\ \text{cm}^3$。

显然,危险点为跨中截面上的 a 和 c 点,在 a 点处为最大拉应力,在 c 点处为最大压应力,且两者数值相等,其值为

$$\sigma_{\max} = \frac{M_{z\max}}{W_z} + \frac{M_{y\max}}{W_y} = \frac{29 \times 10^6}{692.5 \times 10^3} + \frac{7.76 \times 10^6}{70.6 \times 10^3}$$

$$= 41.88 + 109.9 = 151.78(\text{N/mm}^2) = 151.78\ \text{MPa} \leqslant [\sigma] = 160\ \text{MPa}$$

梁满足正应力强度条件。

任务 3　偏心拉压

当作用在杆件上的外力与杆件轴线平行但不重合时,杆件所发生的变形称为偏心压缩(拉伸),简称偏心拉压,这种外力称为偏心力,偏心力的作用点到截面形心的距离称为偏心距,常用 e 表示。偏心拉压是工程实际中常见的组合变形形式。例如,混凝土重力坝刚建成还未挡水时,坝的水平截面仅受不通过形心的重力作用,此时属偏心压缩;厂房边柱,受吊车梁作用,也属于偏心压缩。

8.3.1　偏心拉压时的强度计算

根据偏心力作用点位置不同,常见偏心压缩分为单向偏心压缩和双向偏心压缩两种情况,下面只对单向偏心压缩进行分析。

(1)外力分析。将偏心力 F 平移到截面形心 O 处,如图 8-4(b)所示。得到一个通过形心的轴向压力 F 和一个附加力偶。附加力偶的矩为偏心力 F 对 z 轴的矩,记为 M_e,其大小为

$$M_e = Fe$$

(2)内力分析。图 8-4(b)所示杆的弯矩和轴力分别为

$$M_z = -M_e = -Fe \qquad F_N = -F$$

注意:图 8-4(b)中,因弯曲时杆的受拉侧在设定的 y 轴负向,所以弯矩 M_z 取负值;若弯曲时杆的受拉侧在设定的 y 轴正向,弯矩 M_z 就取正值。

(3)应力分析。杆横截面上任一点的正应力应为轴向压缩时产生的正应力 σ_N(见图 8-4(c))与弯曲时产生的正应力 σ_M(见图 8-4(d))的叠加,即

$$\sigma = \sigma_N + \sigma_M = \frac{F_N}{A} + \frac{M_z y}{I_z} \tag{8-3}$$

由式(8-3)计算正应力时，F_N、M_z、y 均用代数值代入，计算结果为正，弯曲正应力为拉应力，反之为压应力。式(8-3)也适用于偏心拉伸。

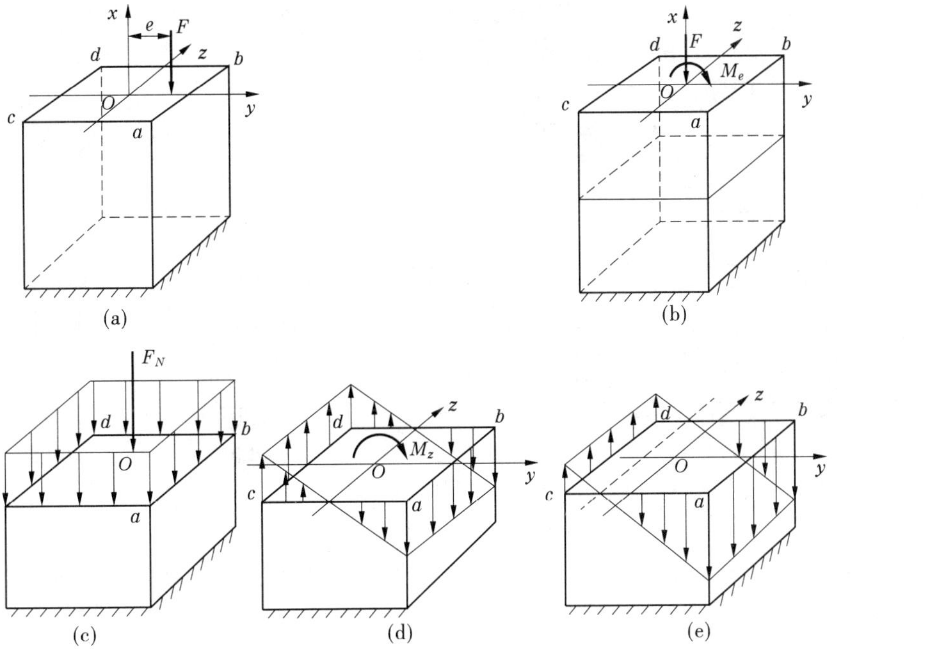

图 8-4

(4)强度条件。单向偏心压缩时，横截面上最大压应力发生在纯弯曲时的受压区且距中性轴最远($y_{y,\max}$)的各点。如图 8-4 (e)中的 *ab* 边上。最大压应力为

$$\sigma_{y,\max} = \frac{F_{NL}}{A} + \frac{|M_z| y_{y,\max}}{I_z} \tag{8-4}$$

单向偏心压缩时，最大应力发生受拉区且距中性轴最远的作用边各点(见图 8-4 (e)中的 *cd* 边)，其计算式为

$$\sigma_{\max} = \frac{|M_z| y_{1,\max}}{I_z} - \frac{F_{NL}}{A} \tag{8-5}$$

式(8-4)和式(8-5)中，$y_{y,\max}$ 为弯矩作用下截面的受压区高度，$y_{c,\max}$ 为弯矩作用下截面的受拉区高度。F_{Nl} 为受压轴力值，因用角码(*Nl*)已反映了受压，因此式中要按绝对值代入。

应用式(8-5)计算时，结果为正，即为最大拉应力；结果为负，即为最小压应力。

强度条件为

$$\left.\begin{aligned} \sigma_{\max} &\leqslant [\sigma_l] \\ \sigma_{y,\max} &\leqslant [\sigma_y] \end{aligned}\right\}$$

对于双向偏心压缩(拉伸)，是在单向偏心压缩(拉伸)的计算基础上再叠加另一向弯曲即可。这里不再详述。

【例 8-2】 如图 8-5(a)所示的牛腿柱。由屋架传来的压力 $F_1 = 100$ kN，由吊车梁传

来的压力 $F_2 = 30$ kN，F_2 与柱子轴线有一偏心距 $e = 0.2$ m，如果柱横截面宽度 $b = 180$ mm，试求当 h 为多少时，截面才不会出现拉应力，并求这时柱的最大压应力。

解：(1)外力分析。将 F_2 平移到柱轴线处，柱的受力如图 8-5(b)所示，附加力偶的矩为

$$M_e = F_2 e = 30 \times 0.2 = 6(\mathrm{kN \cdot m})$$

(2)内力分析。作柱的轴力图和弯矩图如图 8-5(c)、(d)所示。由内力图可知，危险面的轴力和弯矩为

$$F_N = -130\ \mathrm{kN}, \quad M_{zm} = -M_e = -6\ \mathrm{kN \cdot m}$$

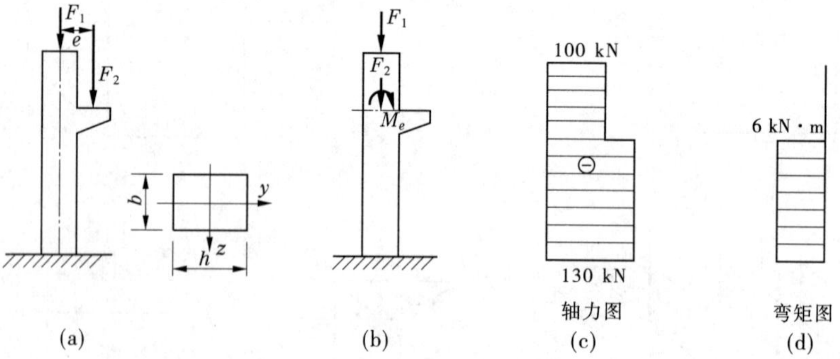

图 8-5

(3)应力分析。使截面不出现拉应力的条件是截面上另一极值应力 $\sigma_{\max}$ 等于零，由式(8-5)可得

$$\sigma_{\max} = \frac{|M_z| y_{l,\max}}{I_z} - \frac{F_{Nl}}{A} = 0$$

则有

$$\frac{6 \times 10^6 \times \left(\frac{h}{2}\right)}{\left(\frac{180 \times h^3}{12}\right)} - \frac{130 \times 10^3}{180 \times h} = 0$$

$$\frac{6 \times 10^6}{180 \times h^2} \times 6 - \frac{130 \times 10^3}{180 \times h} = 0$$

由上式解得

$$h = \frac{6 \times 10^6 \times 6 \times 180}{180 \times 130 \times 10^3} = 277(\mathrm{mm})$$

由式(8-4)可求柱的最大压应力

$$\sigma_{y,\max} = \frac{|M_z| y_{y,\max}}{I_z} + \frac{F_{Nl}}{A} = \frac{6 \times 10^6 \times \left(\frac{277}{2}\right)}{\left(\frac{180 \times 277^3}{12}\right)} + \frac{130 \times 10^3}{180 \times 277} = 5.21(\mathrm{MPa})$$

8.3.2 截面核心

偏心力只要作用在截面形心附近的某个区域内，截面上只出现一种性质的应力(拉应力或压应力)，这个区域称为截面核心。土建工程中，大量使用的砖、石、混凝土等材料，其抗拉能力远远小于抗压能力。由这些材料制成的杆件在偏心压力作用下，截面上最

好不出现拉应力，以免被拉裂。因此，要求偏心压力的作用点在截面核心之内。

工程上常见的矩形截面、圆形截面、工字形截面的截面核心如图8-6所示。

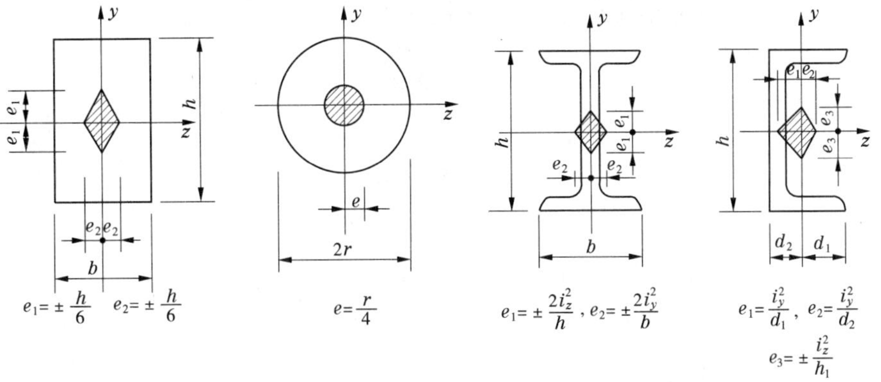

图8-6

思考题

8-1 什么是组合变形？如何计算组合变形杆件横截面上任一点的应力？

8-2 什么是斜弯曲？它与平面弯曲有什么区别？

8-3 什么是单向偏心压缩（拉伸）？它与压缩（拉伸）和弯曲的组合变形有何异同？

8-4 将斜弯曲、压（拉）弯组合及偏心压缩（拉伸）分解为基本变形时，如何确定各基本变形下正应力的正负号？

8-5 什么叫截面核心？

习 题

8-1 如习题8-1图所示，水塔盛满水时连同基础总重为 $F_G=5\ 000$ kN，在离地面 $H=16$ m 处受水平风力的合力 $F_W=50$ kN 作用，圆形基础的直径 $d=6$ m，埋置深度 $h=3$ m，若地基土的许用荷载[σ]=0.3 MPa，试校核地基土的强度。

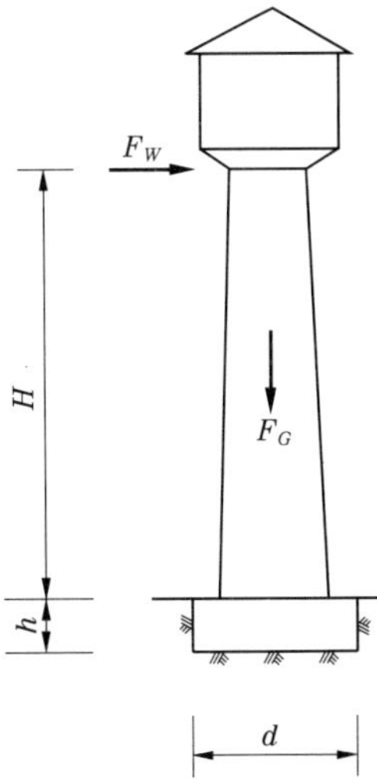

习题8-1图

8-2 如习题8-2图所示，檩条两端简支在屋架上，檩条的跨度 $l=5$ m，承受均布荷载 $q=2$ kN/m，矩形截面 $b\times h=15$ cm×20 cm，木材的容许应力[σ]=10 MPa。试校核檩条的强度。

8-3 如习题8-3图所示的悬臂梁，承受荷载 $F_1=0.8$ kN 与 $F_2=1.6$ kN作用。许用应力[σ]=160 MPa，试分别按下列要求确定截面尺寸。

(1)截面为矩形，且 $h=2b$；

(2)截面为圆形。

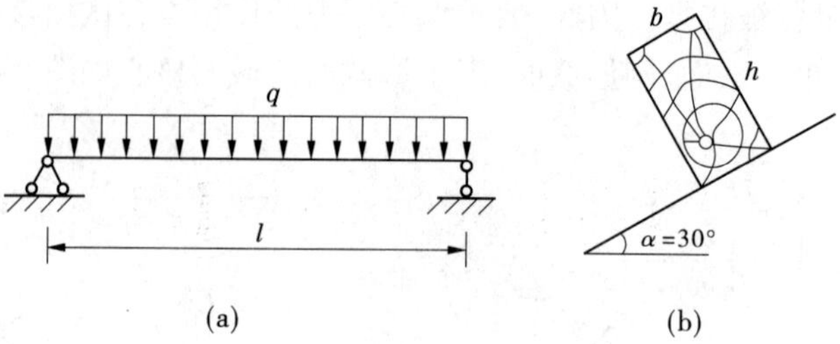

(a) (b)

习题 8-2 图

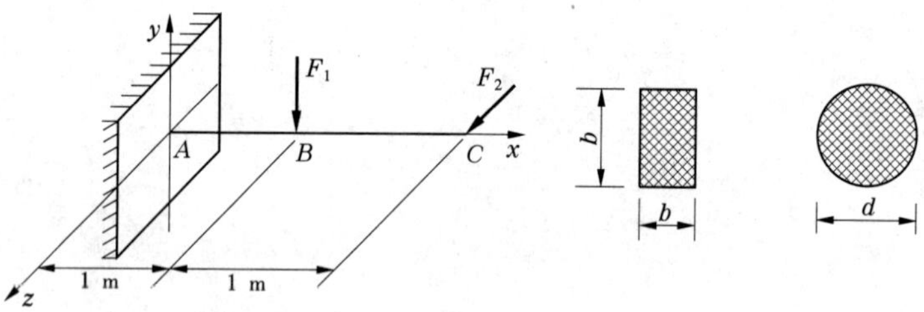

习题 8-3 图

8-4 如习题 8-4 图所示，结构中杆 BC 为 18 号工型钢，已知$[\sigma]=170$ MPa。试校核 BC 杆的强度。

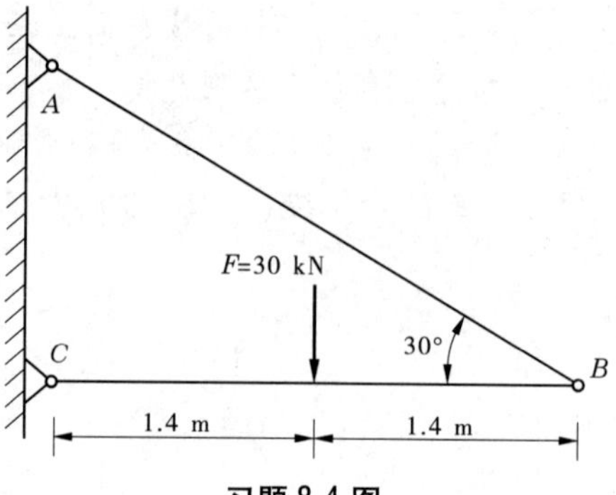

习题 8-4 图

项目 9　压杆稳定

任务 1　压杆稳定性概念

为了保证杆件在各种荷载作用下能够安全正常地使用，除需要满足强度和刚度的条件外，还需要满足稳定性的要求，也就是说，还要使构件能够具有保持原有平衡状态的能力。由于杆件结构的稳定性计算涉及内容比较广泛，本章仅对轴向受压杆件的稳定问题进行讨论。

9.1.1　压杆稳定问题的提出

工程中把承受轴向压力的直杆称为压杆。当细长压杆所受的压力达到某一特定的值时，该压杆会丧失原有的直线平衡状态发生突然弯曲，这类问题就是压杆的稳定问题。对于粗短压杆来说，只要是横截面上的应力不超过材料的容许应力，杆件就不会破坏。所以，轴向压杆稳定性问题的提出主要是针对细长压杆展开说明。

从宏观方面来看，压杆应有足够的强度是保证压杆正常工作的必要条件，但不是充分条件。许多工程实例和试验已经证明，在满足强度条件的情况下，压杆仍然可以发生破坏。如取一根宽 3 cm，厚 1 cm 的矩形截面杆，材料的抗压强度 $\sigma_c = 20$ MPa。当杆较短时，杆长取 3 cm，对其施加轴向压力，如图 9-1(a)所示，将杆压坏所需的压力为 6 kN；当杆长为 1 m 时，对其施加轴向压力，如图 9-1(b)所示，则不到 40 N 的压力就会使压杆突然产生弯曲变形甚至破坏。从承载能力方面考虑，两者相差甚远。工程中把这种不能保持其原有直线状态的平衡而突然变弯的现象称为丧失稳定，简称失稳。结构中的压杆决不允许其发生突然的弯曲变形，因为这种突然的弯曲变形不但影响整个结构的几何形状和刚度的要求，而且可导致压杆本身以及整个结构的破坏。

9.1.2　压杆稳定的概念

压杆的稳定实质上就是压杆能保持其原有直线平衡状态的能力。如图 9-2(a)所示，结合该力学模型来进行说明，并建立压杆稳定性的概念。图示竖直放置的理想刚性直杆 AB，A 端为铰支，B 端用常数为 K(使弹簧产生单位长度变形所需的力，与弹簧材料有关)的弹簧支持。该杆在竖直荷载 F 作用下在竖直位置保持平衡。现在，给杆以微小侧向干扰，使杆端产生微小侧向位移 δ，如图 9-2(b)所示。这时，外力 F 对 A 点的力矩为 $K\delta$，有使杆更加偏离竖直位置的作用，而弹簧反力 $K\delta$ 对 A 点的力矩为 $K\delta l$，则有使杆恢复其初始竖直平衡位置的作用。如果 $F\delta < K\delta l$，即 $F < Kl$，则在上述干扰解除后，杆将自动恢复至初始竖直平衡位置，说明在该荷载作用下，杆在竖直位置的平衡是稳定的。如果 $F\delta > K\delta l$，即 $F > Kl$，则在干扰解除后，杆不仅不能自动返回其初始竖直位置，而且将继续偏转，说明在该荷载作用下，杆在竖直位置的平衡是不稳定的。如果 $F\delta = K\delta l$，即 $F = Kl$，则杆既可在竖直位置保持平衡，也可在微小偏斜状态保持平衡。由此可见，当杆长 l 与弹簧常数 K 一定时，杆 AB 在竖直位置的平衡状态，是由荷载 F 的大小而定。

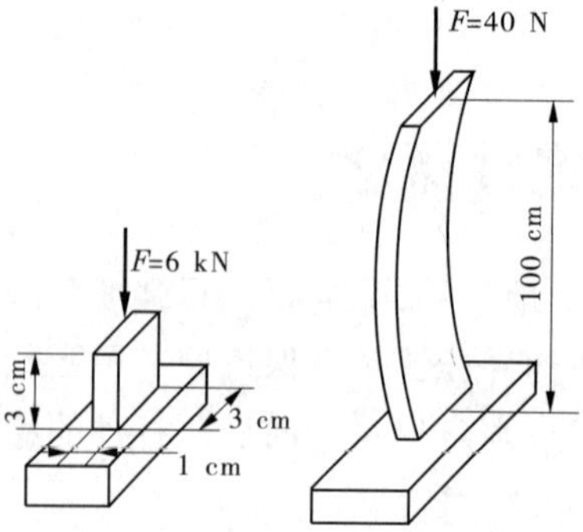

(a) (b)

图 9-1

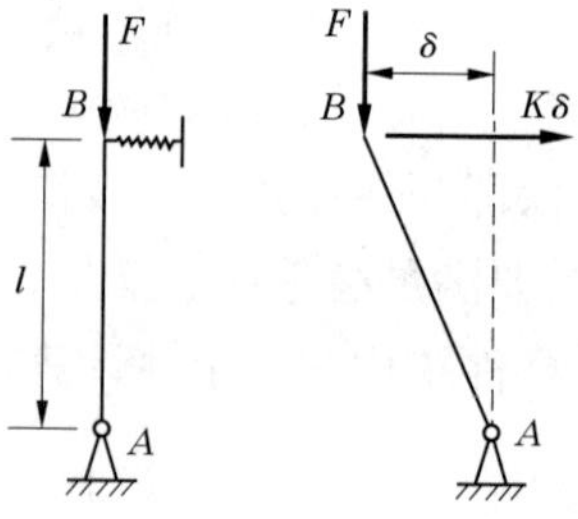

(a) (b)

图 9-2

对于受压的细长弹性直杆也存在类似情况。图 9-3(a)为等截面中心受压直杆。此杆与图 9-2(a)不同的是，它本身具有弹性，不需在杆端设置弹簧。若杆件是理想直杆，则杆受力后将保持直线受压形状。为了便于观察压杆的不同特征，在压杆上施加微小侧向干扰力，使其产生弹性弯曲变形，如图 9-3(b)所示。若再接触干扰力，会观察到以下情况：

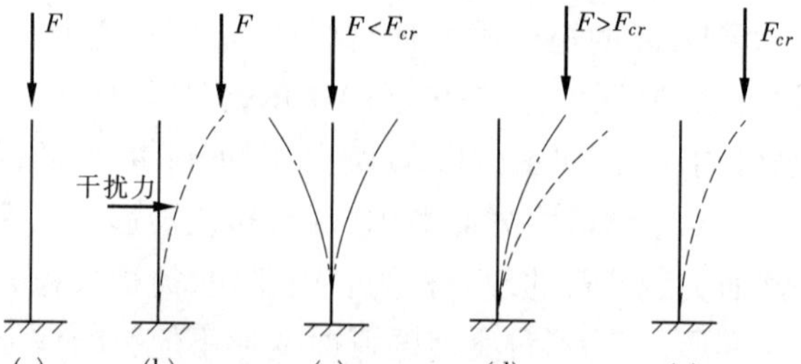

(a) (b) (c) (d) (e)

图 9-3

(1)如图 9-3(c)所示，当轴向压力 F 较小时，压杆将在直线平衡位置附近左右摇摆，压杆最终能恢复到原来的直线受压形状。

(2)如图 9-3(d)所示，当轴向压力较大时，则压杆不仅不能恢复直线受压形状，而且将继续弯曲，产生显著的弯曲变形。

(3)如图 9-3(e)所示，当轴向压力在某一值时，压杆不能恢复到原有的直线状态，而是处于微弯曲状态下的平衡。

9.1.3 压杆受压状态类型

以上情况表明,在轴向压力逐渐增大的过程中,压杆经历了两种不同性质的平衡。压杆既可在直线状态下保持平衡,当受到干扰后又可在微弯状态下保持平衡,这种受压称为临界受压状态,此时的轴向压力称为临界荷载,用 F_{cr} 表示。当压杆的轴向压力 F 小于临界荷载 F_{cr} 时,压杆将始终保持直线受压,这种受压称为稳定受压状态。当轴向压力 F 大于临界荷载 F_{cr} 时,压杆只有在不受干扰的情况下是直线受压,当受到干扰后将产生弯曲而破坏,这种受压称为不稳定受压状态,这种破坏称压杆失稳。

任务2 细长压杆的临界荷载

由压杆的稳定性概念可知,压杆是否会丧失稳定,主要取决于压力是否达到临界荷载值。因此,确定临界荷载是解决压杆稳定问题的关键。

9.2.1 两端铰支细长压杆的临界荷载

由上节讨论可知,当轴向压力 F 达到临界荷载 F_{cr} 时,压杆既可保持直线状态的平衡,又可保持在微弯状态的平衡。因此,使压杆在微弯状态保持平衡的最小轴向压力,即为压杆的临界荷载。

现令压杆在临界荷载 F_{cr} 作用下处于微弯状态的平衡,如图 9-4(a)所示。此时,在任一横截面上存在弯矩 $M(x)$,如图 9-4(b)所示,其值为

$$M(x) = F_{cr}y \tag{9-1}$$

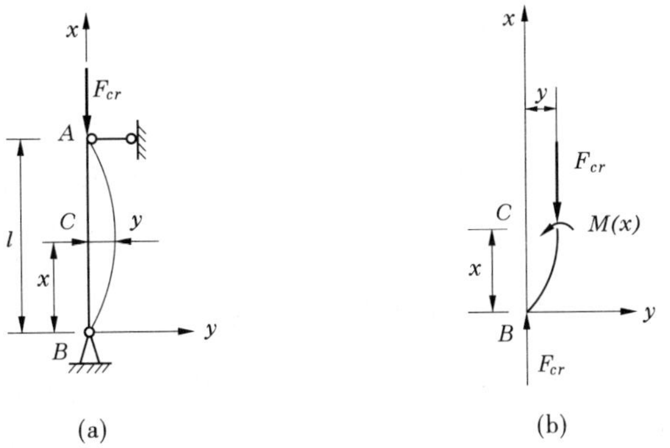

图 9-4

当杆内应力不超过材料的比例极限时,压杆挠曲轴方程 $y=y(x)$ 应满足公式

$$\frac{d^2y}{dx^2} = -\frac{M(x)}{EI} \tag{9-2}$$

将式(9-1)代入式(9-2)中,得

$$\frac{d^2y}{dx^2} = -\frac{F_{cr}}{EI}y \tag{9-3}$$

令 $K^2 = \frac{F_{cr}}{EI}$,代入式(9-3)中,可得一个二阶常系数线性齐次微分方程

$$\frac{d^2y}{dx^2} + K^2y = 0 \tag{9-4}$$

微分方程式的通解为

$$y = A\sin(Kx) + B\cos(Kx) \tag{9-5}$$

式中,常数 A、B 与 K 均为未知,其值由压杆的位移边界条件与变形状态确定。将位移边界条件 $x=0,y=0$ 代入式(9-5)中,可得:$B=0$。于是得

$$y = A\sin(Kx) \tag{9-6}$$

将位移边界条件 $x = L,y = 0$ 代入式(9-6)中,可得: $A\sin(Kl) = 0$ 。此方程有两组可能的解,或者 $A = 0$,或者 $\sin(Kl) = 0$ 。显然,如果 $A = 0$,由式(9-6)可知,各截面的挠度均为零,即压杆的轴线始终为直线,而这与微弯状态的前提不符。因此,由其变形状态可知,其解应为 $\sin(Kl) = 0$ 。若要满足此条件,则要求 $Kl = n\pi(n = 0,1,2,3,\cdots)$ 代入式 $K^2 = \frac{F_{cr}}{EI}$,于是得 $F_{cr} = \frac{n^2\pi^2EI}{l^2}(n = 0,1,2,3,\cdots)$。使压杆在微弯状态下保持平衡的最小轴向压力为压杆的临界荷载,因此式中取 $n=1$,即得两端铰支细长压杆的临界荷载为

$$F_{cr} = \frac{\pi^2EI}{l^2} \tag{9-7}$$

该公式被称为临界荷载的欧拉公式,该荷载又称为欧拉临界荷载。当压杆在各个方向的支承相同时,惯性矩 I 应为压杆横截面的最小惯性矩。

在临界荷载作用下,则有 $K=\pi/l$,由式(9-6)得

$$y = A\sin\frac{\pi x}{l} \tag{9-8}$$

由式(9-8)可知,两端铰支细长压杆临界状态时的挠曲轴为一半波正弦曲线,如图 9-4(a)所示,其最大挠度 A 取决于压杆微弯的程度。

9.2.2 其他支承情况下细长压杆的临界荷载

对于其他支承形式细长压杆的临界荷载,同样可按上述方法求得,如表 9-1 所示。从表中可看到,这几种细长压杆的临界荷载公式基本相似,只是分母中杆长 l 前的系数不同。为应用方便,可以写成统一形式,即

$$F_{cr} = \frac{\pi^2EI}{(\mu l)^2} \tag{9-9}$$

式中,乘积 μl 称为压杆的相当长度或计算长度;系数 μ 称为长度因数,其代表支承方式对临界荷载的影响。不同支承下的长度因数见表 9-1 所示。

表9-1　各种支承情况下等截面细长压杆的临界荷载公式

杆端约束情况	两端铰支	一端固定 一端自由	一端固定 一端铰支	两端固定
挠曲轴形状	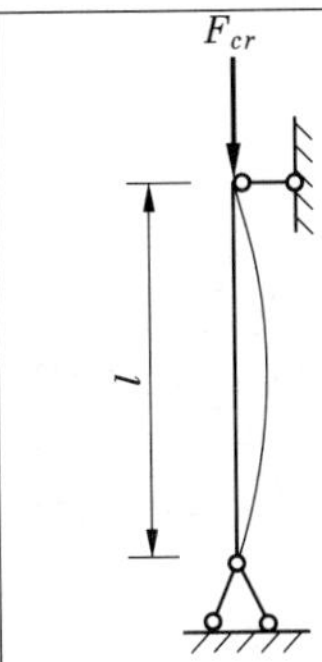	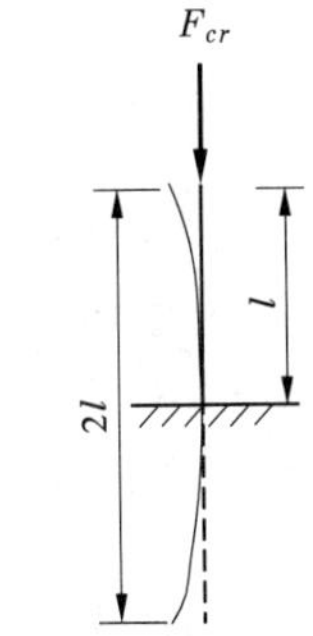	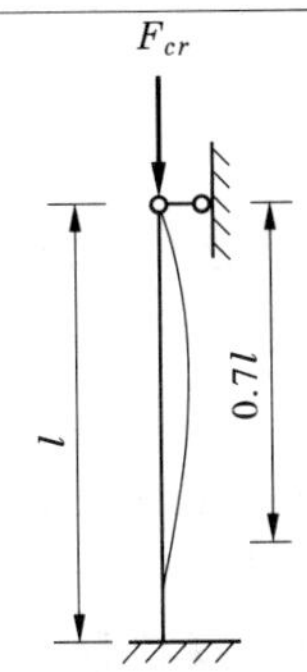	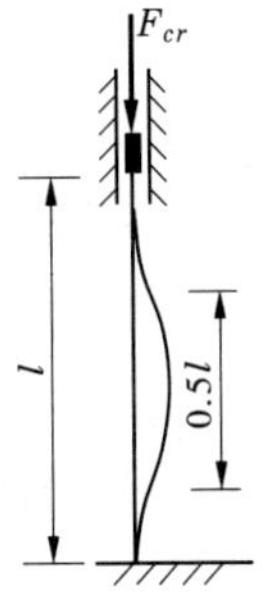
临界荷载公式	$F_{cr}=\dfrac{\pi^2EI}{(l)^2}$	$F_{cr}=\dfrac{\pi^2EI}{(2l)^2}$	$F_{cr}=\dfrac{\pi^2EI}{(0.7l)^2}$	$F_{cr}=\dfrac{\pi^2EI}{(0.5l)^2}$
长度因数μ	1.0	2.0	0.7	0.5

从表9-1中各支承情况下压杆的弹性曲线的形状可以看到，各压杆的相当长度μl相当于两端铰支压杆的长度，或压杆挠曲轴拐点间的距离。对于有些压杆，将其挠曲轴与两端铰支细长压杆的挠曲轴比较，即可确定其相当长度，这种方法称为类比法。

【例9-1】　如图9-5(a)所示，矩形截面的细长木柱，木柱轴向受压，轴线长度$l=8$ m，材料的弹性模量$E=10$ MPa。柱的支承情况为：在最大刚度平面（xy平面内，z为中性轴）内弯曲时为两端铰支；在最小刚度平面（xz平面内，y为中性轴）内弯曲时为两端固定，如图9-5(b)所示。求木柱的临界荷载。

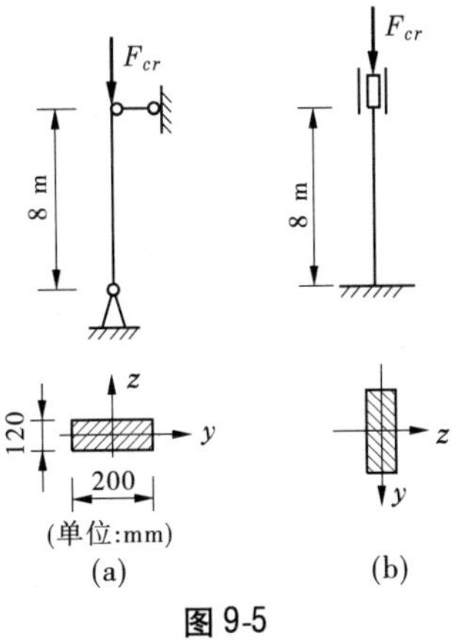

图9-5

解：由于最大与最小刚度平面内的支承情况不同，所以需要分别计算。

(1)计算最大刚度平面内的临界荷载。

$$I_z=\frac{120\times200^3}{12}=8\times10^7(\text{mm}^4)$$

由于两端铰支，长度因数 $\mu=1$，代入公式(9-8)，得

$$F_{cr}=\frac{\pi^2EI_z}{(\mu l)^2}=\frac{3.14^2\times10\times10^3\times8\times10^7}{(1\times8\times10^3)^2}=123\times10^3(\mathrm{N})$$

(2)计算最小刚度平面内的临界荷载。

$$I_y=\frac{200\times120^3}{12}=2.88\times10^7(\mathrm{mm}^4)$$

由于两端固定，长度因数 $\mu=0.5$，代入公式(9-8)，得

$$F_{cr}=\frac{\pi^2EI_y}{(\mu l)^2}=\frac{3.14^2\times10\times10^3\times2.88\times10^7}{(0.5\times8\times10^3)^2}=177.5\times10^3(\mathrm{N})$$

比较计算结果可知，第一种情况的临界力小，压杆失稳时将在最大刚度平面内发生。

任务3 压杆的临界应力

9.3.1 欧拉临界应力公式

当压杆处于临界状态时，横截面上的平均应力称为压杆的临界应力，用 σ_{cr} 表示。由式(9-9)可知，细长压杆的临界应力为

$$\sigma_{cr}=\frac{F_{cr}}{A}=\frac{\pi^2EI}{(\mu l)^2A}\tag{9-10}$$

令 $i=\sqrt{\frac{I}{A}}$，i 称为惯性半径，代入式(9-10)中，得

$$\sigma_{cr}=\frac{\pi^2E}{(\mu l)^2}i^2=\frac{\pi^2E}{(\mu l/i)^2}\tag{9-11}$$

令 $\lambda=\frac{\mu l}{i}$，其中 λ 称为压杆的柔度或长细比，是一个无量纲的量。它集中反映了压杆的长度、支撑情况、截面形状及尺寸等因素对临界应力的影响。代入式(9-11)中，得

$$\sigma_{cr}=\frac{\pi^2E}{\lambda^2}\tag{9-12}$$

该公式称为欧拉临界应力公式，它实际上是欧拉公式(9-7)的另一种表达形式。此式表明，细长压杆的临界应力与柔度的平方成反比，柔度愈大，临界应力愈小，则压杆愈容易失稳。

9.3.2 欧拉公式的适用范围

欧拉公式是根据挠曲轴近似微分方程建立的，而近似微分方程仅适用于杆内应力不超过材料比例极限 σ_p 的情况。因此，应用欧拉公式求出的临界应力是不能超过材料的比例极限的，即 $\sigma_{cr}=\frac{\pi^2E}{\lambda^2}\leqslant\sigma_p$，或要求：

$$\lambda\geqslant\pi\sqrt{\frac{E}{\sigma_p}}\tag{9-13}$$

令 $\lambda_p=\pi\sqrt{\dfrac{E}{\sigma_p}}$，代入(9-13)中，得：

$$\lambda \geqslant \lambda_p \tag{9-14}$$

该公式是用柔度表示的欧拉公式适用条件。λ_p 为极限柔度，其值仅与材料的弹性模量及比例极限有关。所以，λ_p 值仅随材料而异。当压杆的柔度 λ 满足此条件时，压杆的临界应力一定不大于材料的比例极限，这时压杆的临界应力可用欧拉临界应力公式求得。将符合这种条件的杆称为大柔度杆或细长杆，也就是前面提到的细长压杆。

对于 Q235 钢，$E=200$ GPa，$\sigma_p=200$ MPa，将其代入式 $\lambda_p=\pi\sqrt{\dfrac{E}{\sigma_p}}$ 后，可求得 $\lambda_p=100$。单从理论分析，由 Q235 钢制成的压杆，当其柔度 $\lambda \geqslant 100$ 时，才能应用欧拉公式计算其临界应力。

9.3.3　临界应力的经验公式

上述内容说明，当压杆满足条件 $\lambda \geqslant \lambda_p$ 时，这类杆件的临界应力由欧拉公式计算。若杆件柔度不满足条件，则有以下两种情况：

(1)当压杆的柔度满足 $\lambda_s < \lambda < \lambda_p$ 时，这类压杆工程上称为中柔度杆或中长杆，λ_s 为对应于屈服极限 σ_s 的柔度值，这类压杆属于临界应力超过材料的比例极限的压杆稳定问题。这类压杆的临界应力可以通过解析方法求得，但通常采用经验公式进行计算。对于由结构钢与低合金结构钢等材料制成的中柔度压杆，可采用抛物线型经验公式计算临界应力，该公式的一般表达式为：

$$\sigma_{cr}=a-b\lambda^2 \qquad (0<\lambda<\lambda_p)$$

式中，a、b 为与材料有关的常数。对于 Q235 钢和 Q345 钢分别有：

$$\sigma_{cr}=(235-0.006\,68\lambda^2)\ \text{MPa}$$

$$\sigma_{cr}=(345-0.014\,2\lambda^2)\ \text{MPa}$$

(2)当压杆的柔度满足 $\lambda<\lambda_s$ 时，称为小柔度杆或短粗杆，这类压杆属于强度问题，即

$$\sigma_{cr}=\sigma_s \quad (塑性材料)$$

$$\sigma_{cr}=\sigma_b \quad (脆性材料)$$

9.3.4　临界应力总图

由以上讨论可知，压杆不论是大柔度杆还是中柔度杆，压杆的临界应力均为压杆柔度的函数，临界应力 σ_{cr} 与柔度 λ 的函数曲线称为临界应力总图。

图 9-6 为 Q235 钢的临界应力总图。图中曲线 ACB 是按欧拉临界应力公式绘制出的双曲线；曲线 DC 是按临界应力的抛物线经验公式绘制的。两曲线交点 C 的横坐标为 $\lambda_c=123$，纵坐标为 $\sigma_c=134$ MPa。这里以 $\lambda_c=123$ 而不是 $\lambda_p=100$ 作为两曲线的分界点，这是因为欧拉公式是由理想的中心受压杆导出，与实际存在着差异，因而将分界点作以修正。在实际应用中，由 Q235 钢制成的压杆，当 $\lambda \geqslant \lambda_c$ 时，才按欧拉公式计算临界应力；当 $\lambda<123$ 时，用经验公式计算临界应力。

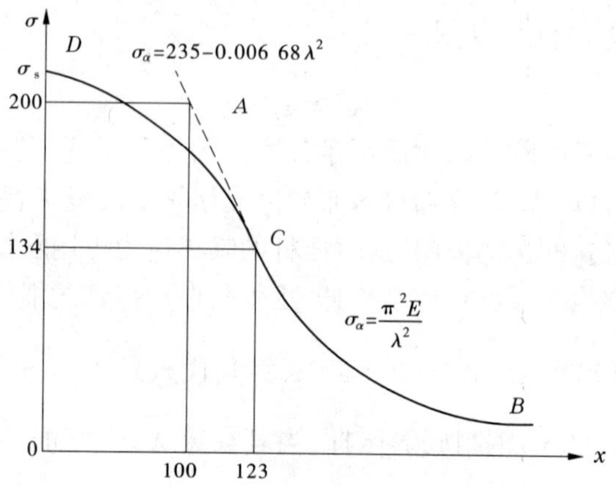

图 9-6

任务 4　压杆的稳定计算

9.4.1　压杆稳定条件

在工程中，为了保证压杆在轴向压力作用下不致失稳，必须使其横截面上的工作应力满足下述条件：

$$\sigma \leqslant \frac{\sigma_{cr}}{n_{st}} = [\sigma_{st}]$$

式中，σ 为压杆的工作应力；$[\sigma_{st}]$ 为稳定容许应力；n_{st} 为稳定安全系数。

在选择稳定安全系数时，除应遵循确定强度安全系数的一般原则外，还应考虑加载偏心与压杆原本存在弯曲现象等不利因素。因此，稳定安全系数一般大于强度安全系数。其值可从有关设计规范中查得。对于金属结构中的压杆，稳定安全系数 n_{st} 一般取 1.8 ~ 3.0。

9.4.2　折减系数法

为了计算上的方便，在工程实际中，常采用折减系数法进行稳定计算。将稳定容许应力值写成 $[\sigma_{st}] = \varphi[\sigma]$ 的形式，则稳定条件为

$$[\sigma] \leqslant \varphi[\sigma] \quad 或 \quad \frac{F_N}{A} \leqslant \varphi[\sigma]$$

式中，$[\sigma]$ 为强度计算时的容许压应力；F_N 为压杆轴力；A 为压杆横截面的面积，截面的局部削弱对整体刚度的影响甚微，因而不考虑面积的局部削弱，但要对削弱处进行强度验算；φ 是一个小于 1 的系数，称为稳定系数或折减系数。因为临界应力 σ_{cr} 和稳定安全因数 n_{st} 总是随柔度 λ 的改变而改变的，故稳定系数与压杆的柔度、所用材料、截面类型等有关，其值可从有关设计规范中查得。

关于各种机制和焊接钢构件的折减系数，可查阅《钢结构设计规范》(GBJ 17—88)；

木质受压构件的折减系数，可查阅《木结构设计规范》(GBJ 5—88)。结构钢(A_3 钢)、纸合金钢(16 Mn 钢)、铸钢以及木压杆的折式系数可参考表 9-2 中的数据。

表 9-2 折减系数表

柔度 $\lambda = \frac{\mu l}{i}$	φ 值			
	A_3 钢	16 Mn 钢	铸钢	木材
0	1.000	1.000	1.00	1.00
15	0.995	0.993	0.97	0.99
20	0.981	0.973	0.91	0.97
30	0.958	0.740	0.81	0.93
40	0.927	0.895	0.69	0.87
50	0.888	0.840	0.57	0.80
60	0.842	0.776	0.44	0.71
70	0.789	0.705	0.34	0.60
80	0.731	0.627	0.26	0.48
90	0.669	0.546	0.20	0.38
100	0.604	0.462	0.16	0.31
110	0.536	0.384		0.26
120	0.466	0.325		0.22
130	0.401	0.279		0.18
140	0.349	0.242		0.16
150	0.306	0.213		0.14
160	0.272	0.188		0.12
170	0.243	0.168		0.11
180	0.218	0.151		0.10
190	0.197	0.136		0.09
200	0.180	0.124		0.08

9.4.3 压杆稳定计算

压杆稳定计算与强度计算类似,也可以解决常见的三类问题,即稳定校核、确定容许荷载及设计截面。对于前两种计算相对较简单,而在设计截面时,由于稳定条件中截面尺寸未知,所以柔度 λ 和稳定系数 φ 也未知,因而要采用试算的方法确定截面。试算时可按图 9-7 所示的流程进行。一般先假设 $\varphi_1 = 0.5$,由式 $\frac{F_N}{A} \leqslant \varphi[\sigma]$,求得截面积 A_1 ,用式 $i = \sqrt{\frac{I}{A}}$ 及 $\lambda = \frac{\mu l}{i}$,求得 λ ,再由 λ 查出 φ_1' ;若与假设的 φ_1 值相差较大,再进行第二次试算。第二次试算可假设 $\varphi_2 = \frac{\varphi_1 + \varphi_1'}{2}$,重复以上步骤,可查出 φ_2' ,当 φ_2' 与 φ_2 值相差较小,可停止试算。否则可重复试算,直至 φ_i 与 φ'_i 相差不大,最后进行稳定校核。

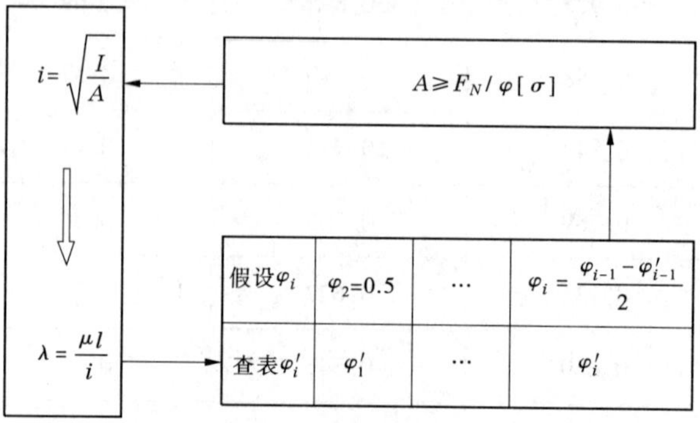

图 9-7

【例 9-2】 如图 9-8(a)所示,结构是由两根直径相同的轧制圆杆组成,材料为 A_3 钢。已知 $h=0\sim4$ m,直径 $d=20$ mm,材料的容许应力$[\sigma]=170$ MPa,荷载 $F=15$ kN。试校核两杆的稳定性。

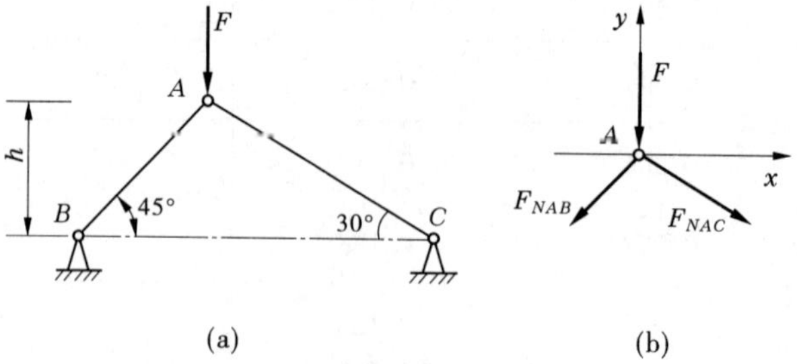

图 9-8

解:分别对 AB 和 AC 两杆进行计算。

(1)求每根杆所承受的压力。

取结点 A 为研究对象作受力图,如图 9-8(b)所示。由平衡条件得

$$\sum F_x = 0,\ -F_{NAB}\cos45° + F_{NAC}\cos30° = 0$$

$$\sum F_y = 0,\ -F_{NAB}\sin45° - F_{NAC}\sin30° - F = 0$$

解方程得二杆的轴力为

$$F_{NAB} = -13.44\ \text{kN}$$

$$F_{NAC} = -10.98\ \text{kN}$$

(2)求各杆的工作应力。

$$\sigma_{AB} = \frac{F_{NAB}}{A} = \frac{-13.44 \times 10^3}{3.14 \times 10^2} = -42.8(\text{MPa})$$

$$\sigma_{AC} = \frac{F_{NAC}}{A} = \frac{-10.98 \times 10^3}{3.14 \times 10^2} = -35.0(\text{MPa})$$

(3)计算柔度,查折减系数。

$$i = \sqrt{\frac{I}{A}} = \sqrt{\frac{\frac{\pi}{4}R^4}{\pi R^2}} = \frac{R}{2} = \frac{10}{2} = 5(\text{mm})$$

二杆的长度分别为：　$l_{AB} = 0.566\ \text{m}$　　$l_{AC} = 0.8\ \text{m}$

二杆的柔度分别为：

$$\lambda_{AB} = \frac{\mu l_{AB}}{i} = \frac{1 \times 566}{5} = 113$$

$$\lambda_{AC} = \frac{\mu l_{AC}}{i} = \frac{1 \times 800}{5} = 160$$

由表9-2结合内插法查得A_3钢的折减系数：$\varphi_{AB} = 0.541$，$\varphi_{AC} = 0.272$。

(4)求各杆的稳定容许应力,进行稳定校核。

*AB*和*AC*杆的稳定容许应力分别是

*AB*杆：　$[\sigma_{st}] = \varphi_{AB}[\sigma] = 0.541 \times 170 = 92(\text{MPa})$

*AC*杆：　$[\sigma_{st}] = \varphi_{AC}[\sigma] = 0.272 \times 170 = 46.2(\text{MPa})$

因为

*AB*杆：　$\sigma_{c,AB} = 42.8\ \text{MPa} < [\sigma_{st}] = 92\ \text{MPa}$

*AC*杆：　$\sigma_{c,AC} = 35.0\text{MPa} < [\sigma_{st}] = 46.2\ \text{MPa}$

所以二杆满足稳定条件。

【例9-3】　如图9-9(a)所示,杆*BD*为正方形截面木杆,$a = 0.1$ m。木材的强度等级为TC13,容许应力$[\sigma] = 10$ MPa。试从*BD*杆的稳定考虑,计算该结构所能承受的最大荷载F_{max}。

解:(1)求压杆*BD*的轴力F_N与F荷载的函数关系。取*ABC*杆为对象作受力图,如图9-9(b)所示,由平衡条件得

$$\sum M_A(F) = 0,\ -F_N\sin30° \times 2 - F \times 3 = 0$$

由上式可求得$F_N = -3F$。

(2)计算压杆柔度,确定折减系数φ。

$$l_{BD} = \frac{2}{\cos30°} = 2.31(\text{m})$$

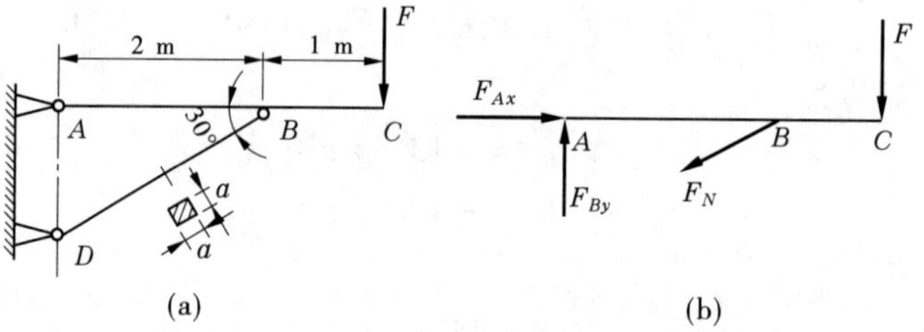

图 9-9

$$i=\sqrt{\frac{I}{A}}=\sqrt{\frac{a^4}{12\times a^2}}=\frac{0.1\times10^3}{\sqrt{12}}=28.87(\text{mm})$$

$$\lambda=\frac{\mu l_{BD}}{i}=\frac{1\times2.31\times10^3}{28.87}=80$$

由表 9-2 查得

$$\varphi=0.48$$

(3)计算结构承受的最大荷载。由 BD 杆的稳定条件可得

$$\frac{F_N}{A}\leqslant\varphi[\sigma]$$

$$3F\leqslant A\varphi[\sigma]$$

$$F\leqslant\frac{A\varphi[\sigma]}{3}=\frac{0.1^2\times10^6\times0.48\times10}{3}=16.0\times10^3(\text{N})$$

即结构所能承受的最大荷载为 16 kN。

【例 9-4】 如图 9-10 所示,立柱下端固定,上端承受轴向压力 $F=200$ kN 作用。立柱用**工**型钢制成,材料为 Q235 钢,容许应力$[\sigma]=160$ MPa。在立柱中点横截面 C 处,因构造需要开一直径为 $d=70$ mm 的圆孔。试选择**工**型钢型号。

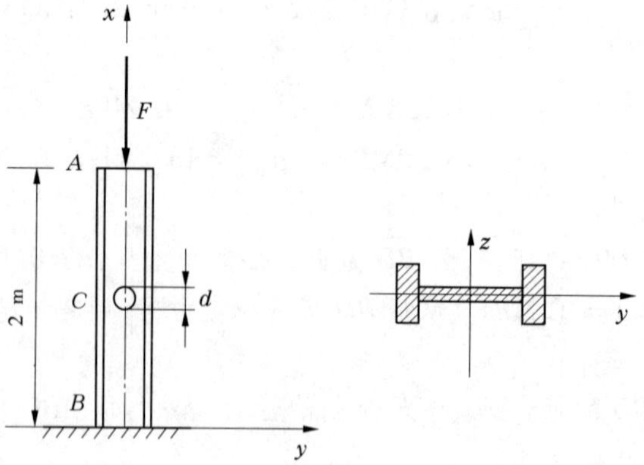

图 9-10

解:由于压杆在 $x-y$ 与 $x-z$ 平面内两端支承条件相同,所以采用最小惯性矩 I_y 确定**工**型钢型号。

(1)第一次试算。

设 $\varphi_1 = 0.5$，则由 $\frac{F_N}{A} \leqslant \varphi[\sigma]$ 得

$$A \geqslant \frac{200 \times 10^3}{0.5 \times 160} = 2.5 \times 10^3 (\mathrm{mm}^2)$$

从型钢表中查得16号工型钢的横截面面积 $A = 2.61 \times 10^3\ \mathrm{mm}^2$，最小惯性半径 $i_{max} = 18.9\ \mathrm{mm}$。如果选用该型钢作立柱，则其柔度为 $\lambda = \frac{\mu l}{i_{max}} = \frac{2 \times 2\ 000}{18.9} = 211$。表9-2查得相应于 $\lambda = 211$ 的折减系数为 $\varphi_1' = 0.169$。显然 φ_1' 与假设的 φ_1 值相差较大，必须进一步试算。

(2)第二次试算。

设 $\varphi_2 = \frac{\varphi_1 + \varphi_1'}{2} = \frac{0.5 + 0.169}{2} = 0.335$，则由式 $\frac{F_N}{A} \leqslant \varphi[\sigma]$ 得

$$A \geqslant \frac{200 \times 10^3}{0.335 \times 160} = 3.731 \times 10^3 (\mathrm{mm}^2)$$

从型钢表中查得，22a工型钢的横截面面积 $A = 4.21 \times 10^3\ \mathrm{mm}^2$，最小惯性半径 $i_{max} = 23.1\ \mathrm{mm}$。如果选用该型钢作立柱，则其柔度为 $\lambda = \frac{2 \times 2\ 000}{23.1} = 173$，由此得 $\varphi_2' = 0.241$。显然 φ_2' 与 φ_2 值相差还较大，仍需作进一步试算。

(3)第三次试算。

设 $\varphi_3 = \frac{\varphi_2 + \varphi_2'}{2} = \frac{0.335 + 0.241}{2} = 0.288$，则由式 $\frac{F_N}{A} \leqslant \varphi[\sigma]$ 得

$$A \geqslant \frac{200 \times 10^3}{0.288 \times 160} = 4.34 \times 10^3 (\mathrm{mm}^2)$$

从型钢表中查得，25a工型钢的横截面面积 $A = 4.854 \times 10^3\ \mathrm{mm}^2$，最小惯性半径 $i_{min} = 24\ \mathrm{mm}$。如果选用该型钢作立柱，则其柔度为 $\lambda = \frac{2 \times 2\ 000}{24} = 166.7$，由此得 $\varphi_3' = 0.258$。显然 φ_3' 与 φ_3 值比较接近。因此，可进一步进行稳定性校核。

工作应力为：

$$\sigma = \frac{F}{A} = \frac{200 \times 10^3}{4.854 \times 10^3} = 41.2(\mathrm{MPa})$$

稳定容许应力为：

$$[\sigma_{st}] = \varphi[\sigma] = 0.258 \times 160 = 41.28(\mathrm{MPa})$$

则有 $\sigma < [\sigma_{st}]$，压杆满足稳定条件。

(4)强度校核。

从型钢表中查得，25a工型钢的腹板厚度 $\delta = 8\ \mathrm{mm}$，横截面 C 的净面积为

$$A_c = A - \delta d = 4.85 \times 10^3 - 8 \times 70 = 4.29 \times 10^3 (\mathrm{mm}^2)$$

截面的工作应力为

$$\sigma = \frac{F}{A_c} = \frac{200 \times 10^3}{4.29 \times 10^3} = 46.6(\mathrm{MPa})$$

则有 $\sigma < [\sigma]$，由此可见，选用25a工型钢作立柱，其强度也符合要求。

任务5　提高压杆稳定性的措施

提高压杆的临界应力或临界荷载,也就相对地提高了压杆的稳定性。由临界应力的计算公式可知,影响临界应力的主要因素是柔度。减小柔度即可大幅度提高临界应力。因此,提高压杆稳定性必须从减小柔度入手。

9.5.1　减小压杆的长度

从柔度计算式 $\lambda = \mu l/i$ 中可以看出,减小压杆的长度 l 是降低压杆柔度提高压杆稳定性的有效方法之一。在条件允许的情况下,应尽量使压杆的长度减小,或者在压杆中间增加支撑,如图 9-11 所示。例如,对建筑施工中的塔吊,每隔一定高度将塔身与已成建筑物用铰链相连,可大大提高塔身的稳定性。

9.5.2　选择合理的截面形状

在截面面积不变的情况下,增大惯性矩 I,从而达到增大惯性半径 i,减小压杆柔度 λ。如图 9-12 所示,在截面积相同的情况下,圆环形截面比实心圆截面合理。例如,在建筑施工中,都采用空心圆钢管搭脚手架。

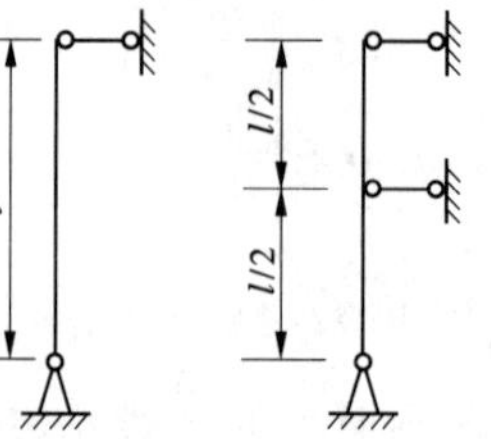

图 9-11

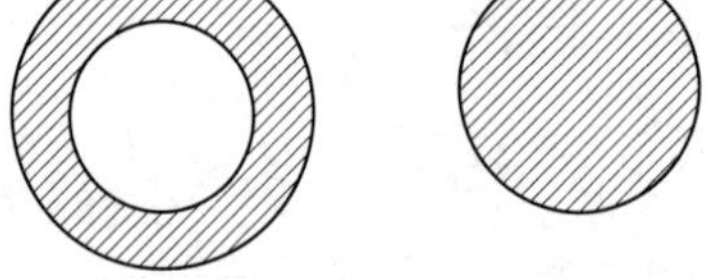

图 9-12

对于压杆在各个弯曲平面内的支承条件相同时,压杆的临界应力由最小惯性半径 i_{max} 方向所控制。因此,应尽量使两向的惯性半径接近,这样可使压杆在各个弯曲平面内有接近的柔度。如由两根槽钢组合而成的压杆,采用图 9-13(a)的形式比图 9-13(b)的形式好。

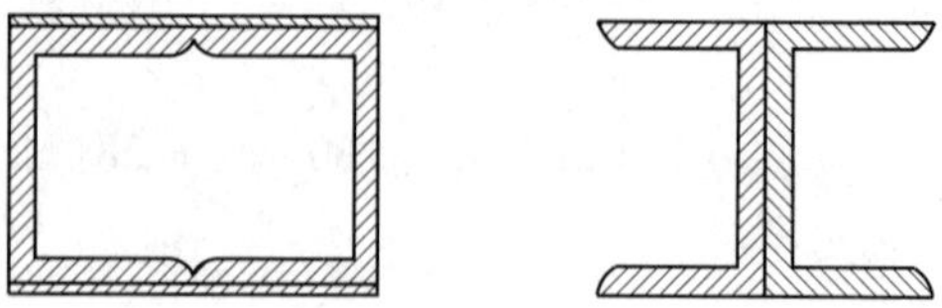

(a)　　(b)

图 9-13

对于压杆在各个弯曲平面内的支承条件不同时 $[(\mu l)_z \neq (\mu l)_y]$,可采用 $I_z \neq I_y$ 的截面来与相应的支承条件配合,使压杆在两相互垂直平面的柔度值相等,即

$$\frac{(\mu l)_z}{\sqrt{\frac{I_z}{A}}} = \frac{(\mu l)_y}{\sqrt{\frac{I_y}{A}}} \quad \text{或} \quad \frac{\mu_z}{\sqrt{I_z}} = \frac{\mu_y}{\sqrt{I_y}}$$

在满足该公式时,就可保证压杆在这两个方向上具有相同的稳定性。

9.5.3 加强杆端约束

由于压杆两端固定得越牢固,μ 值越小,计算长度 μl 就越小,它的临界压力就越大,故采用 μ 值小的支座形式,可以提高压杆的稳定性。如将两端铰支的压杆改为两端固定时,其计算长度会减少一半,临界压力为原来的 4 倍。但杆端支座约束形式往往要根据使用的要求来决定。

9.5.4 合理选择材料

由式 $\sigma_{cr} = \frac{\pi^2 E}{\lambda^2}$ 可以看出,细长压杆的临界应力与材料的弹性模量 E 有关。因此,选择高弹模材料,显然可以提高细长压杆的稳定性。但是,就钢而言,由于各种钢的弹模大致相同,因此如果从稳定性考虑,选用高强度钢作细长压杆是不必要的。中柔度压杆的临界应力与材料的强度有关,强度越高的材料,临界应力越高。所以,选用高强度材料作中柔度压杆显然有利于稳定性的提高。

思考题

9-1 工程中对压杆的应用非常广泛,如脚手架中的竖杆、建筑结构中的柱子等。压杆在没有受到干扰的情况下,形态上也可以都是轴向受压,但压杆所处的状态可能有所不同。根据压杆受到干扰后的工作状况将压杆的工作状态分为哪三类?

9-2 压杆失稳产生的弯曲与梁的弯曲有何区别?

9-3 对于等截面细长压杆的长度因数 H,其影响因素主要是什么?

9-4 压杆的柔度 λ 和材料的力学性质决定着压杆的临界应力值。压杆的柔度是对压杆的哪几个几何条件的综合反映?

9-5 应用欧拉公式的条件是什么? 如果超过范围继续使用欧拉公式求压杆临界应力,则计算结果是偏于安全还是偏于危险?

9-6 有一圆截面细长压杆,试问:杆长 l 增加一倍与直径 d 增加一倍对临界力的影响如何?

9-7 对于两端铰支,由 Q235 钢制成的圆截面压杆,问杆长 l 应比直径 d 大多少倍时,才能应用欧拉公式?

9-8 每一种材料的压杆都可以作出相应的临界应力总图,在此图中,将经验曲线与欧拉曲线的切点 C 对应的柔度 λ_c 才作为细长压杆与中长压杆的实际划分点,为什么不用理论推导的划分值 λ_P?

9-9 压杆稳定条件与强度条件的表达形式是相同的,但二者的根本区别在什么地方?

9-10 在施工中用已有的钢管搭建脚手架,为了提高脚手架的稳定性,可以在哪些方面采取措施?

9-11 采用高强度钢材能有效地提高中长压杆的临界应力,而不能够有效地提高细长压杆的临界应力,这种说法对吗?

9-12 为什么梁通常采用矩形截面,而压杆则采用方形或圆形截面?

9-13 对压杆进行稳定分析时,是用什么量值来判定压杆在哪一个平面内首先失稳?

习　题

9-1 如习题 9-1 图所示,两端在 $x-y$ 和 $x-z$ 平面内都为铰支的 22a 工型钢细长压杆,材料为 Q235 钢,其弹性模量 $E=200$ GPa。试求压杆的临界力。

9-2 如习题 9-2 图所示,一端固定一端铰支的圆截面细长压杆,$d=50$ mm,材料为 Q235 钢,其弹性模量 $E=200$ GPa。试求压杆的临界力。

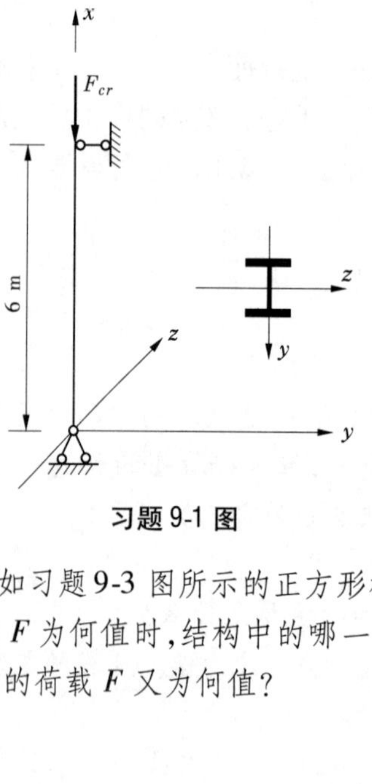

习题 9-1 图

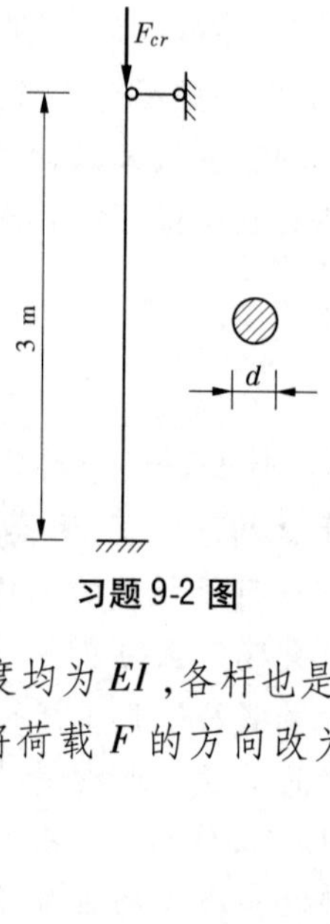

习题 9-2 图

9-3 如习题 9-3 图所示的正方形桁架,各杆的抗弯刚度均为 EI,各杆也是细长杆。试问当荷载 F 为何值时,结构中的哪一杆件将失稳? 如果将荷载 F 的方向改为向内,则使杆件失稳的荷载 F 又为何值?

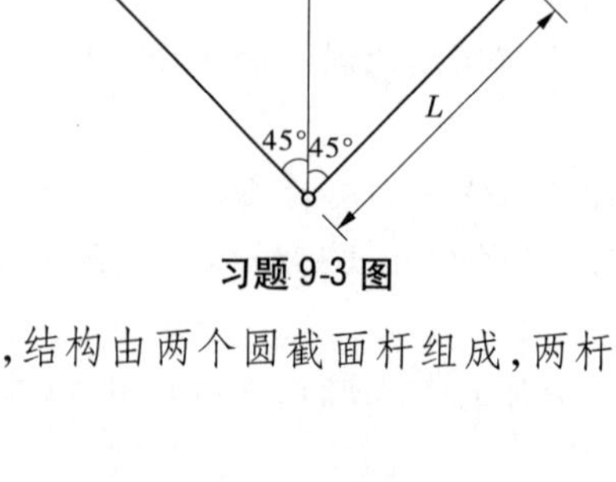

习题 9-3 图

9-4 如习题 9-4 图所示,结构由两个圆截面杆组成,两杆的直径及所用材料均相同,且两杆均为细长杆。当 F 从零开始逐渐增加时，哪个杆首先失稳（只考虑图示平面）？

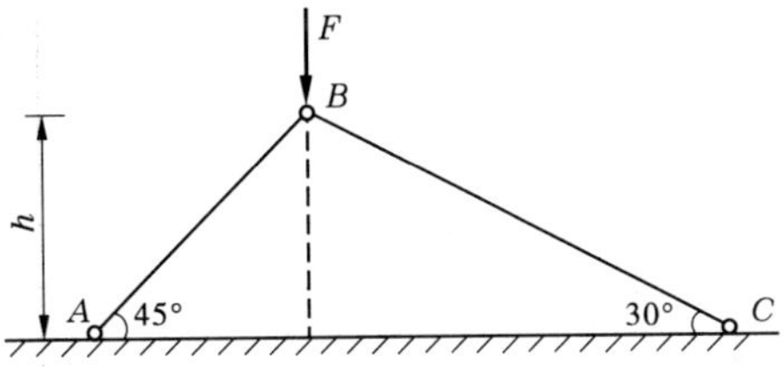

习题 9-4 图

9-5 如习题 9-5 图所示，压杆由 Q235 钢制成，材料的弹性模量 $E=200$ GPa，在 $x-y$ 平面内，两端为铰支；在 $x-z$ 平面内，两端固定，两个方向均为细长压杆。试求该压杆的临界力。

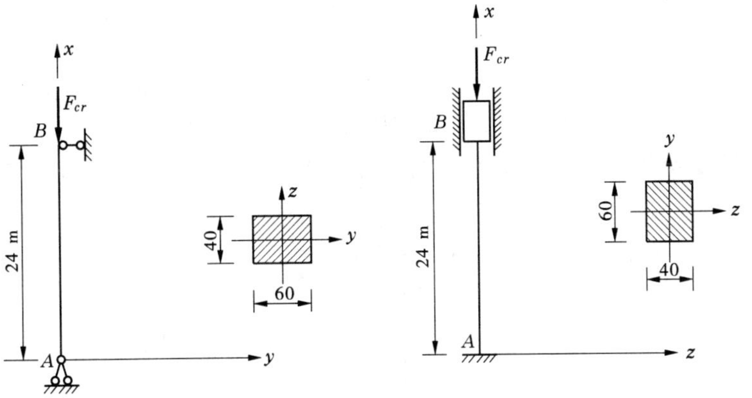

习题 9-5 图

9-6 如习题 9-6 图所示的压杆，横截面为 $b\times h$ 的矩形，试从稳定方面考虑，b/h 为何值最佳。当压杆在 $x-z$ 平面内失稳时，可取长度因数 $\mu_y=0.7$。当压杆在 $x-y$ 平面内失稳时，可取长度因数 $\mu_z=1.0$。

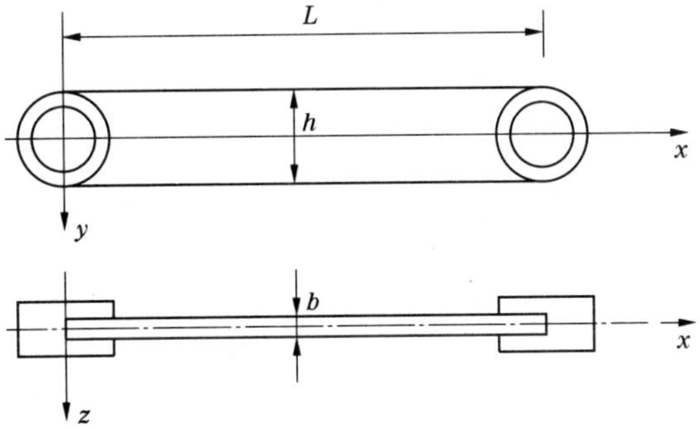

习题 9-6 图

9-7 如习题 9-7 图所示，托架的斜撑 BC 为圆截面木杆，材料的强度等级 TC13，容许压应力 $[\sigma]=10$ MPa，试确定斜撑 BC 所需直径 d。

9-8 如习题 9-8 图所示，已知柱的上端在两个方向都为铰支，下端为固定支座，外径 $D=200$ mm，内径 $d=100$ mm，材料为 Q235 钢，弹性模量 $E=200$ GPa，容许应力 $[\sigma]=160$

MPa,求柱的容许荷载[F]。

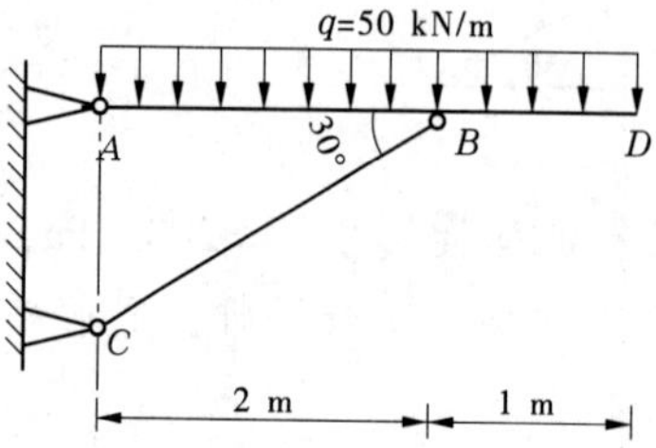

习题 9-7 图

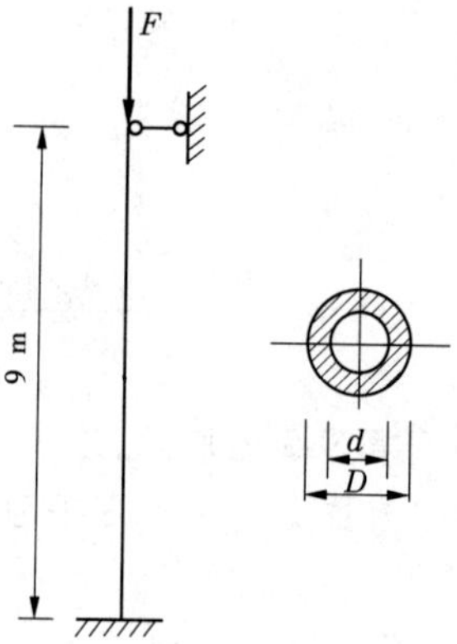

习题 9-8 图

9-9 如习题 9-9 图所示,结构中的钢梁 AC 及柱 BD 分别由 10 号工型钢和圆木构成,梁的材料为 Q235 钢,容许应力$[\sigma]=160$ MPa;柱的材料为松木,强度等级为 TC13,直径 $d=160$ mm,容许应力$[\sigma]=11$ MPa,两端铰支。试校核梁的强度和立柱的稳定性。

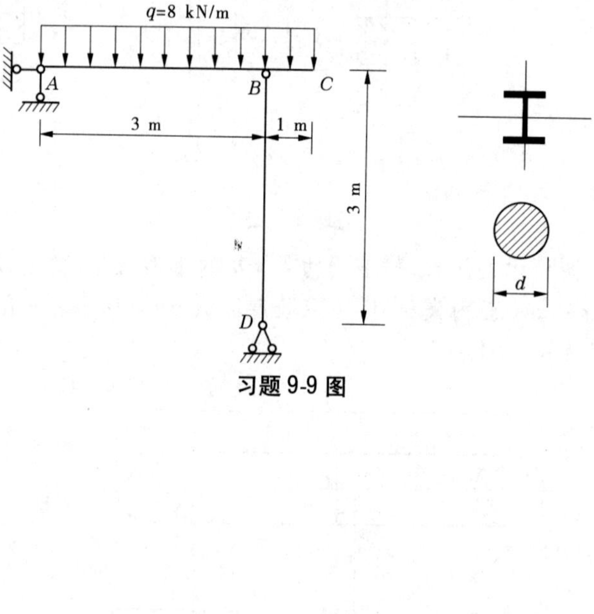

习题 9-9 图

附　录　型钢规格表

附表 1　热轧等边角钢（GB 9787—1988）

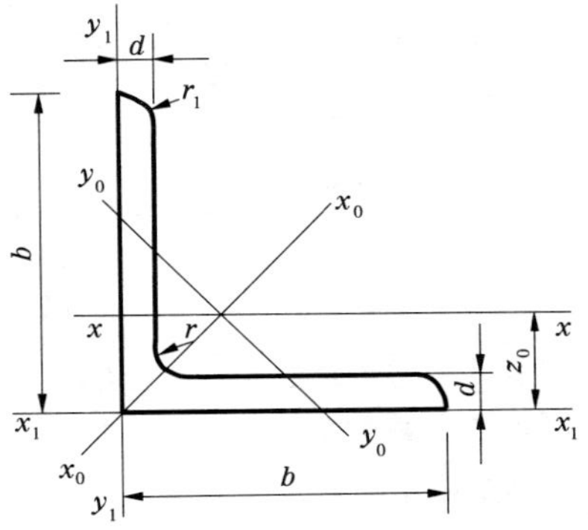

符号意义：

b—边宽度；

d—边厚度；

r—内圆弧半径；

r_1—边端内圆弧半径；

I—惯性矩；

i—惯性半径；

W—截面系数；

z_0—重心距离

角钢号数	尺寸(mm)			截面面积	理论质量	外表面积	参考数值										z_0
							$x—x$			$x_0—x_0$			$y_0—y_0$			$x_1—x_1$	
	b	d	r	(cm^2)	(kg/m)	(m^2/m)	I_x (cm^4)	i_x (cm)	W_x (cm^3)	I_{x0} (cm^4)	i_{x0} (cm)	W_{x0} (cm^3)	I_{y0} (cm^4)	i_{y0} (cm)	W_{y0} (cm^3)	I_{x1} (cm^4)	(cm)
2	20	3	3.5	1.132	0.889	0.078	0.40	0.59	0.29	0.63	0.75	0.45	0.17	0.39	0.20	0.81	0.60
		4		1.459	1.145	0.077	0.50	0.58	0.36	0.78	0.73	0.55	0.22	0.38	0.24	1.09	0.64
2.5	25	3		1.432	1.124	0.098	0.82	0.76	0.46	1.29	0.95	0.73	0.34	0.49	0.33	1.57	0.73
		4		1.859	1.459	0.097	1.03	0.74	0.59	1.62	0.93	0.92	0.43	0.48	0.40	2.11	0.76

续附表 1

角钢号数	尺寸(mm)			截面面积 (cm^2)	理论质量 (kg/m)	外表面积 (m^2/m)	参考数值										
							$x—x$			$x_0—x_0$			$y_0—y_0$			$x_1—x_1$	z_0 (cm)
	b	d	r				I_x (cm^4)	i_x (cm)	W_x (cm^3)	I_{x0} (cm^4)	i_{x0} (cm)	W_{x0} (cm^3)	I_{y0} (cm^4)	i_{y0} (cm)	W_{y0} (cm^3)	I_{x1} (cm^4)	
3.0	30	3	4.5	1.749	1.373	0.117	1.46	0.91	0.68	2.31	1.15	1.09	0.61	0.59	0.51	2.71	0.85
		4		2.276	1.786	0.117	1.84	0.90	0.87	2.92	1.13	1.37	0.77	0.58	0.62	3.63	0.89
3.6	36	3		2.109	1.656	0.141	2.58	1.11	0.99	4.09	1.39	1.61	1.07	0.71	0.76	4.68	1.00
		4		2.756	2.163	0.141	3.29	1.09	1.28	5.22	1.38	2.05	1.37	0.70	0.93	6.25	1.04
		5		3.382	2.654	0.141	3.95	1.08	1.56	6.24	1.36	2.45	1.65	0.70	1.09	7.84	1.07
4.0	40	3	5	2.359	1.852	0.157	3.59	1.23	1.23	5.69	1.55	2.01	1.49	0.79	0.96	6.41	1.09
		4		3.086	2.422	0.157	4.60	1.22	1.60	7.29	1.54	2.58	1.91	0.79	1.19	8.56	1.13
		5		3.791	2.976	0.156	5.53	1.21	1.96	8.76	1.52	3.01	2.30	0.78	1.39	10.74	1.17
4.4	45	3		2.659	2.088	0.177	5.17	1.40	1.58	8.20	1.76	2.58	2.14	0.90	1.24	9.12	1.22
		4		3.486	2.736	0.177	6.65	1.38	2.05	10.56	1.74	3.32	2.75	0.89	1.54	12.18	1.26
		5		4.292	3.369	0.176	8.04	1.37	2.51	12.74	1.72	4.00	3.33	0.88	1.81	15.25	1.30
		6		5.076	3.985	0.176	9.33	1.36	2.95	14.76	1.70	4.64	3.89	0.88	2.06	18.36	1.33
5	50	3	5.5	2.971	2.332	0.197	7.18	1.55	1.96	11.37	1.96	3.22	2.98	1.00	1.57	12.50	1.34
		4		3.897	3.059	0.197	9.26	1.54	2.56	14.70	1.94	4.16	3.82	0.99	1.96	16.60	1.38
		5		4.803	3.770	0.196	11.21	1.53	3.13	17.79	1.92	5.03	4.64	0.98	2.31	20.90	1.42
		6		5.688	4.465	0.196	13.05	1.52	3.68	20.68	1.91	5.85	5.42	0.98	2.63	25.14	1.46
5.6	56	3	6	3.343	2.624	0.221	10.19	1.75	2.48	16.14	2.20	4.08	4.24	1.13	2.02	17.56	1.48
		4		4.390	3.446	0.220	13.18	1.73	3.24	20.92	2.18	5.28	5.46	1.11	2.52	23.43	1.53

续附表 1

角钢号数	尺寸(mm)			截面面积(cm^2)	理论质量(kg/m)	外表面积(m^2/m)	参考数值										z_0 (cm)
							$x—x$			$x_0—x_0$			$y_0—y_0$			$x_1—x_1$	
	b	d	r				I_x (cm^4)	i_x (cm)	W_x (cm^3)	I_{x0} (cm^4)	i_{x0} (cm)	W_{x0} (cm^3)	I_{y0} (cm^4)	i_{y0} (cm)	W_{y0} (cm^3)	I_{x1} (cm^4)	
5.6	56	5	6	5.415	4.251	0.220	16.02	1.72	3.97	25.42	2.17	6.42	6.61	1.10	2.98	29.33	1.57
		8	7	8.367	6.568	0.219	23.63	1.68	6.03	37.37	2.11	9.44	9.89	1.09	4.16	47.24	1.68
6.3	63	4	7	4.978	3.907	0.248	19.03	1.96	4.13	30.17	2.46	6.78	7.89	1.26	3.29	33.35	1.70
		5		6.143	4.822	0.248	23.17	1.94	5.08	36.77	2.45	8.25	9.57	1.25	3.90	41.73	1.74
		6		7.288	5.721	0.247	27.12	1.93	6.00	43.03	2.43	9.66	11.20	1.24	4.46	50.14	1.78
		8		9.515	7.469	0.247	34.46	1.90	7.75	54.56	2.40	12.25	14.33	1.23	5.47	67.11	1.85
		10		11.657	9.151	0.246	41.09	1.88	9.39	64.85	2.36	14.56	17.33	1.22	6.36	84.31	1.93
7	70	4	8	5.570	4.372	0.275	26.39	2.18	5.14	41.80	2.74	8.44	10.99	1.40	4.17	45.74	1.86
		5		6.875	5.397	0.275	32.21	2.16	6.32	51.08	2.73	10.32	13.34	1.39	4.95	57.21	1.91
		6		8.160	6.406	0.275	37.77	2.15	7.48	59.93	2.71	12.11	15.61	1.38	5.67	68.73	1.95
		7		9.424	7.398	0.275	43.09	2.14	8.59	68.35	2.69	13.81	17.82	1.38	6.34	80.29	1.99
		8		10.667	8.373	0.274	48.17	2.12	9.68	76.37	2.68	15.43	19.98	1.37	6.98	91.92	2.03
7.5	75	5	9	7.367	5.818	0.295	39.97	2.33	7.32	63.30	2.92	11.94	16.63	1.50	5.77	70.56	2.04
		6		8.797	6.905	0.294	46.95	2.31	8.64	74.38	2.90	14.02	19.51	1.49	6.67	84.55	2.07
		7		10.160	7.976	0.294	53.57	2.30	9.93	84.96	2.89	16.02	22.18	1.48	7.44	98.71	2.11
		8		11.503	9.030	0.294	59.96	2.28	11.20	95.07	2.88	17.93	24.86	1.47	8.19	112.97	2.15
		10		14.126	11.089	0.293	71.98	2.26	13.64	113.92	2.84	21.48	30.05	1.46	9.56	141.71	2.22

续附表 1

角钢号数	尺寸(mm)			截面面积 (cm^2)	理论质量 (kg/m)	外表面积 (m^2/m)	参考数值										
							x—x			x_0—x_0			y_0—y_0			x_1—x_1	z_0 (cm)
	b	d	r				I_x (cm^4)	i_x (cm)	W_x (cm^3)	I_{x0} (cm^4)	i_{x0} (cm)	W_{x0} (cm^3)	I_{y0} (cm^4)	i_{y0} (cm)	W_{y0} (cm^3)	I_{x1} (cm^4)	
8	80	5	9	7.912	6.211	0.315	48.79	2.48	8.34	77.33	3.13	13.67	20.25	1.60	6.66	85.36	2.15
		6		9.397	7.376	0.314	57.35	2.47	9.87	90.98	3.11	16.08	23.72	1.59	7.65	102.50	2.19
		7		10.860	8.525	0.314	65.58	2.46	11.37	104.07	3.10	18.40	27.09	1.58	8.58	119.70	2.23
		8		12.303	9.658	0.314	73.49	2.44	12.83	116.60	3.08	20.61	30.39	1.57	9.46	136.97	2.27
		10		15.126	11.874	0.313	88.43	2.42	15.64	140.09	3.04	24.76	36.77	1.56	11.08	171.74	2.35
9	90	6	10	10.637	8.350	0.354	82.77	2.79	12.61	131.26	3.51	20.63	34.28	1.80	9.95	145.87	2.44
		7		12.301	9.656	0.354	94.83	2.78	14.54	150.47	3.50	23.64	39.18	1.78	11.19	170.30	2.48
		8		13.944	10.946	0.353	106.47	2.76	16.42	168.97	3.48	26.55	43.97	1.78	12.35	194.80	2.52
		10		17.167	13.476	0.353	128.58	2.74	20.07	203.90	3.45	32.04	53.26	1.76	14.52	244.07	2.59
		12		20.306	15.940	0.352	149.22	2.71	23.57	236.21	3.41	37.12	62.22	1.75	16.49	293.76	2.67
10	100	6	12	11.932	9.366	0.393	114.95	3.10	15.68	181.98	3.90	25.74	47.92	2.00	12.69	200.07	2.67
		7		13.796	10.830	0.393	131.86	3.09	18.10	208.97	3.89	29.55	54.74	1.99	14.26	233.54	2.71
		8		15.638	12.276	0.393	148.24	3.08	20.47	235.07	3.88	33.24	61.41	1.98	15.75	267.09	2.76
		10		19.261	15.120	0.392	179.51	3.05	25.06	284.68	3.84	40.26	74.35	1.96	18.54	334.48	2.84
		12		22.800	17.898	0.391	208.90	3.03	29.48	330.95	3.81	46.80	86.84	1.95	21.08	402.34	2.91
		14		26.256	20.611	0.391	236.53	3.00	33.73	374.06	3.77	52.90	99.00	1.94	23.44	470.75	2.99
		16		29.627	23.257	0.390	262.53	2.98	37.82	414.16	3.74	58.57	110.89	1.94	25.63	539.80	3.06

续附表 1

角钢号数	尺寸(mm)			截面面积 (cm²)	理论质量 (kg/m)	外表面积 (m²/m)	参考数值										z_0 (cm)
							$x—x$			$x_0—x_0$			$y_0—y_0$			$x_1—x_1$	
	b	d	r				I_x (cm^4)	i_x (cm)	W_x (cm^3)	I_{x0} (cm^4)	i_{x0} (cm)	W_{x0} (cm^3)	I_{y0} (cm^4)	i_{y0} (cm)	W_{y0} (cm^3)	I_{x1} (cm^4)	
11	110	7	12	15.196	11.928	0.433	177.16	3.41	22.05	280.94	4.30	36.12	73.38	2.20	17.51	310.64	2.96
		8		17.238	13.532	0.433	199.46	3.40	24.95	316.49	4.28	40.69	82.42	2.19	19.39	355.20	3.01
		10		21.261	16.690	0.432	242.19	3.38	30.60	384.39	4.25	49.42	99.98	2.17	22.91	444.65	3.09
		12		25.200	19.782	0.431	282.55	3.35	36.05	448.17	4.22	57.62	116.93	2.15	26.15	534.60	3.16
		14		29.056	22.809	0.431	320.71	3.32	41.31	508.01	4.18	65.31	133.40	2.14	29.14	625.16	3.24
12.5	125	8	14	19.750	15.504	0.492	297.03	3.88	32.52	470.89	4.88	53.28	123.16	2.50	25.86	521.01	3.37
		10		24.373	19.133	0.491	361.67	3.85	39.97	573.89	4.85	64.93	149.46	2.48	30.62	651.93	3.45
		12		28.912	22.696	0.491	423.16	3.83	41.17	671.44	4.82	75.96	174.88	2.46	35.03	783.42	3.53
		14		33.367	26.193	0.490	481.65	3.80	54.16	763.73	4.78	86.41	199.57	2.45	39.13	915.61	3.61
14	140	10	14	27.373	21.488	0.551	514.65	4.34	50.58	817.27	5.46	82.56	212.04	2.78	39.20	915.11	3.82
		12		32.512	25.522	0.551	603.68	4.31	59.80	958.79	5.43	96.85	248.57	2.76	45.02	1 099.28	3.90
		14		37.567	29.490	0.550	688.81	4.28	68.75	1 093.56	5.40	110.47	284.06	2.75	50.45	1 284.22	3.98
		16		42.539	33.393	0.549	770.24	4.26	77.46	1 221.81	5.36	123.42	318.67	2.74	55.55	1 470.07	4.06
16	160	10	16	31.502	24.729	0.630	779.53	4.98	66.70	1 237.30	6.27	109.36	321.76	3.20	52.76	1 365.33	4.31
		12		37.441	29.391	0.630	916.58	4.95	78.98	1 455.68	6.24	128.67	377.49	3.18	60.74	1 639.57	4.39
		14		43.296	33.987	0.629	1 048.36	4.92	90.95	1 665.02	6.20	147.17	431.70	3.16	68.244	1 914.68	4.47
		16		49.067	38.518	0.629	1 175.08	4.89	102.63	1 865.57	6.17	164.89	484.59	3.14	75.31	2 190.82	4.55

续附表 1

角钢号数	尺寸(mm)			截面面积 (cm^2)	理论质量 (kg/m)	外表面积 (m^2/m)	参考数值										
							$x—x$			$x_0—x_0$			$y_0—y_0$			$x_1—x_1$	z_0 (cm)
	b	d	r				I_x (cm^4)	i_x (cm)	W_x (cm^3)	I_{x0} (cm^4)	i_{x0} (cm)	W_{x0} (cm^3)	I_{y0} (cm^4)	i_{y0} (cm)	W_{y0} (cm^3)	I_{x1} (cm^4)	
18	180	12	16	42.241	33.159	0.710	1 321.35	5.59	100.82	2 100.10	7.05	165.00	542.61	3.58	78.41	2 332.80	4.89
		14		48.896	38.388	0.709	1 514.48	5.56	116.25	2 407.42	7.02	189.14	625.53	3.56	88.38	2 723.48	4.97
		16		55.467	43.542	0.709	1 700.99	5.54	131.13	2 703.37	6.98	212.40	698.60	3.55	97.83	3 115.29	5.05
		18		61.955	48.634	0.708	1 875.12	5.50	145.64	2 988.24	6.94	234.78	762.01	3.51	105.14	3 502.43	5.13
20	200	14	18	54.642	42.894	0.788	2 103.55	6.20	144.70	3 343.26	7.82	236.40	863.83	3.98	111.82	3 734.10	5.46
		16		62.013	48.680	0.788	2 366.15	6.18	163.65	3 760.89	7.79	265.93	971.41	3.96	123.96	4 270.39	5.54
		18		69.301	54.401	0.787	2 620.64	6.15	182.22	4 164.54	7.75	294.48	1 076.74	3.94	135.52	4 808.13	5.62
		20		76.505	60.056	0.787	2 867.30	6.12	200.42	4 554.55	7.72	322.06	1 180.04	3.93	146.55	5 347.51	5.69
		24		90.661	71.168	0.785	3 338.25	6.07	236.17	5 294.97	7.64	374.41	1 381.53	3.90	166.55	6 457.16	5.87

注：截面图中的 $r_1 = \frac{1}{3}d$ 及表中 r 值的数据用于孔型设计，不作交货条件。

附表2 热轧不等边角钢（GB 9788—1988）

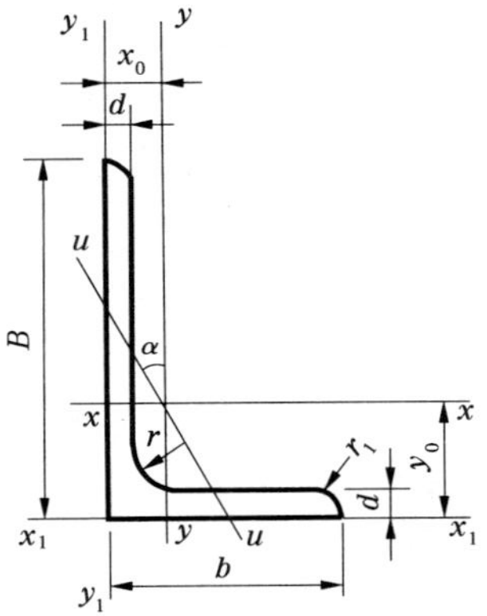

符号意义：

B—长边宽度； b—短边宽度；

d—边厚度； r—内圆弧半径；

r_1—边端内圆弧半径； I—惯性矩；

i—惯性半径； W—截面系数；

x_0—重心距离； y_0—重心距离

角钢号数	尺寸(mm)				截面面积 (cm^2)	理论质量 (kg/m)	外表面积 (m^2/m)	参考数值														
								x—x			y—y			x_1—x_0		y_1—y_1		u—u				
	B	b	d	r				I_x (cm^4)	i_x (cm)	W_x (cm^3)	I_y (cm^4)	i_y (cm)	W_y (cm^3)	I_{x1} (cm^4)	y_0 (cm)	I_{y1} (cm^4)	x_0 (cm)	I_u (cm^4)	i_u (cm)	W_u (cm^3)	tanα
2.5/1.6	25	16	3	3.5	1.162	0.912	0.080	0.70	0.78	0.43	0.22	0.44	0.19	1.56	0.86	0.43	0.42	0.14	0.34	0.16	0.392
			4		1.499	1.176	0.079	0.88	0.77	0.55	0.27	0.43	0.24	2.09	0.90	0.59	0.46	0.17	0.34	0.20	0.381
3.2/2	32	20	3		1.492	1.171	0.102	1.53	1.01	0.72	0.46	0.55	0.30	3.27	1.08	0.82	0.49	0.28	0.43	0.25	0.382
			4		1.939	1.522	0.101	1.93	1.00	0.93	0.57	0.54	0.39	4.37	1.12	1.12	0.53	0.35	0.42	0.32	0.374
4/2.5	40	25	3	4	1.890	1.484	0.127	3.08	1.28	1.15	0.93	0.70	0.49	6.39	1.32	1.59	0.59	0.56	0.54	0.40	0.386
			4		2.467	1.936	0.127	3.93	1.26	1.49	1.18	0.69	0.63	8.53	1.37	2.14	0.63	0.71	0.54	0.52	0.381
4.5/2.8	45	28	3	5	2.149	1.687	0.143	4.45	1.44	1.47	1.34	0.79	0.62	9.10	1.47	2.23	0.64	0.80	0.61	0.51	0.383
			4		2.806	2.203	0.143	5.69	1.42	1.91	1.70	0.78	0.80	12.13	1.51	3.00	0.68	1.02	0.60	0.66	0.380

续附表2

角钢号数	尺寸(mm)				截面面积	理论质量	外表面积	参考数值													
								x—x			y—y			x_1—x_1		y_1—y_1		u—u			
	B	b	d	r	(cm^2)	(kg/m)	(m^2/m)	I_x (cm^4)	i_x (cm)	W_x (cm^3)	I_y (cm^4)	i_y (cm)	W_y (cm^3)	I_{x1} (cm^4)	y_0 (cm)	I_{y1} (cm^4)	x_0 (cm)	I_u (cm^4)	i_u (cm)	W_u (cm^3)	$\tan\alpha$
5/3.2	50	32	3	5.5	2.431	1.908	0.161	6.24	1.60	1.84	2.02	0.91	0.82	12.49	1.60	3.31	0.73	1.20	0.70	0.68	0.404
			4		3.177	2.494	0.160	8.02	1.59	2.39	2.58	0.90	1.06	16.65	1.65	4.45	0.77	1.53	0.69	0.87	0.402
5.6/3.6	56	36	3	6	2.743	2.153	0.181	8.88	1.80	2.32	2.92	1.03	1.05	17.54	1.78	4.70	0.80	1.73	0.79	0.87	0.408
			4		3.590	2:818	0.180	11.45	1.79	3.03	3.76	1.02	1.37	23.39	1.82	6.33	0.85	2.23	0.79	1.13	0.408
			5		4.415	3.466	0.180	13.86	1.77	3.71	4.49	1.01	1.65	29.25	1.87	7.94	0.88	2.67	0.78	1.36	0.404
6.3/4	63	40	4	7	4.058	3.185	0.202	16.49	2.02	3.87	5.23	1.14	1.70	33.30	2.04	8.63	0.92	3.12	0.88	1.40	0.398
			5		4.993	3.920	0.202	20.02	2.00	4.74	6.31	1.12	2.71	41.63	2.08	10.86	0.95	3.76	0.87	1.71	0.396
			6		5.908	4.638	0.201	23.36	1.98	5.59	7.29	1.11	2.73	49.98	2.12	13.12	0.99	4.34	0.86	1.99	0.393
			7		6.802	5.339	0.201	26.53	1.96	6.40	8.24	1.10	2.78	58.07	2.15	15.47	1.03	4.97	0.86	2.29	0.389
7/4.5	70	45	4	7.5	4.547	3.570	0.226	23.17	2.26	4.86	7.55	1.29	2.17	45.92	2.24	12.26	1.02	4.40	0.98	1.77	0.410
			5		5.609	4.403	0.225	27.95	2.23	5.92	9.13	1.28	2.65	57.10	2.28	15.39	1.06	5.40	0.98	2.19	0.407
			6		6.647	5.218	0.225	32.54	2.21	6.95	10.62	1.26	3.12	68.35	2.32	18.58	1.09	6.35	0.98	2.59	0.404
			7		7.657	6.011	0.225	37.22	2.20	8.03	12.01	1.25	3.57	79.99	2.36	21.84	1.13	7.16	0.97	2.94	0.402
7.5/5	75	50	5	8	6.125	4.808	0.245	34.86	2.39	6.83	12.61	1.44	3.30	70.00	2.40	21.04	1.17	7.41	1.10	2.74	0.435
			6		7.260	5.699	0.245	41.12	2.38	8.12	14.70	1.42	3.88	84.30	2.44	25.37	1.21	8.54	1.08	3.19	0.435
			8		9.467	7.431	0.244	52.39	2.35	10.52	18.53	1.40	4.99	112.50	2.52	34.23	1.29	10.87	1.07	4.10	0.429
			10		11.590	9.098	0.244	62.71	2.33	12.79	21.96	1.38	6.04	140.80	2.60	43.43	1.36	13.10	1.06	4.99	0.423

续附表2

角钢号数	尺寸(mm)				截面面积	理论质量	外表面积	参考数值													
								x—x			y—y			x_1—x_1		y_1—y_1		u—u			
	B	b	d	r	(cm²)	(kg/m)	(m²/m)	I_x (cm⁴)	i_x (cm)	W_x (cm³)	I_y (cm⁴)	i_y (cm)	W_y (cm³)	I_{x1} (cm⁴)	y_0 (cm)	I_{y1} (cm⁴)	x_0 (cm)	I_u (cm⁴)	i_u (cm)	W_u (cm³)	tanα
8/5	80	50	5	8	6.375	5.005	0.255	41.96	2.56	7.78	12.82	1.42	3.32	85.21	2.60	21.06	1.14	7.66	1.10	2.74	0.388
			6		7.560	5.935	0.255	49.49	2.56	9.25	14.95	1.41	3.91	102.53	2.65	25.41	1.18	8.85	1.08	3.20	0.387
			7		8.724	6.848	0.255	56.16	2.54	10.58	16.96	1.39	4.48	119.33	2.69	29.82	1.21	10.18	1.08	3.70	0.384
			8		9.867	7.745	0.254	62.83	2.52	11.92	18.85	1.38	5.03	136.41	2.73	34.32	1.25	11.38	1.07	4.16	0.381
9/5.6	90	56	5	9	7.212	5.661	0.287	60.45	2.90	9.92	18.32	1.59	4.21	121.32	2.91	29.53	1.25	10.98	1.23	3.49	0.385
			6		8.557	6.717	0.286	71.03	2.88	11.74	21.42	1.58	4.96	145.59	2.95	35.58	1.29	12.90	1.23	4.18	0.384
			7		9.880	7.756	0.286	81.01	2.86	13.49	24.36	1.57	5.70	169.66	3.00	41.71	1.33	14.67	1.22	4.72	0.382
			8		11.183	8.779	0.286	91.03	2.85	15.27	27.15	1.56	6.41	194.17	3.04	47.93	1.36	16.34	1.21	5.29	0.380
10/6.3	100	63	6	10	9.617	7.550	0.320	99.06	3.21	14.64	30.94	1.79	6.35	199.71	3.24	50.50	1.43	18.42	1.38	5.25	0.394
			7		11.111	8.722	0.320	113.45	3.20	16.88	35.26	1.78	7.29	233.00	3.28	59.14	1.47	21.00	1.38	6.02	0.393
			8		12.584	9.878	0.319	127.37	3.18	19.08	39.39	1.77	8.21	266.32	3.32	67.88	1.50	23.50	1.37	6.78	0.391
			10		15.467	12.142	0.319	153.81	3.15	23.32	47.12	1.74	9.98	333.06	3.40	85.73	1.58	28.33	1.35	8.24	0.387
10/8	100	80	6	10	10.637	8.350	0.354	107.04	3.17	15.19	61.24	2.40	10.16	199.83	2.95	102.68	1.97	31.65	1.72	8.37	0.627
			7		12.301	9.656	0.354	122.73	3.16	17.52	70.08	2.39	11.71	233.20	3.00	119.98	2.01	36.17	1.72	9.60	0.626
			8		13.944	10.946	0.353	137.92	3.14	19.81	78.58	2.37	13.21	266.61	3.04	137.37	2.05	40.58	1.71	10.80	0.625
			10		17.167	13.476	0.353	166.87	3.12	24.24	94.65	2.35	16.12	333.63	3.12	172.48	2.13	49.10	1.69	13.12	0.622

续附表2

角钢号数	尺寸(mm)				截面面积	理论质量	外表面积	参考数值													
								x—x			y—y			x_1—x_1		y_1—y_1		u—u			
	B	b	d	r	(cm^2)	(kg/m)	(m^2/m)	I_x (cm^4)	i_x (cm)	W_x (cm^3)	I_y (cm^4)	i_y (cm)	W_y (cm^3)	I_{x1} (cm^4)	y_0 (cm)	I_{y1} (cm^4)	x_0 (cm)	I_u (cm^4)	i_u (cm)	W_u (cm^3)	$\tan\alpha$
11/7	110	70	6	10	10.637	8.350	0.354	133.37	3.54	17.85	42.92	2.01	7.90	265.78	3.53	69.08	1.57	25.36	1.54	6.53	0.403
			7		12.301	9.656	0.354	153.00	3.53	20.60	49.01	2.00	9.09	310.07	3.57	80.82	1.61	28.95	1.53	7.50	0.402
			8		13.944	10.946	0.353	172.04	3.51	23.30	54.87	1.98	10.25	354.39	3.62	92.70	1.65	32.45	1.53	8.45	0.401
			10		17.167	13.476	0.353	208.39	3.48	28.54	65.88	1.96	12.48	443.13	3.70	116.83	1.72	39.20	1.51	10.29	0.397
12.5/8	125	80	7	11	14.096	11.066	0.403	227.98	4.02	26.86	74.42	2.30	12.01	454.99	4.01	120.32	1.80	43.81	1.76	9.92	0.408
			8		15.989	12.551	0.403	256.77	4.01	30.41	83.49	2.28	13.56	519.99	4.06	137.85	1.84	49.15	1.75	11.18	0.407
			10		19.712	15.474	0.402	312.04	3.98	37.33	100.67	2.26	16.56	650.09	4.14	173.40	1.92	59.45	1.74	13.64	0.404
			12		23.351	18.330	0.402	364.41	3.95	44.01	116.67	2.24	19.43	780.39	4.22	209.67	2.00	69.35	1.72	16.01	0.400
14/9	140	90	8	12	18.038	14.160	0.453	365.64	4.50	38.48	120.69	2.59	17.34	730.53	4.50	195.79	2.04	70.83	1.98	14.31	0.411
			10		22.261	17.475	0.452	445.50	4.47	47.31	146.03	2.56	21.22	913.20	4.58	245.92	2.12	85.82	1.96	17.48	0.409
			12		26.400	20.724	0.451	521.59	4.44	55.87	169.79	2.54	24.95	1 096.09	4.66	296.89	2.19	100.21	1.95	20.54	0.406
			14		30.456	23.908	0.451	594.10	4.42	64.18	192.10	2.51	28.54	1 279.26	4.74	348.82	2.27	114.13	1.94	23.52	0.403
16/10	160	100	10	13	25.315	19.872	0.512	668.69	5.14	62.13	205.03	2.85	26.56	1 362.89	5.24	336.59	2.28	121.74	2.19	21.92	0.390
			12		30.054	23.592	0.511	784.91	5.11	73.49	239.06	2.82	31.28	1 635.56	5.32	405.94	2.36	142.33	2.17	25.79	0.388
			14		34.709	27.247	0.510	896.30	5.08	84.56	271.20	0.80	35.83	1 908.50	5.40	476.42	2.43	162.23	2.16	29.56	0.385
			16		39.281	30.835	0.510	1 003.04	5.05	95.33	301.60	2.77	40.24	2 181.79	5.48	548.22	2.51	182.57	2.16	33.44	0.382

续附表 2

角钢号数	尺寸(mm)				截面面积 (cm^2)	理论质量 (kg/m)	外表面积 (m^2/m)	参考数值														
								$x—x$			$y—y$			$x_1—x_1$		$y_1—y_1$		$u—u$				
	B	b	d	r				I_x (cm^4)	i_x (cm)	W_x (cm^3)	I_y (cm^4)	i_y (cm)	W_y (cm^3)	I_{x1} (cm^4)	y_0 (cm)	I_{y1} (cm^4)	x_0 (cm)	I_u (cm^4)	i_u (cm)	W_u (cm^3)	$\tan\alpha$
18/11	180	110	10	14	28.373	22.273	0.571	956.25	5.80	78.96	278.11	3.13	32.49	1 940.40	5.89	447.22	2.44	166.50	2.42	26.88	0.376
			12		33.712	26.464	0.571	1 124.72	5.78	93.53	325.03	3.10	38.32	2 328.38	5.98	538.94	2.52	194.87	2.40	31.66	0.374
			14		38.967	30.589	0.570	1 286.91	5.75	107.76	369.55	3.08	43.97	2 716.60	6.06	631.95	2.59	222.30	2.39	36.32	0.372
			16		44.139	34.649	0.569	1 443.06	5.72	121.64	411.85	3.06	49.44	3 105.15	6.14	726.46	2.67	248.94	2.38	40.87	0.369
20/12.5	200	125	12		37.912	29.761	0.641	1 570.90	6.44	116.73	483.16	3.57	49.99	3 193.85	6.54	787.74	2.83	285.79	2.74	41.23	0.392
			14		43.867	34.436	0.640	1 800.97	6.41	134.65	550.83	3.54	57.44	3 726.17	6.62	922.47	2.91	326.58	2.73	47.34	0.390
			16		49.739	39.045	0.639	2 023.35	6.38	152.18	615.44	3.52	64.69	4 258.86	6.70	1 058.86	2.99	366.21	2.71	53.32	0.388
			18		55.526	43.588	0.639	2 238.30	6.35	169.33	677.19	3.49	71.74	4 792.00	6.78	1 197.13	3.06	404.83	2.70	59.10	0.385

注:1. 括号内型号不推荐使用。

2. 截面图中的 $r_1=\frac{1}{3}d$ 及表中 r 的数据用于孔型设计,不作交货条件。

附表 3　热轧工字钢（GB 706—1988）

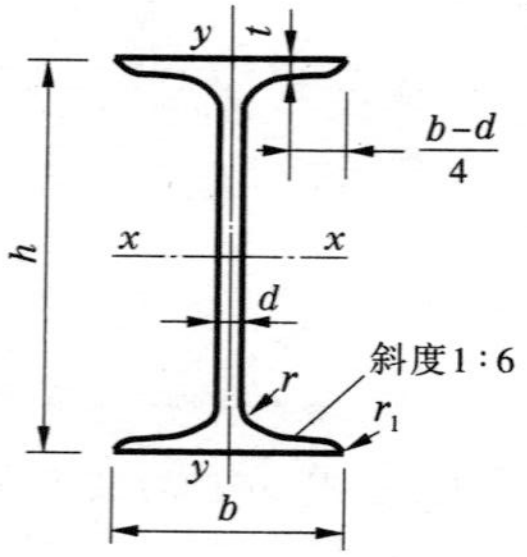

符号意义：

h——高度；

b——腿宽度；

d——腰厚度；

t——平均腿厚度；

r——内圆弧半径；

r_1——腿端圆弧半径；

I——惯性矩；

W——截面系数；

i——惯性半径；

S——半截面的静矩

型号	尺寸(mm)						截面面积	理论质量	参考数值						
									x—x				y—y		
	h	b	d	t	r	r_1	(cm^2)	(kg/m)	I_x (cm^4)	W_x (cm^3)	i_x (cm)	$I_x:S_x$ (cm)	I_y (cm^4)	W_y (cm^3)	i_y (cm)
10	100	68	4.5	7.6	6.5	3.3	14.3	11.2	245	49	4.14	8.59	33	9.72	1.52
12.6	126	74	5	8.4	7	3.5	18.1	14.2	488.43	77.529	5.195	10.85	46.906	12.677	1.609
14	140	80	5.5	9.1	7.5	3.8	21.5	16.9	712	102	5.76	12	64.4	16.1	1.73
16	160	88	6	9.9	8	4	26.1	20.5	1 130	141	6.58	13.8	93.1	21.2	1.89
18	180	94	6.5	10.7	8.5	4.3	30.6	24.1	1 660	185	7.36	15.4	122	26	2
20a	200	100	7.0	11.4	9.0	4.5	35.5	27.9	2 300	237	8.15	17.2	158	31.5	2.12
20b	200	102	9.0	11.4	9.0	4.5	39.5	31.1	2 500	250	7.96	16.9	169	33.1	2.06
22a	220	110	7.5	12.3	9.5	4.8	42	33	3 400	309	8.99	18.9	225	40.9	2.31
22b	220	112	9.5	12.3	9.5	4.8	46.4	36.4	3 570	325	8.78	18.7	239	42.7	2.27
25a	250	116	8	13	10	5	48.5	38.1	5 023.54	401.88	10.18	21.58	280.046	48.283	2.403
25b	250	118	10	13	10	5	53.5	42	5 283.96	422.72	9.938	21.27	309.297	52.423	2.404
28a	280	122	8.5	13.7	10.5	5.3	55.45	43.4	7 114.14	508.15	11.32	24.62	345.051	56.565	2.495
28b	280	124	10.5	13.7	10.5	5.3	61.05	47.9	7 480	534.29	11.08	24.24	379.496	61.209	2.493

续附表 3

型号	尺寸(mm)						截面面积	理论质量	参考数值						
									x—x				y—y		
	h	b	d	t	r	r_1	(cm^2)	(kg/m)	I_x (cm^4)	W_x (cm^3)	i_x (cm)	$I_x:S_x$ (cm)	I_y (cm^4)	W_y (cm^3)	i_y (cm)
32a	320	130	9.5	15	11.5	5.8	67.05	52.7	11 075.5	629.2	12.84	27.46	459.93	70.758	2.619
32b	320	132	11.5	15	11.5	5.8	73.45	57.7	11 621.4	726.33	12.58	27.09	501.53	75.989	2.614
32c	320	134	13.5	15	11.5	5.8	79.95	62.8	12 167.5	760.47	12.34	26.77	543.81	81.166	2.608
36a	360	136	10	15.8	12	6	76.3	59.9	15 760	875	14.4	30.7	552	81.2	2.69
36b	360	138	12	15.8	12	6	83.5	65.6	16 530	919	14.1	30.3	582	84.3	2.64
36c	360	140	14	15.8	12	6	90.7	71.2	17 310	962	13.8	29.9	612	87.4	2.6
40a	400	142	10.5	16.5	12.5	6.3	86.1	67.6	21 720	1 090	15.9	34.1	660	93.2	2.77
40b	400	144	12.5	16.5	12.5	6.3	94.1	73.8	22 780	1 140	15.6	33.6	692	96.2	2.71
40c	400	146	14.5	16.5	12.5	6.3	102	80.1	23 850	1 190	15.2	33.2	727	99.6	2.65
45a	450	150	11.5	18	13.5	6.8	102	80.4	32 240	1 430	17.7	38.6	855	114	2.89
45b	450	152	13.5	18	13.5	6.8	111	87.4	33 760	1 500	17.4	38	894	118	2.84
45c	450	154	15.5	18	13.5	6.8	120	94.5	35 280	1 570	17.1	37.6	938	122	2.79
50a	500	158	12	20	14	7	119	93.6	46 470	1 860	19.7	42.8	1 120	142	3.07
50b	500	160	14	20	14	7	129	101	48 560	1 940	19.4	42.4	1 170	146	3.01
50c	500	162	16	20	14	7	139	109	50 640	2 080	19	41.8	1 220	151	2.96
56a	560	166	12.5	21	14.5	7.3	135.25	106.2	65 585.6	2 342.31	22.02	47.73	1 370.16	165.08	3.182
56b	560	168	14.5	21	14.5	7.3	146.45	115	68 512.5	2 446.69	21.63	47.17	1 486.75	174.25	3.162
56c	560	170	16.5	21	14.5	7.3	157.85	123.9	71 439.4	2 551.41	21.27	46.66	1 558.39	183.34	3.158
63a	630	176	13	22	15	7.5	154.9	121.6	96 916.2	2 981.47	24.62	54.17	1 700.55	193.24	3.314
63b	630	178	15	22	15	7.5	167.5	131.5	98 083.6	3 163.38	24.2	53.51	1 812.07	203.6	3.289
63c	630	180	17	22	15	7.5	180.1	141	102 251.1	3 298.42	23.82	52.92	1 924.91	213.88	3.268

注：截面图和表中标注的圆弧半径 r、r_1 的数据用于孔型设计，不作交货条件。

附表 4　热轧槽钢

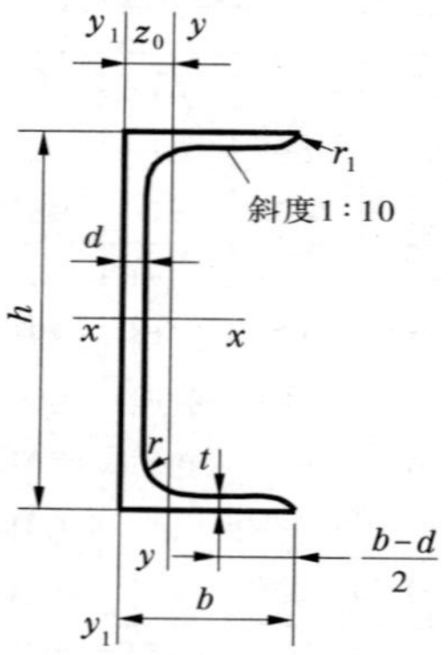

符号意义：

h——高度；
b——腿宽度；
d——腰厚度；
t——平均腿厚度；
r——内圆弧半径；
r_1——腿端圆弧半径；
I——惯性矩；
W——截面系数；
i——惯性半径；
z_0——y—y 轴与 y_1—y_1 轴间距

型号	尺寸(mm)						截面面积	理论质量	参考数值								
									x—x			y—y			y_1—y_1	z_0
	h	b	d	t	r	r_1	(cm^2)	(kg/m)	W_x(cm^3)	I_x(cm^4)	i_x(cm)	W_y(cm^3)	I_y(cm^4)	i_y(cm)	I_{y1}(cm^4)	(cm)
5	50	37	4.5	7	7	3.5	6.93	5.44	10.4	26	1.94	3.55	8.3	1.1	20.9	1.35
6.3	63	40	4.8	7.5	7.5	3.75	8.444	6.63	16.123	50.786	2.453	4.50	11.872	1.185	28.38	1.36
8	80	43	5	8	8	4	10.24	8.04	25.3	101.3	3.15	5.79	16.6	1.27	37.4	1.43
10	100	48	5.3	8.5	8.5	4.25	12.74	10	39.7	198.3	3.95	7.8	25.6	1.41	54.9	1.52
12.6	126	53	5.5	9	9	4.5	15.69	12.37	62.137	391.466	4.953	10.242	37.99	1.567	77.09	1.59
14a	140	58	6	9.5	9.5	4.75	18.51	14.53	80.5	563.7	5.52	13.01	53.2	1.7	107.1	1.71
14b	140	60	8	9.5	9.5	4.75	21.31	16.73	87.1	609.4	5.35	14.12	61.1	1.69	120.6	1.67
16a	160	63	6.5	10	10	5	21.95	17.23	108.3	866.2	6.28	16.3	73.3	1.83	144.1	1.8
16	160	65	8.5	10	10	5	25.15	19.74	116.8	934.5	6.1	17.55	83.4	1.82	160.8	1.75

续附表 4

型号	尺寸(mm)						截面面积(cm^2)	理论质量(kg/m)	参考数值							
									x—x			y—y			y_1—y_1	z_0 (cm)
	h	b	d	t	r	r_1			W_x(cm^3)	I_x(cm^4)	i_x(cm)	W_y(cm^3)	I_y(cm^4)	i_y(cm)	I_{y_1}(cm^4)	
18a	180	68	7	10.5	10.5	5.25	25.69	20.17	141.4	1 272.7	7.04	20.03	98.6	1.96	189.7	1.88
18	180	70	9	10.5	10.5	5.25	29.29	22.99	152.2	1 369.9	6.84	21.52	111	1.95	210.1	1.84
20a	200	73	7	11	11	5.5	28.83	22.63	178	1 780.4	7.86	24.2	128	2.11	244	2.01
20	200	79	9	11	11	5.5	32.83	25.77	191.4	1 913.7	7.64	25.88	143.6	2.09	268.4	1.95
22a	220	77	7	11.5	11.5	5.75	31.84	24.99	217.6	2 393.9	8.67	28.17	157.8	2.23	298.2	2.1
22	220	79	9	11.5	11.5	5.75	36.24	28.45	233.8	2 571.4	8.42	30.05	176.4	2.21	326.3	2.03
25a	250	78	7	12	12	6	34.91	27.47	269.597	3 369.62	9.823	30.607	175.529	2.243	322.256	2.065
25b	250	80	9	12	12	6	39.91	31.39	282.402	3 530.04	9.405	32.657	196.421	2.218	353.187	1.982
25c	250	82	12	12	12	6	44.91	35.32	295.236	3 690.45	9.065	35.926	218.415	2.206	384.133	1.921
28a	280	82	7.5	12.5	12.5	6.25	40.02	31.42	340.328	4 764.59	10.91	35.718	217.989	2.333	387.566	2.097
28b	280	84	9.5	12.5	12.5	6.25	45.62	35.81	366.46	5 130.45	10.6	37.929	242.144	2.304	427.589	2.016
28c	280	86	11.5	12.5	12.5	6.25	51.22	40.21	392.594	5 496.32	10.35	40.301	267.602	2.286	426.597	1.951
32a	320	88	8	14	14	7	48.7	38.22	474.879	7 598.06	12.49	46.473	304.787	2.502	552.31	2.242
32b	320	90	10	14	14	7	55.1	43.25	509.012	8 144.2	12.15	49.157	336.332	2.471	592.933	2.158
32c	320	92	12	14	14	7	61.5	48.28	543.145	8 690.33	11.88	52.642	374.175	2.467	643.299	2.092
36a	360	96	9	16	16	8	60.89	47.8	659.7	11 874.2	13.97	63.54	455	2.73	818.4	2.44
36b	360	98	11	16	16	8	68.09	53.45	702.9	12 651.8	13.63	66.85	496.7	2.7	880.4	2.37
36c	360	100	13	16	16	8	75.29	59.12	746.1	13 429.4	13.36	70.02	536.4	2.67	947.9	2.34
40a	400	100	10.5	18	18	9	75.05	58.91	878.9	17 577.9	15.30	78.83	592	2.81	1 067.7	2.49
40b	400	102	12.5	18	18	9	83.05	65.19	932.2	18 644.5	14.98	82.52	640	2.78	1 135.6	2.44
40c	400	104	14.5	18	18	9	91.05	71.47	985.6	19 711.2	14.71	86.19	687.8	2.75	1 220.7	2.42

注:截面图和表中标注的圆弧半径 r、r_1 的数据用于孔型设计,不作交货条件。

参考文献

[1] 郑久华,邹春霞. 工程力学[M]. 北京. 中国水利水电出版社,2012.
[2] 黄绍平. 建筑力学[M]. 北京. 中国水利水电出版社,2012.
[3] 赵毅力. 建筑力学[M]. 北京. 中国水利水电出版社,2014.
[4] 张光伟. 工程力学[M]. 北京. 机械工业出版社,2015.
[5] 刘鸿文. 材料力学[M]. 北京. 高等教育出版社,2004.
[6] 许本安,李秀治. 材料力学[M]. 上海. 上海交通大学出版社,1988.
[7] 朱熙然,陶琳. 工程力学[M]. 上海. 上海交通大学出版社,1999.
[8] 韦林. 理论力学[M]. 北京. 中国建筑工业出版社,2011.